Oliver Fleischer

**Axial beanspruchte K-Knoten
aus dünnwandigen Rechteckhohlprofilen**

BAND 1

Versuchsanstalt für Stahl, Holz und Steine
Berichte zum Stahl- und Leichtbau

Axial beanspruchte K-Knoten aus dünnwandigen Rechteckhohlprofilen

von
Oliver Fleischer

Dissertation, Karlsruher Institut für Technologie (KIT)
Fakultät für Bauingenieur-, Geo- und Umweltwissenschaften, 2014
Tag der mündlichen Prüfung: 28. Januar 2014
Referent: Prof. Dr. Eur.-Ing. R. Puthli
Korreferenten: Prof. Dr. Ir. J. Wardenier, Prof. Dr.-Ing. T. Ummenhofer

Impressum

 Scientific
Publishing

Karlsruher Institut für Technologie (KIT)
KIT Scientific Publishing
Straße am Forum 2
D-76131 Karlsruhe

KIT Scientific Publishing is a registered trademark of Karlsruhe
Institute of Technology. Reprint using the book cover is not allowed.

www.ksp.kit.edu

Print on Demand 2014

ISSN 2198-7912
ISBN 978-3-7315-0190-9
DOI: 10.5445/KSP/1000039450

Vorwort

Die Motivation zu dieser Arbeit entstand während einer Tätigkeit als Mitarbeiter an der Versuchsanstalt für Stahl, Holz und Steine der Universität Karlsruhe (TH) (seit 2009 Karlsruher Institut für Technologie, KIT). Herrn Prof. Dr. Eur.-Ing. Ram Puthli danke ich sehr herzlich für die Übernahme des Hauptreferats, Herrn Prof. Ir. Jaap Wardenier und Herrn Prof. Dr.-Ing. Thomas Ummenhofer für die Bereitschaft zur Übernahme des Korreferats. Ihre Unterstützung und Betreuung meiner wissenschaftlichen Tätigkeit und ihre ständige Bereitschaft zu fachlichen Diskussionen mit vielen wertvollen Ratschlägen und konstruktiven Anregungen haben maßgeblich zur Realisierung dieser Arbeit beigetragen.

Den Mitarbeitern des Labors der Versuchsanstalt für Stahl, Holz und Steine möchte ich für die Durchführung der experimentellen Untersuchungen, den wissenschaftlichen Hilfskräften (Hiwis) für die tatkräftige Unterstützung bei den anschließenden Auswertungen und meinen Kollegen für viele fachliche und außerfachliche Gespräche danken.

Die Fertigstellung der Arbeit erfolgte während meiner Tätigkeit am Kompetenzzentrum Rohre und Hohlprofile (KoRoH GmbH). Herrn Dr.-Ing. Stefan Herion, meinem langjährigen Kollegen und heutigen Arbeitgeber danke ich für seine Geduld und für zahlreiche fachliche Diskussionen, die eine wertvolle Hilfe waren.

Mein ganz besonderer Dank gilt meiner Mutter und meinem Vater, der das Ende der Arbeit leider nicht mehr erleben sollte sowie meiner Ehefrau für ihre fortwährende liebevolle Unterstützung und Nachsicht. Meiner Tochter möchte ich dafür danken, dass sie Nachsicht übte und mir meistens durch die Einhaltung der Nachtruhe die erforderlich Regeneration ermöglichte.

Kurzfassung

Der Anwendungsbereich der DIN EN 1993-1-8 beschränkt bei Rechteckhohlprofilknoten das Verhältnis der Querschnittsbreite oder -höhe zur Wanddicke auf b/t oder $h/t \leq$ 35. Bei Querschnitten unter Druckbeanspruchung kann die zusätzliche Einschränkung auf die Querschnittsklassen 1 oder 2 zu einer weiteren Reduktion dieses Verhältnisses führen. In den technischen Lieferbedingungen warm- DIN EN 10210 und insbesondere kaltgefertigter Hohlprofile DIN EN 10219 sind viele Querschnitte enthalten, die sich außerhalb dieser Anwendungsgrenze befinden. Die Verwendung dieser Querschnitte ist daher in vielen europäischen Ländern (z.B. in Deutschland) nur mit Hilfe experimenteller und/oder numerischer Untersuchungen sowie gutachterlicher Stellungnahmen, die zur Erlangung einer Zustimmung im Einzelfall (ZiE) notwendig sind, möglich. Die Verwendung solcher Querschnitte in Stahlkonstruktionen wird daher im Allgemeinen vermieden.

Zusätzlich zu der Beschränkung des maximalen Verhältnisses der Querschnittsbreite oder -höhe zur Wanddicke b/t oder $h/t \leq 35$ enthält die DIN EN 1993-1-8 eine kleinste zulässige Spaltweite für K-Knoten. Neben der schweißtechnischen Mindestspaltweite $g_{w,min} = t_1 + t_2$, die bei Kehlnähten für eine ordnungsgemäße Verbindungsherstellung erforderlich ist, ist die Einhaltung der Spaltweite g_{min} zu beachten. Diese resultiert aus der Forderung nach einer annähernd gleichen Steifigkeit des Spalts und des zwischen den Streben und der Gurtseitenwand liegenden Teils des Gurtflanschs.

Zur Erweiterung des Anwendungsbereichs der DIN EN 1993-1-8 werden an der Versuchsanstalt für Stahl, Holz und Steine der Universität Karlsruhe (heute Karlsruher Institut für Technologie, KIT) experimentelle und numerische Untersuchungen an K-Knoten mit Gurtschlankheiten zwischen $2\gamma \geq 30$ und $2\gamma \leq 55$ durchgeführt. Zusätzlich weisen die Knoten Spaltweiten herab bis zu der für diese Knoten festgelegten Mindestspaltweite $g_{e,min} = 4 \cdot t_0$ auf. Die geringen Wanddicken der Strebenquerschnitte führen mit der schweißtechnischen Mindestspaltweite der DIN EN 1993-1-8 $g_{w,min}$ zu Spaltweiten, die eine ordnungsgemäße Verbindungsherstellung mit Kehlnähten (bei Knoten mit Strebenwinkeln $\Theta_i \leq 60°$) nicht mehr erlauben. Daher ist eine abweichende Definition der Mindestspaltweite in den experimentellen Untersuchungen notwendig.

In den experimentellen Untersuchungen wird Durchstanz- und Strebenversagen beobachtet. Mit den auftretenden Rissbildern und den festgestellten maximalen Knotentragfähigkeiten $N_{i,max}$ werden reduzierte mitwirkende Längen für Durchstanz- $l_{e,p,red}$ und Strebenversagen $l_{eff,red}$ ermittelt. Unter Verwendung dieser reduzierten Längen ist die Berechnung der Bemessungswerte der Knotentragfähigkeit mit den Bemessungsgleichungen der DIN EN 1993-1-8 auch im erweiterten Anwendungsbereich möglich. Des Weiteren wird in den experimentellen Untersuchungen Gurtstegversagen beobachtet. Die dabei ermittelten Knotentragfähigkeiten $N_{i,max}$ stimmen gut mit den mittleren Knotentragfähigkeiten für Gurtflanschversagen $N_{i,Rm}$ überein, die die Grundlage der Bemessungsgleichung der DIN EN 1993-1-8 für Gurtflanschversagen sind. Eine getrennte Ermittlung der Knotentragfähigkeit für Gurtstegversagen ist daher nicht erforderlich.

Gurtflanschversagen ist in den experimentellen Untersuchungen visuell nur schwer feststellbar und wird daher auf Grundlage des Deformationskriteriums von Lu (*Lu et al. 1994*) als vorherrschender Versagensmodus identifiziert. Dieses begrenzt das Eindrücken der Strebe in den Gurtflansch auf 3 % der Gurtbreite b_0, die Knotentragfähigkeit $N_{i,u}$ ergibt sich dann aus der Strebenbeanspruchung bei dieser Eindrückung. Statistische Auswertungen der semi-empirischen Bemessungsgleichung der DIN EN 1993-1-8 für Gurtflanschversagen und des grundlegenden Fließlinienmodells, welches bereits von Wardenier (*Wardenier et al. 1976a*) angewendet wird, zeigen für die untersuchen Knoten jedoch weniger gute Übereinstimmungen mit den experimentell ermittelten Tragfähigkeiten $N_{i,u}$. Ebenfalls wird mit einer auf dem Deformationskriterium basierenden Vereinfachung des erweiterten Fließlinienmodells von Packer, welches die Membranwirkung sowie die Materialverfestigung bei der Ermittlung der Knotentragfähigkeit berücksichtigt (*Packer 1978*) keine verbesserte Übereinstimmung mit den experimentell ermittelten Tragfähigkeiten erzielt.

Die mit den analytischen Modellen berechneten Knotentragfähigkeiten werden mit den experimentell ermittelten Knotentragfähigkeiten verglichen und statistischen Auswertungen nach der standardisierten Vorgehensweise der DIN EN 1990 durchgeführt. Basierend auf diesen Auswertungen erfolgt die Angabe notwendiger Reduktionen der Modelle, so dass mit diesen die Ermittlung von Bemessungswerten der Knotentragfähigkeit möglich ist.

Neben den experimentellen Untersuchungen werden auch umfangreiche Parameterstudien durchgeführt. Diese basieren auf einem numerischen Modell, das mit Ergebnissen experimenteller Untersuchungen überprüft wird. In diesen Parameterstudien wird der Einfluss der Spaltweite auf die Knotentragfähigkeit analysiert und mit einer Spaltfunktion in der semi-empirischen Bemessungsgleichung der DIN EN 1993-1-8 berücksichtigt. Im erweiterten Anwendungsbereich werden die Bemessungswerte der Knotentragfähigkeit für Gurtflanschversagen mit der um diese Spaltfunktion erweiterten Bemessungsgleichung der DIN EN 1993-1-8 für Gurtflanschversagen ermittelt.

Auf Grundlage der experimentellen, der numerischen und der analytischen Untersuchungen wird ein Bemessungskonzept vorgestellt, das es ermöglicht, Knoten mit großen Gurtschlankheiten $35 < 2\gamma \leq 55$ und Spaltweiten zwischen $4 \cdot t_0 \leq g \leq g_{max}$ in die Bemessung mit einzubeziehen.

Abstract

The application range of EN 1993-1-8 limits the ratio of the section width or height to wall thickness of rectangular hollow sections to b/t or $h/t \leq 35$. For sections under compression the additional limitation of the allowed sections in classes 1 or 2 may give an even further reduction of this ratio. In the product standards for hot finished hollow sections EN 10210-2 and especially for cold finished hollow sections EN 10219-2, there are many sections which are out of this application range. Therefore, the use of these sections is only permissible in many european countries (e.g. in Germany) by experimental and/or numerical verifications and expert advices, followed by acceptance for individual cases. The use of such sections in steel structures is therefore normally avoided.

In addition to the limitation of the maximum ratio of the section width or height to wall thickness b/t or $h/t \leq 35$, EN 1993-1-8 provides a minimum gap size for K joints. Besides the minimum gap size due to welding $g_{w,min} = t_1 + t_2$, which is mandatory for fillet welds for the creation of a proper connection, it is necessary to satisfy a minimum gap size g_{min}. This results from the demand for nearly similar stiffness of the gap and the part of the chord flange situated between the braces and the chord side-wall.

To extend the application range of EN 1993-1-8, experimental and numerical investigations with a chord slenderness ratio from $2\gamma \geq 30$ up to $2\gamma = 55$ have been carried out at the Research Center for Steel, Timber and Masonry of Karlsruhe University (today Karlsruhe Institute of Technology, KIT). Additionally the joints offer gap sizes down to the minimum gap size due weldability $g_{e,min} = 4 \cdot t_0$. The small wall thicknesses of the sections lead in accordance to the minimum gap size of EN 1993-1-8 $g_{w,min}$ to gap sizes that will not allow a proper welding with fillet welds (for joints with brace angles $\Theta_i \leq 60°$). Due to this, a deviating definition of the minimum gap size is necessary.

In the experimental investigations, punching shear failure, brace failure and failure of the chord webs are observed. With the occurring crack patterns and the detected maximum joint resistances $N_{i,max}$, reduced effective lengths for punching shear- $l_{e,p,red}$ and brace failure $l_{eff,red}$ are determined. By the use of those reduced lengths, the calculation of the design values of the joint resistance with the design equations of EN 1993-1-8 remains possible, even in the extended range of application. Furthermore chord face failure is observed in the experimental investigations. The joint resistances $N_{i,max}$ determined thereby are in accordance with the mean joint resistances $N_{i,Rm}$ for chord flange failure, which are the basis of the design equation of EN 1993-1-8 for chord flange failure. Therefore, a separate determination of the joint resistance for chord web failure is not necessary.

Because chord flange failure can visually hardly be detected in the experimental investigations, it is identified as the governing failure mode on the basis of the deformation criterion of Lu (*Lu et al. 1994*). This limits the indentation of the brace into the chord flange to 3% of the chord width b_0. The joint resistance results from the brace load for this indentation. The statistical evaluations of the semi-empiric design equation for chord face failure and the basic yield line model already used by Wardenier (*Wardenier et al. 1976a*), however show for the investigated joints no good agreement with the experimentally determined resistances $N_{i,u}$. Also there is no improved accordance with the experimentally determined joint resistances by a deformation based simplification of the enhanced yield line model by Packer, which considers membrane action and strain hardening for the determination of the joint resistances (*Packer 1978*).

The joint resistances calculated with the analytical models are compared to the experimentally determined joint resistances and statistically evaluated according to the standardised approach of EN 1990. Based on these evaluations a specification of necessary model reductions takes place, so that a determination of design values of the joint resistance will be possible.

Besides the experimental investigations extensive numerical parameter studies have been carried out. These are based on a numerical model which is checked with results of experimental investigations. In these parameter studies, the influence of the gap size on the joint resistance is analyzed and considered with a gap function in the semi-empirical design equation of EN 1993-1-8. In the extended application range, the design resistances of the joints for chord flange failure are determined by the use of the design equation of EN 1993-1-8 for chord flange failure, enhanced with the gap function.

Based on the experimental, numerical and analytical investigations a design approach is presented, which allows to include joints with a high chord slenderness $35 < 2\gamma \leq 55$ and gap sizes between $4 \cdot t_0 \leq g \leq g_{max}$ into design.

Inhaltsverzeichnis

Abbildungsverzeichnis

Tabellenverzeichnis

Abkürzungen und Symbole

Abkürzungen

AISC, CISC	American und Canadian Institute of Steel Construction
CB	Druckstrebenversagen (Compression Brace Failure)
CIDECT	Comité International pour le Développement et l'Étude de la Construction Tubulaire, Weltverband der Hohlprofilhersteller
CW	Gurtstegversagen (Chord Web Failure)
DIN	Deutsches Institut für Normung e.V.
EW	Zugstrebenversagen (Effective Width Failure)
DFG	Deutsche Forschungsgemeinschaft
EGKS	Europäische Gemeinschaft für Kohle und Stahl
FOSTA	Forschungsvereinigung Stahlanwendungen e.V.
FM	Versagensmodus (Failure Mode)
HB	Brinell-Härte
IBBC-TNO	Institut für Baumaterialien und Baukonstruktionen in Delft, Niederlande (heute TNO-Bouw)
IIW	International Institute of Welding
IPE	Formstahl, mittleres I-Profil mit parallelen Innenflächen der Flansche
ISO	International Organization for Standardization
ISOPE	International Society of Offshore and Polar Engineers
ISTS	International Symposium on Tubular Structures
KHP	Kreishohlprofil
N.a.	Nicht erkennbar
PS	Durchstanzversagen (Punching Shear Failure)
RHP	Rechteckhohlprofil
WEZ	Wärmeeinflußzone

Symbole

A, A_5	Bleibende Dehnung beim Bruch
A_0, A_1, A_i	Koeffizienten der Spaltfunktion in der Bemessungsgleichung der DIN EN 1993-1-8 für Gurtflanschversagen oder Querschnittsfläche des Bauteils i ($i = 0, 1$ oder 2)
A_b	Fläche des Knickstabs bei Gurtstegversagen
A_e	Elastische Dehnung, $A_e = f_{y0}/E$
$A_{eff,red}$	Reduzierte mitwirkende Fläche bei Strebenversagen
A_g, A_{gt}	Nichtproportionale Dehnung und gesamte Dehnung bei Höchstkraft
A_t	Gesamte Dehnung (elastische und plastisch) beim Bruch
$A_v, A_{v,w}, A_{v,f}$	Schubfläche des Gurts, der Gurtstege und des Gurtflanschs
b, b_i	Breite, Gesamtbreite eines Bauteils i ($i = 0, 1$ oder 2) quer zur Tragwerksebene
b_{eff}	wirksame Breite der DIN EN 1993-1-8 einer Strebe, die auf den Gurtstab aufgesetzt ist
$b_{e,p}$	wirksame Breite der DIN EN 1993-1-8 bei Durchstanzen
c	Breite oder Höhe eines Querschnittsteils (gerade Anteile)
c_1	Beiwert
e	Ausmittigkeit eines Anschlusses (Exzentrizität) oder lokale Abweichung von der Geradheit
E	Elastizitätsmodul
E_a, E_i	Äußere und innere virtuelle Arbeit
E_{sh}	Modul der Materialverfestigung, $E_{sh} = (f_{u0} - f_{y0})/(A_e - A_{gt})$
f_g	Spaltfunktion des erweiterten und vereinfachten Fließlinienmodells $f_g = (1 - b_i/b_0) \cdot (b_i/b_0 \cdot (\chi - 1) + 1)$
$f_{h_{e,p}}, f_{h_{eff}}$	Abminderung der mitwirkenden Höhe $h_{e,p}$ für Durchstanz- und der für Strebenversagen h_{eff}
f_{kn}	Kritische Spannung bei Gurtstegversagen
f_y, f_{yi}	Streckgrenze, Streckgrenze des Werkstoffs von Bauteilen i ($i = 0, 1$ oder 2)
f_u, f_{ui}	Zugfestigkeit, Zugfestigkeit des Werkstoffs von Bauteilen i ($i = 0, 1$ oder 2)
f_{yd}, f_{yk}	Bemessungswert und charakteristischer Wert der Streckgrenze

$f(g')$ Spaltfunktion in der Bemessungsgleichung der DIN EN 1993-1-8 für Gurtflanschversagen

g Spaltweite zwischen den Streben eines K-Knotens; der Abstand g wird an der Oberfläche des Gurts zwischen den Kanten der angeschlossenen Bauteile gemessen

g' Auf die Gurtwanddicke bezogene Spaltweite $g' = g/t_0$

$g_{e,min}$ Kleinste untersuchte Spaltweite $g_{e,min} = 4 \cdot t_0$

g_{min} Kleinste zulässige Spaltweite der DIN EN 1993-1-8
$$g_{min} \geq 0,5 \cdot (1 - b_i/b_0) \cdot b_0$$

g_{max} Größe Spaltweite für K-Knoten der DIN EN 1993-1-8
$$g_{max} \leq 1,5 \cdot (1 - b_i/b_0) \cdot b_0$$

$g_{w,min}$ Schweißtechnische Mindestspaltweite der DIN EN 1993-1-8,
$$g_{w,min} = t_1 + t_2$$

h, h_i Höhe, Gesamthöhe des Querschnitts eines Bauteils i ($i = 0, 1$ oder 2) in der Tragwerksebene

h_{eff} Mitwirkende Höhe einer Strebe, die auf den Gurtstab aufgesetzt ist

$h_{e,p}$ Mitwirkende Höhe für Durchstanzversagen

h_w Höhe der Schweißnaht

i Trägheitsradius

k_n Abminderungsbeiwert der DIN EN 1993-1-8 für Gurtflanschversagen aufgrund einer Spannung im Gurt

k_n^{*}, k_n^{***} Abminderungsbeiwert des grundlegenden Fließlinienmodells für Gurtflanschversagen und des erweiterten und mit dem Deformationskriterium vereinfachten Fließlinienmodells für Gurtflanschversagen aufgrund einer Spannung im Gurt

l, l_i Länge, auch Länge der Fließlinie i

l_b Lastverteilungsbreite bei Gurtstegversagen

l_x Abstand, für die sich die kleinste Tragfähigkeit ergibt

L_{cr} Knicklänge

$l_{eff}, l_{eff,red}$ Effektive Länge der DIN EN 1993-1-8 und reduzierte effektive Länge einer Strebe, die auf den Gurtstab aufgesetzt ist

$l_{e,p}, l_{e,p,red}$ Effektive Länge der DIN EN 1993-1-8 und reduzierte effektive Länge für Durchstanzversagen

M_i Biegemoment resultierend aus dem Bauteil i ($i = 0, 1$ oder 2)

m Masse, Mittelwert einer Stichprobe

m_{p0}	Plastisches Moment je Längeneinheit in einer Fließlinie des Gurts
M_f, $M_{p,f}$	Momententragfähigkeit und plastische Momententragfähigkeit des Gurtflansches
n	Gurtausnutzung für RHP-Gurtstäbe $n = \sigma_{0,Ed}/f_{y0}$
N_i	Beanspruchung i ($i = 0, 1$ oder 2)
N_i^*	Bemessungswert der Knotentragfähigkeit nach aktuellen Empfehlungen des IIW, von CIDECT und der ISO
N_{cr}	Ideale Verzweigungslast für den maßgebenden Knickfall bezogen auf den Bruttoquerschnitt
$N_{i,Ed}$, $N_{p,Ed}$	Bemessungswert der einwirkenden Normalkraft für das Bauteil i ($i = 0, 1$ oder 2) und Bemessungswert der Normalkraft ohne die parallel zum Gurt wirkenden Komponenten der Strebenkräfte
$N_{i,max}$	Maximale Normaltragfähigkeit für das Bauteil i ($i = 0, 1$ oder 2)
$N_{i,Rd}$, $N_{i,Rk}$	Bemessungswert und charakteristischer Wert der Anschlusstragfähigkeit für das Bauteil i ($i = 0, 1$ oder 2)
$N_{i,Rm}$	Mittelwert der Normaltragfähigkeit für Gurtflanschversagen für das Bauteil i ($i = 0, 1$ oder 2)
$N_{i,u}$	Knotentragfähigkeit für Gurtflanschversagen für das Bauteil i ($i = 1$ oder 2) ermittelt mit dem Deformationskriterium
Q_f	Vom IIW, CIDECT und der ISO empfohlene Abminderungsfunktion für Gurtflanschversagen aufgrund einer Gurtbeanspruchung
Q_u	Vom IIW, CIDECT und der ISO empfohlene Einflussfunktion des Breitenverhältnisses β und der Gurtschlankheit γ für Gurtflanschversagen
r	Ausrundungsradius von rechteckigen Hohlprofilen
r_o, $r_{o,i}$	Äußerer Ausrundungsradius eines Bauteils i ($i = 0, 1$ oder 2)
r_i, $r_{i,i}$	Innerer Ausrundungsradius eines Bauteils i ($i = 0, 1$ oder 2)
r_e	Experimentell ermittelte Knotentragfähigkeit
r_m	Mittlere Tragfähigkeit
r_n	Numerische ermittelte Knotentragfähigkeit basierend auf einem Deformationskriterium
r_t	Tragfähigkeit basierend auf Modellen der DIN EN 1993-1-8, berechnet mit gemessenen Abmessungen und Materialkennwerten
r_t^*	Tragfähigkeit basierend auf modifizierten Modellen, berechnet mit gemessenen Abmessungen und Materialkennwerten

r_t^{**}, r_t^{***} | Tragfähigkeit basierend auf dem grundlegenden und auf der Vereinfachung des erweiterten Fließlinienmodells, berechnet mit gemessenen Abmessungen und Materialkennwerten

R_{eH}, R_{eL} | Obere und untere Streckgrenze

R_m | Zugfestigkeit

$R_{p0,2}$ | Spannung bei einer nichtproportionalen Dehnung von $0,2\,\%$

s | Standardabweichung der Stichprobe

S | Membrankraft

S_p | Plastische Tragfähigkeit des Spalts $S_p = b_i \cdot t_0 \cdot f_{y0}$

t, t_i | Wanddicke, Wanddicke eines Bauteils i ($i = 0, 1$ oder 2)

t_w | Kehlnahtdicke

$t_{w,h}$, $t_{w,t}$ | Kehlnaht- und Stumpfnahtdicke zwischen Gurtflansch und Strebe

v | Querkraft je Längeneinheit

V_f, $V_{p,f}$ | Schubtragfähigkeit und Schubtragfähigkeit des Gurtflanschs

V_i | Schubkraft resultierend aus dem Bauteil i ($i = 0, 1$ oder 2)

V_{Ed} | Bemessungswert der einwirkenden Querkraft

$V_{pl,Rd}$ | Bemessungswert der plastische Querkrafttragfähigkeit

Anmerkung: Zahlenindex i zur Bestimmung von Bauteilen eines Anschlusses, wobei $i = 0$ für die Bezeichnung des Gurtstabes und $i = 1$ oder 2 für die Bezeichnung der Streben gelten. Bei Anschlüssen mit zwei Streben bezeichnet $i = 1$ im Allgemeinen die Druckstrebe und $i = 2$ die Zugstrebe.

Griechiche Symbole

α — Mitwirkender Anteil des Flanschs bei Gurtschubversagen

β — Verhältnis der mittleren Breiten von Strebe und Gurtstab; T-, Y- und X-Knoten $\beta = b_i/b_0$, symmetrische K-Knoten $\beta = (b_i + h_i)/(2 \cdot b_0)$

χ — Abminderung des plastischen Moments

χ_1, χ_2 — Konkavität, Konvexität von Rechteckhohlprofilen

δ, Δ_δ — Eindrückung, Veränderung der Eindrückung

$\delta_{3\%}, \delta_u$ — Eindrückung am einer Verformungsgrenze

δ_{max} — Maximale Eindrückung

Δ_{CFD} — Eindrückung des Strebenquerschnitts in den Gurtflansch

Δ_{CF} — Eindrückung des Strebenquerschnitts in den Gurtflansch inklusive der Eckrotationen

Δ_{CF+CSW} — Gesamtverformung des Verbindungsbereichs

Δ_{CSW} — Verformung der Gurtseitenwand inklusive der Eckrotationen

Δ_{CSW1} — Verformung der Gurtseitenwand exklusive der Eckrotationen

Δ_E — Zusatzanteils der inneren virtuellen Arbeit

ΔE_i — Inkrementelle Änderung der inneren virtuellen Arbeit

Δ_g — Schrittweite der Spaltweite in den Parameterstudien

Δl — Verlängerung der Spaltweite

ε — Dehnung; auch Beiwert in Abhängigkeit von f_y, $\varepsilon = \sqrt{235/f_y}$

ε_{ln}^{pl} — Plastische Anteile der logarithmischen Dehnungen (wahre plastische Dehnung, bezogen auf aktuelle Messlänge)

ε_{y0} — Dehnung im Spalt $\varepsilon_{y0} = \Delta l/g$

η — Verhältnis von Strebenhöhe zu Gurtbreite $\eta = h_i/b_0$

γ — Verhältnis der Gurtbreite zur doppelten Wanddicke, $\gamma = b_0/(2t_0)$

γ_c — Faktor der die Vorgehensweise bei der Ermittlung der Traglast berücksichtigt

γ_F — Teilsicherheitsbeiwert für Einwirkungen unter Berücksichtigung von Modellunsicherheiten und Größenabweichungen

γ_g — Teilsicherheitsbeiwert für ständige Einwirkungen, der die Möglichkeit einer ungünstigen Abweichung der Einwirkungen gegenüber den repräsentativen Werten berücksichtigt

γ_m — Teilsicherheitsbeiwert für eine Baustoffeigenschaft

γ_{M0} — Teilsicherheitsbeiwert für die Beanspruchbarkeit von Querschnitten

γ_M, γ_{M5}	Teilsicherheitsbeiwert für die Beanspruchbarkeit sowie für die Beanspruchbarkeit von Anschlüssen in Fachwerken mit Hohlprofilen
κ	Abminderungsbeiwert entsprechend der maßgebenden Knicklinie
κ_y	Beiwert zur Beschreibung der Fließlinienanordnung im Spalt
λ, λ_1, $\overline{\lambda}$	Schlankheit, Bezugsschlankheit und Schlankheitsgrad $\overline{\lambda}$
ϕ_i, $\Delta\phi_i$	Rotation und Änderung der Rotation der Fließlinie i
Φ	Rechtwinkligkeit der Seiten, auch Rotation der Fließlinien des Spalts
ψ	Kombinationsbeiwert
Θ_i	Eingeschlossener Winkel zwischen Strebe i und Gurt ($i = 1$ oder 2)
θ, $\Delta\theta$	Rotation und Änderung der Rotation des Spalts
$\Delta\theta_i$	Inkrementelle Änderung der Rotation der Fließlinien i
τ	Wanddickenverhältnis oder Schubspannung
σ	Normalspannung
σ_v	Vergleichsspannung
σ_w	Wahre Normalspannung, bezogen auf aktuelle Querschnittsfläche
$\sigma_{0,Ed}$	Bemessungswert der maximal einwirkenden Druckspannung im Gurtstab am Anschluss
ν	Querkontraktion

Symbole der statistischen Auswertungen

b	Mittelwertkorrektur
$E(.)$	Mittelwert (Erwartungswert) von (.)
$\overline{f}_y$	Mittelwert der Streckgrenze
$g_{rt}(\underline{X})$	Widerstandsfunktion (der Basisvariablen X), die das Bemessungsmodell darstellt
i, n, j	Versuchsnummer, Anzahl experimenteller oder numerischer Testresultate und Anzahl der Basisvariablen
k_n, $k_{d,n}$	Fraktilenfaktor für charakteristische und Bemessungswerte
m_X	Mittelwert von Eigenschaften von n Proben
Q, Q_{r_t}, Q_δ	Standardabweichungen
r_c, r_d	Charakteristischer und Bemessungswert der Widerstandsfunktion
r_e, r_{ei}	Mittelwert der experimentellen Werte des Widerstandes und experimenteller Wert des Widerstandes für den Versuch i

r_t, r_{ti}	Theoretische Widerstandsfunktion gleichlautend mit $g_{rt}(\underline{X})$ und Werte der theoretischen Widerstandsfunktion bei Einsetzen der gemessenen Parameter $\underline{X}$ für den Versuch i
s, s_δ, s_Δ, s_X	Schätzwert für die Standardabweichungen σ, σ_δ, σ_Δ und X
V, V_X	Variationskoeffizient, Variationskoeffizient für X
X_i	Reihe der i Basisvariablen $X_l \cdots X_i$
$\underline{X}_m$	Reihe der Mittelwerte der Basisvariablen
α_{r_t}, α_δ	Wichtungsfaktoren
δ, δ_i	Streumaß, Streumaß für die Probe i, $\delta_i = r_{ei}/(b \cdot r_{ti})$
Δ	Logarithmus des Streumaßes $\delta(\Delta_i = \ln(\delta_i))$ des Versuchs i
μ, μ_X	Mittelwert, Mittelwert für X
$\overline{\Delta}$	Schätzwert für $E(\Delta)$
η_d	Umrechungsfaktor
σ, σ_X	Standardabweichung, Standardabweichung für X
ξ_c, ξ_d	Charakteristischer und Bemessungsbeiwert der theoretischen Widerstandsfunktion

1. Einleitung

1.1. Allgemeines

Kaltgefertigte und warmgewalzte Rechteckhohlprofile (RHP – Rechteckhohlprofil) kombinieren die günstigen statischen und funktionellen Eigenschaften von Hohlprofilen mit kreisförmigem Querschnitt (KHP – Kreishohlprofil) mit einer vereinfachten Knotenherstellung. Während bei Verwendung von Kreishohlprofilen die anzuschließenden Stabenden den Verschneidungskurven angepasst werden müssen, sind bei Knoten aus Rechteckhohlprofilen lediglich gerade Schnitte notwendig. Zusätzlich zu den vorteilhaften statischen sowie funktionellen Eigenschaften bieten Rechteckhohlprofile attraktive Gestaltungsmöglichkeiten, was Architekten zum Konstruieren mit diesen Querschnitten bewegt.

Die Spannweite der Anwendungen reicht von Brücken über Hallenbinder, wie sie z.B. bei Sport-, Mehrzweck- und Industriehallen eingesetzt werden, bis hin zu Anwendungen aus dem Maschinenbau, wo Hohlprofile beim Fahrzeug- und Kranbau sowie bei der Herstellung landwirtschaftlicher Geräte verwendet werden. Ein weiteres Einsatzgebiet ergibt sich durch den Einsatz von Glas im Bauwesen. Da Unterkonstruktionen von Glasdächern und -fassaden sichtbar bleiben, wird auf ein ästhetisches, d.h. schlankes und leichtes Erscheinungsbild besonderer Wert gelegt (*Puthli 1998*).

Sind Tragfähigkeit, Stabilität, Nutzungsmöglichkeit und Ästhetik von Hohlprofilen uneingeschränkt positiv zu beurteilen, so kann sich die Unzugänglichkeit des Hohlprofilinnenraumes sowie die geringen Wanddicken als Problem bei der Anwendung geschraubter Montageverbindungen, eine im Stahlbau übliche Verbindungstechnik, herausstellen. Das direkte Anschrauben von quer zum Hohlprofil verlaufenden Blechen wie z.B. Kopfplatten oder das Einschweißen von Steifen ist in der Regel nicht möglich (*Puthli et al. 2000; Willibald 2003*). Für die in der Praxis relevanten Anschlusskonfigurationen existieren jedoch Bemessungsgleichungen für geschweißte Knoten, so dass diese Probleme umgangen werden können (siehe z.B. *Wardenier et al. 2010c; Puthli 2002*).

1.2. Problemstellung und Lösungsweg

Die Geometrie von K-Knoten mit Spalt aus RHP ist in den verschiedenen nationalen und europäischen Bemessungsvorschriften auf durch Versuche abgesicherte Bereiche beschränkt.

In der europäischen Bemessungsvorschrift DIN EN 1993-1-8 ist ein maximal zulässiges Verhältnis der größten Querschnittaußenabmessung h_0 oder b_0 zur Wanddicke t_0 des Gurts, ebenfalls mit Gurtschlankheit 2γ bezeichnet, von $2\gamma = \max(h_0, b_0)/t_0 \leq 35$ für geschweißte Anschlüsse aus RHP enthalten. Bei druckbeanspruchten Querschnitten kann durch die in der DIN EN 1993-1-8 zusätzlich enthaltene Forderung nach der Einordnung der Querschnitte in die Querschnittklassen 1 oder 2 eine weitere Beschränkung der Gurtschlankheit auftreten.

Dieser Grenzwert $2\gamma \leq 35$ wird von warmgewalzten Rechteckhohlprofilen, die den bisherigen Forschungen hauptsächlich zu Grunde liegen, bis auf gelegentliche Wanddickenunterschreitungen zu 90 % erfüllt. Bei kaltgefertigten Rechteckhohlprofilen werden jedoch bereits bei kleinen Querschnittsabmessungen wie z.B. $80 \times 40 \times 2,0\,\mathrm{mm}$ regelmäßig Werte von $b/t = 40$ erreicht, für die Querschnittsschlankheiten größerer Querschnittsabmessungen wie z.B. $400 \times 100 \times 6,3\,\mathrm{mm}$ sind sogar Werte bis zu $b/t = 63,5$ möglich.

In der Praxis entsteht zunehmend Bedarf nach dünnwandigen Querschnitten im gesamten Abmessungsspektrum für Fachwerkträger und -dachbinder, wie sie unter anderem bei Hallenbauten oder Masten eingesetzt werden. Diese Querschnitte sind zum Teil bereits in der DIN EN 10219-2 genormt, in den Lieferprogrammen der Hersteller sind darüber hinaus Querschnitte mit noch größeren Schlankheiten enthalten (z.B. *Vainio 1999*). Für die Verwendung dieser Profile sind bisher jedoch aufwändige Tests, numerische Zusatzuntersuchungen sowie gutachterliche Stellungnahmen für die Erteilung von Einzelfallgenehmigungen notwendig. Aufgrund der dadurch verursachten Zusatzkosten wird auf diese Querschnitte in den Anwendungen des Stahlbaus im Allgemeinen verzichtet.

Neben der Beschränkung der Gurtschlankheit fordert die DIN EN 1993-1-8 die Einhaltung einer Mindest- und einer Maximalspaltweite. Für große Breitenverhältnisse β wird die kleinste zulässige Spaltweite $g_{w,min}$ nur durch die Anforderungen einer ordnungsgemäßen Verbindungsherstellung festgelegt. Knoten mit kleinen sowie mittleren

Breitenverhältnissen β erfordern hingegen die Einhaltung einer Mindestspaltweite g_{min} (Gl. 1.1). Knoten mit einer Spaltweite größer als die Maximalspaltweite g_{max} der DIN EN 1993-1-8 werden als zwei getrennte Y-Knoten betrachtet.[1]

$$g \geq \begin{cases} 0{,}5 \cdot (1 - \beta) \cdot b_0 = g_{min} \\ t_1 + t_2 = g_{w,min} \end{cases} \quad \text{und} \quad g \leq 1{,}5 \cdot (1 - \beta) \cdot b_0 = g_{max} \qquad (1.1)$$

mit dem Breitenverhältnis $\beta = b_i/b_0$, der Gurtbreite b_0, den Strebenwanddicken t_1, t_2 sowie der schweißtechnischen Mindest- $g_{w,min}$, der Mindest- g_{min} und der Maximalspaltweite g_{max} entsprechend DIN EN 1993-1-8

Die daraus resultierende Knotenexzentrizität (Gl. 1.2) erfordert eventuell die Berücksichtigung der Exzentrizitätsmomente bei der Knotenbemessung, was aufgrund fehlender Bemessungsgleichungen für die Biegetragfähigkeit von K-Knoten nicht möglich ist.

$$e = \left(\frac{h_1}{2 \cdot \sin \Theta_1} + \frac{h_2}{2 \cdot \sin \Theta_2} + g \right) \cdot \frac{\sin \Theta_1 \cdot \sin \Theta_2}{\sin (\Theta_1 + \Theta_2)} - \frac{h_0}{2} \qquad (1.2)$$

mit den Strebenbreiten h_1 und h_2, der Gurthöhe h_0, der Spaltweite g sowie den Strebenwinkeln Θ_1 und Θ_2

Durch kleinere Spaltweiten $g < g_{min}$ ist eine Reduktion der Exzentrizität möglich, so dass die Exzentrizitätsmomente bei der Bemessung vernachlässigt werden können.

Die Erweiterung des Anwendungsbereichs der DIN EN 1993-1-8 erfordert experimentelle und numerische Untersuchungen von K-Knoten mit außerhalb der gültigen Anwendungsgrenzen liegenden Gurtschlankheiten und Spaltweiten herab bis zu einer aus schweißtechnischen Gründen einzuhaltenden Mindestspaltweite. Mit den daraus gewonnenen Erkenntnissen soll die Anwendbarkeit der existierenden Bemessungsgleichungen der DIN EN 1993-1-8 überprüft und, falls notwendig, Modifikationen erarbeitet werden. Soweit dies möglich und sinnvoll ist, erfolgen diese Modifikationen in Übereinstimmung mit den Modellen, die den Bemessungsgleichungen der DIN EN 1993-1-8 zugrunde liegen.

---

[1] In DIN EN 1993-1-8 wird die Mindest- g_{min} und Maximalspaltweite g_{max} mit dem Breitenverhältnis β ermittelt, was bei K- und N-Knoten mit rechteckigen Querschnitt zu fehlerhaften Werten führen kann. Die Mindest- und Maximalspaltweiten basieren daher im Folgenden stets auf dem Breitenverhältnis $\beta = b_i/b_0$.

Ziel dieser Untersuchungen ist es einen Bemessungsvorschlag zu erarbeiten, der es erlaubt, K-Knoten aus Rechteckhohlprofilen mit großen Gurtschlankheiten $35 < 2\gamma \leq 55$ mit in die Entwurfsrichtlinien einzubeziehen. Zusätzlich soll dieser Bemessungsvorschlag die Spaltweite berücksichtigen und somit die Bemessung von K-Knoten, deren kleinste zulässige Spaltweite auch bei kleinen und mittleren Breitenverhältnissen nur durch die Voraussetzungen einer fehlerfreien Verbindungsherstellung definiert ist, ermöglichen.

1.3. Überblick über die Arbeit

Vorwort, Kurzfassung, Abstract, Inhaltsverzeichnis sowie eine Übersicht der verwendeten Abkürzungen und Symbole stehen am Anfang dieser Arbeit.

Nach einer kurzen Einleitung wird in Kapitel 2 auf bisher durchgeführte Untersuchungen an Knoten aus RHP und die damit gewonnenen Ergebnisse eingegangen. Es wird dargestellt, in welchen nationalen Normen und internationalen Anwendungsrichtlinien sich diese Forschungsergebnisse niedergeschlagen haben und welche Standardliteratur verfügbar ist. Außerdem werden die für die Forschung wichtigsten Verbände und deren Funktion vorgestellt. Des Weiteren werden Hintergrundinformationen der Bemessung entsprechend der DIN EN 1993-1-8 von K-Knoten aus RHP gegeben.

Kapitel 3 beschäftigt sich mit besonderen Eigenschaften der Rechteckhohlprofile. Die Materialeigenschaften der Stähle, die bei der Herstellung von Hohlprofilen verwendet werden, werden beschrieben. Außerdem wird auf die Einteilung der Querschnitte in Querschnittklassen und auf die Maßtoleranzen der Rechteckhohlprofile näher eingegangen.

Die Grundlagen des standardisierten Verfahrens der DIN EN 1990, auf dessen Grundlage die statistischen Auswertungen der experimentellen Ergebnisse durchgeführt werden, werden in Kapitel 4 dargestellt.

Das folgende Kapitel 5 beschreibt die Durchführung der experimentellen Untersuchungen. Das Versuchsprogramm wird vorgestellt, Details des Versuchsprogramms und der Versuchskörper beschrieben. Anschließend werden die Ergebnisse der Traglastversuche mit Bezug auf die Bemessungsgleichungen der DIN EN 1993-1-8 sowie auf modifizierte Tragfähigkeitsmodelle statistisch ausgewertet.

Anschließend werden in Kapitel 6 die Grundlagen des numerischen Modells beschrieben. Neben den Eigenschaften der für diese Aufgabe ausgewählten Elemente wird auf idealisierte Materialdefinitionen der FEM eingegangen. Die detaillierte Beschreibung der Diskretisierung der K-Knoten sowie der Vorgehensweise bei der Modellierung der Schweißnähte werden angegeben. Zur Überprüfung des numerischen Modells werden ausgewählte Versuche mit tatsächlichen Abmessungen und Materialkennwerten berechnet. Der Vergleich der numerischen und der experimentellen Ergebnisse ist ebenfalls in Kapitel 6 dargestellt.

In Kapitel 7 erfolgt eine Beschreibung der durchgeführten Parameterstudien. Neben einer Begründung sowie Darstellung des untersuchten Parameterbereiches werden die daraus gewonnenen Erkenntnisse vorgestellt.

Mit den Ergebnissen der experimentellen, analytischen und numerischen Untersuchungen wird ein Bemessungskonzept für K-Knoten mit Gurtschlankheiten $35 < 2\gamma \leq 55$ erarbeitet, welches in Kapitel 8 beschrieben wird. Zusätzlich ermöglicht dieses Bemessungskonzept die Berücksichtigung der Spaltweite g bei der Ermittlung des Bemessungswerts der Knotentragfähigkeit von K-Knoten aus RHP.

Der Zusammenfassung in Kapitel 9 folgt die Zusammenstellung der verwendeten Fachveröffentlichungen und Normen sowie der Anhang, in dem neben der Herleitung der analytischer Modelle und einer beispielhaften statistischen Auswertung nach DIN EN 1990, auch die Ergebnisse der Traglastversuche zusammengestellt sind.

2. Stand der Technik

2.1. Bisherige Untersuchungen von Rechteckhohlprofilknoten

Die Herstellung warmgewalzter rechteckiger Hohlprofilquerschnitte beginnt Anfang der 50er Jahre des 20. Jahrhunderts. 1952 stellt die Fa. Stewarts und Lloyds Ltd., England (zwischenzeitlich Teil der Tata Steel Group) die ersten warmgewalzten Rechteckhohlprofile her, heute werden diese u.a. von der Tata Steel Group, England und von der Vallourec & Mannesmann Deutschland GmbH produziert. Von Ergebnissen erster Vorversuche über das Tragverhalten einfacher Knoten aus RHP wird schließlich Mitte der 60er Jahre in einem internen Bericht der Fa. Stewarts & Lloyds Ltd. berichtet, dieser ist jedoch nicht mehr auffindbar. Eine detaillierte Zusammenstellung der Forschungsergebnisse bis zum Jahr 1982 kann der Veröffentlichung von Wardenier (*Wardenier 1982*) entnommen werden.

Ende der 60er Jahre folgen weitere Untersuchungen an Knoten aus RHP unter statischer Beanspruchung, die hauptsächlich in England (*Mee 1969*) und Deutschland (*Bettzieche 1969*) durchgeführt werden. Neben den experimentellen Untersuchungen wird bereits früh versucht, theoretische, semi-empirische oder empirische Berechnungsverfahren für die Ermittlung von Knotentragfähigkeiten zu entwickeln. Anfang der 70er Jahre werden schließlich die ersten, auf experimentell ermittelten Tragfähigkeiten basierenden Bemessungsgleichungen für K- und N-Knoten von Eastwood und Wood (*Eastwood et al. 1970*) veröffentlicht. Eine später erneut durchgeführte Auswertung dieser Versuchsergebnisse durch Davies und Giddings (*Davies et al. 1971*) führt zu einer Verbesserung der von Eastwood und Wood angegebenen Formeln zur Ermittlung der Tragfähigkeit von K-Knoten. All diese Formeln basieren auf Versuchsergebnissen. Leider sind die Abmessungen und mechanischen Eigenschaften der Versuchskörper nicht ausreichend dokumentiert. Außerdem weisen diese Gleichungen einen Maßstabseffekt auf, dessen Auftreten bei Tragfähigkeiten unwahrscheinlich ist.

Aufgrund dieser Problematik wird 1973 von der Studiengruppe SG-TC-18 der niederländischen Stahlvereinigung in Zusammenarbeit mit CIDECT (Comité International pour le Développement et l'Étude de la Construction Tubulaire) ein umfangreiches Forschungsprogramm ins Leben gerufen und unter Federführung des Instituts für Baumaterialien und Baukonstruktionen IBBC-TNO in Rijswijk und des Stevin Labors der technischen Universität Delft bearbeitet. In diesem Programm werden die Einflüsse vieler geometrischer Parameter auf die statische Tragfähigkeit diverser Knotenformen untersucht. Das Programm umfasst isolierte T-, X-, K-, N- und KT-Knoten, später werden auch Versuche an kompletten Hohlprofilfachwerkträgern durchgeführt. Die dadurch gewonnenen Ergebnisse sind in CIDECT Forschungsberichten (*Wardenier et al. 1976a; Wardenier et al. 1978*) zusammengefasst.

Ebenso werden in den 70er sowie am Anfang der 80er Jahre weitere umfangreiche Forschungsprogramme durchgeführt. In Pisa, Italien und in Corby, England (*N.N. 1977*) werden identische Versuche an gesamten Fachwerkträgern durchgeführt. Versuche an K-Knoten erfolgen in Deutschland sowie in England. In Polen werden Anfang der 80er Jahre T-, X- und K-Knoten untersucht (*Brodka et al. 1981*). Außerdem erfolgen experimentelle Untersuchungen an T-Knoten in Japan (*Kato et al. 1979*) und Kanada (*Bauer et al. 1984*). Neben rein axial beanspruchten, ebenen Knoten werden auch Untersuchungen an biegebeanspruchten Knoten durchgeführt (*Giddings 1980; Korol 1977; Kanatani et al. 1980*). Zusätzlich zu den experimentellen Untersuchungen erfolgen theoretische Betrachtungen auf der Grundlage der Fließlinientheorie von Johansen (*Johansen 1962*) und Redwood (*Redwood 1965*), von Patel (*Patel et al. 1973*), Davies and Roper (*Davies et al. 1977*), Mouty (*Mouty 1978*) und Packer (*Packer 1978*). Mang und Striebel (*Mang et al. 1976*) entwickeln ein elastisches Federmodell, Korol (*Korol et al. 1981*) verwendet ein numerisches Modell mit plastischem Materialgesetz für die Ermittlung der Knotentragfähigkeit.

Mit der Entwicklung der Methode der finiten Elemente und der rasanten Entwicklung leistungsfähiger Computersysteme wird die Möglichkeit geschaffen, komplizierte Knotengeometrien mit im Vergleich zu experimentellen Untersuchungen geringerem Aufwand elektronisch zu berechnen (*Davies 1990; Kosetimaeki et al. 1990; Partanen 1991; Zhang et al. 1993*). Mit Hilfe dieser Technik werden ebenfalls räumliche Knotengeometrien (*Yu 1997*), Effekte aus den Lagerungsbedingungen und den Lasteinleitungen sowie der Gurtspannung analysiert (*Liu et al. 1998b; Liu et al. 1998a; Zhao 1992*). Weitere Aspekte der Forschungstätigkeiten ist die Auswirkung unterschiedlicher Strebenwinkel auf die Tragfähigkeit von Hohlprofilknoten (*Davies et al. 1996*), das Tragverhalten von Hohlprofilknoten bei tiefen Temperaturen (*Niemi et al. 1988; Soininen 1996*) sowie K-Knoten aus Edelstahl (*Rasmussen et al. 1993*).

Aktuelle Forschungsvorhaben mit Beteiligung der Universität Karlsruhe (seit Okt. 2009 Karlsruher Institut für Technologie, KIT) untersuchen das Tragverhalten von kaltgefertigten dünnwandigen Rechteckhohlprofilen (*Puthli 2002*). Die Untersuchungen erstrecken sich sowohl auf das Tragverhalten dieser Querschnitte wie die Klassifizierung dieser Querschnitte als auch auf die Tragfähigkeit von K-Knoten mit dünnwandigen Gurtquerschnitten (*Salmi et al. 2006; Fleischer et al. 2006; Fleischer et al. 2009; Fleischer et al. 2010*). Ein weiterer Aspekt ist die Auswirkung von Schweißarbeiten in den kaltverformten Gebieten, was insbesondere bei Ermüdungsbeanspruchungen von Interesse ist.

Die Weiterentwicklung der Werkstoffe erfordern außerdem Untersuchungen zum Tragverhalten für Knoten aus höher- und hochfesten Stählen (*Lagerquist et al. 2007*). Aber auch die Verbindung von Stahlrundhohlprofilen und Stahlgussteilen, die hauptsächlich bei komplizierten Knotengeometrien eingesetzt werden, ist Bestandteil der aktuellen Hohlprofilforschung (*Puthli et al. 2010b*).

Die aus diesen Forschungen gewonnenen Erkenntnisse werden in nationalen und internationalen Normen, wie beispielsweise in der DIN EN 1993-1-8 und der ISO 14346, Anwendungsempfehlungen (*Packer et al. 1993; Rondal et al. 1992*) sowie Standardwerken (*Wardenier 1982; Mang et al. 1982; Packer et al. 1997; Puthli 1998; Dutta 1999; Wardenier et al. 2010c; Puthli 2002; Wardenier et al. 2010b; Puthli et al. 2011*) dem anwendenden Ingenieur zugänglich gemacht und somit die Ausführung von Bauwerken mit Hohlprofilen ermöglicht. Neben der Umsetzung der Bemessungsvorschriften in die elektronischen Berechnungsprogramme „CIDJOINT" sowie das mit einem erweiterten Funktionsumfang neu gestaltete „COP2 VME" (*Weynand et al. 2010*) wird ein vereinfachtes Bemessungsverfahren entwickelt (*Krampen 2001*) und somit die Grundlagen praxisorientierter Anwendung geschaffen.

Die Kalibrierung der analytischen Modelle basiert in der Vergangenheit auf maximalen, experimentell ermittelten Knotentragfähigkeiten. Die daraus resultierenden Bemessungsvorschriften können der ersten (*IIW 1982*) und der zweiten Auflage der IIW Empfehlungen (*IIW 1989*) entnommen werden, die ebenfalls Grundlage der CIDECT Bemessungshandbücher (*Wardenier et al. 1991; Packer et al. 1993*) und der DIN EN 1993-

1-8 ist. Insbesondere beim Plastizieren des Gurtflanschs ist die Ermittlung der Knotentragfähigkeit jedoch problematisch. Mit der Etablierung des von Lu (*Lu et al. 1994*) entwickelten Deformationskriteriums wird die Voraussetzung für die experimentelle sowie numerische Ermittlung von Knotentragfähigkeiten für diesen Versagensmodus geschaffen. Die überarbeiteten Bemessungsgleichungen sind in der aktuellen Fassung der IIW Empfehlungen für die Bemessung von Hohlprofilknoten unter statischer Beanspruchung (*IIW 2008*), die Grundlage der internationalen Bemessungsvorschrift ISO 14346 ist sowie in den zweiten Auflagen der CIDECT Bemessungshandbücher (*Wardenier et al. 2010b; Packer et al. 2010a*) enthalten. Die aktuellen Bemessungsempfehlungen ermöglichen unter anderem die Bemessung räumlicher Knoten oder von Knoten aus höherfesten Stählen. Ebenfalls wird der Einfluss der Gurtspannung auf die Knotentragfähigkeit in den neuen Bemessungsvorschriften detailliert berücksichtigt (*Wardenier et al. 2010a*). In der aktuellen europäischen BemessungsvorschriftDIN EN 1993-1-8 werden jedoch nur Korrekturen eingearbeitet (*Wardenier et al. 2011*), die neuen Forschungsergebnisse sind darin noch nicht enthalten.

Einen anregenden Effekt auf die Hohlprofilforschung hat die Gründung von Verbänden wie CIDECT und des IIW Kommission XV-E (International Institute of Welding). Neben der Bereitstellung finanzieller Mittel für die Durchführung praxisorientierter internationaler Forschung koordinieren diese Verbände die notwendigen Forschungstätigkeiten und organisieren internationale Konferenzen wie z.B. ISTS (International Symposium on Tubular Structures), bei denen die gewonnenen Forschungsergebnisse der Fachwelt zugänglich gemacht und diskutiert werden können. Aber auch europäische und nationale Organisationen wie EGKS (Europäische Gemeinschaft für Kohle und Stahl), DFG (Deutsche Forschungsgemeinschaft) und FOSTA (Forschungsvereinigung Stahlanwendungen e.V.) haben durch die Bereitstellung finanzieller Mittel zur Durchführung notwendiger Forschungsarbeiten einen großen Anteil an den bisher gewonnenen Erkenntnissen.

2.2. Versagenskriterien

Zeigt die Last-Verformungskurve ein ausgeprägtes Maximum, wie dies oft bei Druckbeanspruchung der Fall ist, wird dieses im Allgemeinen als Traglast des Knotens definiert. Membranwirkungen können jedoch einen stetigen Anstieg der Beanspruchung bewirken (Abb. 2.1), was durch eine exzessive Zunahme der Verformungen gekennzeichnet ist.

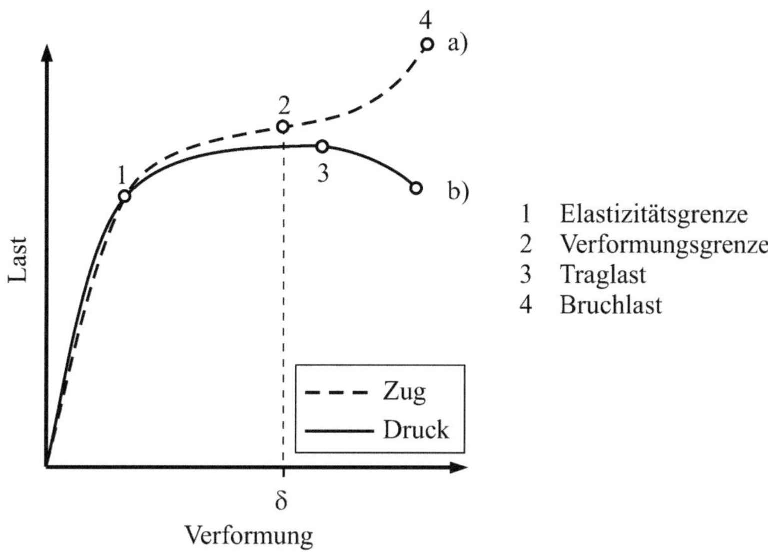

Abbildung 2.1. – Prinzipielle Last-Verformungskurve eines Hohlprofilknotens

Auf Grundlage umfangreicher experimenteller und numerischer Untersuchungen an verschiedenen Knotenkonfigurationen kann die Eindrückung der Strebenquerschnitte in den Gurtflansch als Hauptversagensursache identifiziert werden (*Lu et al. 1993b; Lu et al. 1993a; van der Vegte et al. 1991; van der Vegte et al. 1992; de Winkel et al. 1993b; de Winkel et al. 1993a; de Winkel et al. 1994*). Die festgestellten Eindrückungen variieren zwischen $2{,}5\,\%$ und $4\,\%$ der Gurtflanschbreite b_0 (*van der Vegte et al. 1991; de Winkel et al. 1993b; Yu et al. 1994*). Lu et al. schlagen letztendlich eine maximal zulässige Eindrückung von $3\,\% \cdot b_0$ vor (*Lu et al. 1994*), welche heute als Deformationskriterium allgemein anerkannt ist. Mit diesem universellen Deformationskriterium ist es möglich, die Knotentragfähigkeit zu ermitteln, auch wenn die Last-Verformungskurve kein (Abb. 2.1 und Abb. 2.2 – Last-Verformungskurve a) oder ein erst nach exzessiver Verformung auftretendes Maximum aufweist (Abb. 2.1 und Abb. 2.2 – Last-Verformungskurve b).

Dieses Deformationskriterium wird durch umfangreiche Forschungstätigkeiten für verschiedene Hohlprofilknoten überprüft, z.B. für axial beanspruchte T- und X-Knoten aus RHP (*Yu et al. 1994; Zhao 2000*). Ebenfalls erfolgt eine systematische Überprüfung bei

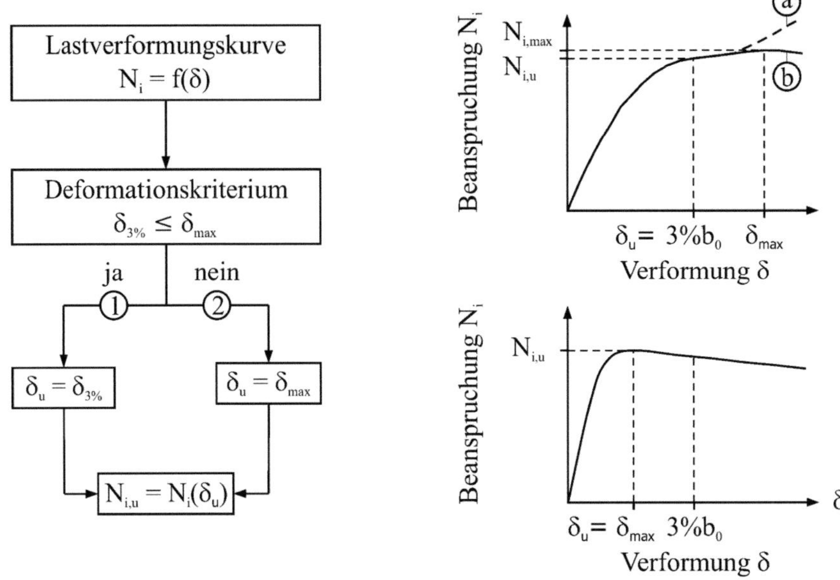

Abbildung 2.2. – Traglastermittlung bei Verformungsbeschränkung (*Lu et al. 1994*)

K-Knoten für verschiedene Gurtschlankheiten 2γ und Breitenverhältnisse β, die Gurt-vorspannung wird jedoch nicht berücksichtigt (*Wardenier et al. 2010a*).

Die Knoten müssen neben der sicheren Ableitung der Einwirkungen ($\gamma_F - \psi$-fache charakteristische Lasten) auch die in sie gestellten Anforderungen des täglichen Betriebs erfüllen, was im Allgemeinen durch eine Beschränkung der Verformung zur Sicherstellung der Gebrauchstauglichkeit erreicht wird (*Yu et al. 1994*).

2.3. Bemessung von K-Knoten aus RHP entsprechend den Bestimmungen der DIN EN 1993-1-8

2.3.1. Hintergrund

Die komplexe Geometrie, lokale Einflüsse der Eckausrundungen, Schweißnähte und herstellungsbedingte Eigenspannungsverteilungen in den Querschnitten führen zu einer ungleichmäßigen Steifigkeitsverteilung im Verbindungsbereich. Effekte aus der Materialverfestigung und aus der Membranwirkung komplizieren das lokale Tragverhalten der Knoten zusätzlich, so dass die exakte Ableitung einer geschlossenen analytischen

Lösung zur Ermittlung der Knotentragfähigkeit nicht immer möglich ist. Die Ableitung analytischer Bemessungsgleichungen verschiedener Grundversagensfälle, die bereits durch die umfangreiche Forschungsaktivitäten in den 70er Jahren des 20. Jahrhunderts identifiziert werden (siehe Abschnitt 2.1), führt jedoch im allgemeinen zu sehr komplizierten Ausdrücken, die für eine praxisgerechte Anwendung ungeeignet sind und vom Anwender nur schwer nachvollzogen werden können (siehe z.B. *Packer 1978*).

Zur Lösung dieser Problematik werden vereinfachte analytische Modelle entwickelt, die alle traglastrelevanten Parameter berücksichtigen. Der Abgleich dieser Modelle mit Versuchsergebnissen erfolgt anhand von empirisch ermittelten Parametern, wie z.B. der mitwirkenden Breite $b_{e,p}$ für Durchstanzversagen. Dieser Abgleich erfolgte dabei auf Grundlage maximaler Versuchslasten $N_{i,max}$, da ein Deformationskriterium zu diesem Zeitpunkt noch nicht bekannt gewesen ist (*Wardenier 1982*).

2.3.2. Grundlegende Beziehung zur Ermittlung der Knotentragfähigkeit von K-Knoten

Für K-Knoten wird eine semi-empirisch ermittelte Gleichung als Hauptkriterium zur Ermittlung der Knotentragfähigkeit verwendet. Fließlinienmodelle wie sie bei anderen Knotenkonfigurationen aus RHP, wie z.B. bei T- X- und Y-Knoten angewendet werden, sind zwar auch für K-Knoten möglich, führen jedoch zu komplizierten Ausdrücken. Die Berücksichtigung der Spannungsverteilung im Spaltbereich, die stark von Membran- und Schubspannungen sowie von der Materialverfestigung beeinflusst wird (*Packer 1978; Partanen et al. 1993*), komplizieren diese Modelle weiter.

Auf Grundlage einer statistischen Auswertung versuchstechnisch ermittelter maximaler Knotentragfähigkeiten $N_{i,max}$ wird von Wardenier (*Wardenier 1982*) diese semi-empirische Gleichung zur Ermittlung der mittleren Knotentragfähigkeit $N_{i,Rm}$ von K-Knoten aus RHP angegeben (Gl. 2.1):

$$N_{i,Rm} = \frac{10{,}9 \cdot k_n \cdot f_{y0} \cdot t_0^2 \cdot \sqrt{\gamma}}{\sin\Theta_i} \cdot \left(\frac{b_1 + b_2}{2 \cdot b_0} \right) \tag{2.1}$$

mit der Abminderung k_n aufgrund einer Gurtspannung, der Streckgrenze des Gurtmaterials f_{y0}, der Gurtschlankheit 2γ, dem Strebenwinkel Θ_i, der Breite der Streben b_1, b_2 sowie der Breite b_0 und Wanddicke t_0 des Gurts

Die ebenfalls aus dieser Auswertung ermittelte 5 %-Fraktile ergibt die charakteristische Knotentragfähigkeit $N_{i,Rk}$, der unter Berücksichtigung eines partiellen Sicherheitsbeiwerts γ_M zum Bemessungswert der Knotentragfähigkeit $N_{i,Rd}$ abgemindert wird (Gl. 8.2). Daraus ergibt sich ein Verhältnis des Bemessungswerts $N_{i,Rd}$ zur mittleren Knotentragfähigkeit $N_{i,Rm}$ von $10,9/8,9 = 1,22$ für Gurtflanschversagen.

Die Bemessungsvorschrift für Gurtflanschversagen basiert auf einer statistischen Auswertung experimentell ermittelter maximaler Knotentragfähigkeiten $N_{i,max}$ unter Zugrundelegung der Fließlinientheorie. Zum Zeitpunkt dieser Untersuchungen ist ein Deformationskriterium für die Ermittlung der Knotentragfähigkeit $N_{i,u}$ noch nicht bekannt, so dass für die Tragfähigkeiten entweder die maximalen oder die an den Versuchsenden erreichten Tragfähigkeiten verwendet werden. Für K-Knoten erfolgt lediglich eine Überprüfung der Verformungen an der Gebrauchstauglichkeitsgrenze $1\% \cdot b_0$ für unterschiedliche Gurtschlankheiten 2γ und Breitenverhältnisse β ohne Berücksichtigung einer zusätzlichen Gurtspannung.

2.3.3. Bemessungsgleichungen der DIN EN 1993-1-8

Neben Gurtflanschversagen können abhängig von den geometrischen Parametern weitere Versagensfälle (*Wardenier 1982*) auftreten, die die Tragfähigkeit der Knoten begrenzen (Tab. 2.1).

In den statistischen Auswertungen zur Ermittlung der charakteristischen Knotentragfähigkeiten sind die relevanten, die Knotentragfähigkeit herabsetzenden Faktoren durch deren Variationskoeffizienten berücksichtigt. Dazu zählen die Streuungen der versuchstechnisch ermittelten Tragfähigkeiten und Materialkennwerte sowie die Variationskoeffizienten der Querschnitts- und Knotenabmessungen sowie die der Herstellungsungenauigkeiten der Knoten. Die Abminderung der charakteristischen Knotentragfähigkeiten zu Bemessungswerten erfolgt durch Knotenfaktoren $\gamma_m \gamma_c$. Diese berücksichtigen die Verformungs- und Rotationskapazität des Knotens und der Querschnitte sowie die Unsicherheiten bei der Ermittlung der Knotentragfähigkeit aufgrund analytischer, semi-empirischer oder gar empirischer Modelle (*Wardenier 1982*). Da die so ermittelten Bemessungsgleichungen Grundlage der DIN EN 1993-1-8 sind, ist eine zusätzliche Abminderung der Bemessungswerte der Knotentragfähigkeit nicht notwendig. Der partielle Sicherheitsbeiwert γ_{M5} wird daher im nationalen Anhang der DIN EN 1993-1-8/NA mit $\gamma_{M5} = 1,00$ festgelegt. Die Gleichungen zur Ermittlung des Bemessungswerts der

Knotentragfähigkeit der bei K-Knoten zu berücksichtigenden Versagensmodi sind in
Tabelle 2.1 zusammenfassend wiedergegeben.

Tabelle 2.1. – Bemessungsgleichungen der DIN EN 1993-1-8 für K- und N-Knoten mit Spalt

Dimensionslose Knotenparameter

$$\gamma = \frac{b_0}{2t_0}, \quad \beta = \frac{b_1 + b_2 + h_1 + h_2}{4b_0}$$

Teilsicherheitsbeiwert $\gamma_{M5} = 1,0$

Gurtflansch-versagen	$N_{i,Rd} = \dfrac{8,9 k_n t_0^2 \sqrt{\gamma}}{\sin\Theta_i}\left(\dfrac{b_1 + b_2 + h_1 + h_2}{4b_0}\right)/\gamma_{M5}$	(2.2)
Gurtschub-versagen	$N_{i,Rd} = \dfrac{f_{y0} A_v}{\sqrt{3}\sin\Theta_i}/\gamma_{M5}$	(2.3)
	$N_{0,Rd} = \left[(A_0 - A_v)f_{y0} + A_v f_{y0}\sqrt{1 - (V_{Ed}/V_{pl,Rd})^2}\right]/\gamma_{M5}$	(2.4)
Streben - versagen	$N_{i,Rd} = f_{yi} t_i \left(2h_i - 4t_i + b_i + b_{eff}\right)/\gamma_{M5}$	(2.5)
Durchstanz - versagen wenn $\beta \leq 1 - 1/\gamma$	$N_{i,Rd} = \dfrac{f_{y0} t_0}{\sqrt{3}\sin\Theta_i}\left(\dfrac{2h_i}{\sin\Theta_i} + b_i + b_{e,p}\right)/\gamma_{M5}$	(2.6)

Gurtschubfläche $\quad A_v = (2h_0 + \alpha b_0)t_0 \quad$ für RHP $\quad \alpha = \dfrac{1}{\sqrt{1 + 4g^2/3t_0^2}}$

Mitwirkende Breiten $\quad b_{eff} = \dfrac{10}{b_0/t_0}\dfrac{f_{y0} t_0}{f_{yi} t_i} b_i \leq b_i, \quad b_{e,p} = \dfrac{10}{b_0/t_0} b_i \leq b_i$

Gurtbeanspruchung $\quad k_n = \begin{cases} 1,3 - \dfrac{0,4n}{\beta} \leq 1,0 & n > 0 \quad \text{(Druck)} \\ 1,0 & n \leq 0 \quad \text{(Zug)} \end{cases}$

Gurtausnutzung $\quad n = \sigma_{0,Ed}/f_{y0} \quad \sigma_{0,Ed}:$ Bemessungswert der max. Gurtspannung

Tragsicherheitsnachweis $N_{i,Ed} \leq N_{i,Rd}$

Prinzipiell sind alle Versagensfälle zu kontrollieren, die kleinste daraus resultierende Knotentragfähigkeit ergibt dann den Bemessungswert der Knotentragfähigkeit $N_{i,Rd}$. Durch zusätzliche Einschränkungen im Anwendungsbereich kann bei der Ermittlung der Tragfähigkeit jedoch auf die Überprüfung von Durchstanzversagen verzichtet (Tab. 2.1) oder der vorherrschende Versagensmodus sogar auf Gurtflanschversagen eingeschränkt werden (siehe Bemerkung [2] in Tab. 2.2).

2.3.4. Anwendungsgrenzen der Bemessung nach DIN EN 1993-1-8

Die in der DIN EN 1993-1-8 angegebenen Bemessungsgleichungen für K-Knoten mit Spalt aus RHP (Tab. 2.1) sind aufgrund der empirischen Parameter, die auf Basis von Versuchsdaten ermittelt wurden, auf den experimentell untersuchten Parameterbereich beschränkt. Diese Anwendungsgrenzen sind in der Tabelle 2.2 angegeben.

Tabelle 2.2. – Anwendungsgrenzen der DIN EN 1993-1-8 für Knoten mit Spalt

Strebenprofile[1] $(i = 1, 2)$ b_i/t_i und h_i/t_i		Gurtprofile[1] b_0/t_0 und h_0/t_0	Gurt- und Strebenprofile		Spaltweite g[3]	Strebenwinkel Θ_i
			h_0/b_0 und h_i/b_i	b_i/b_0[2]		
Druck	Zug					
≤ 35 und max. Klasse 2	≤ 35	≤ 35 und max. Klasse 2	$\geq 0,5$ und $\leq 2,0$	$\geq 0,35$ und $\geq 0,1+0,01\frac{b_0}{t_0}$	$\geq 0,5\,(1-b_i/b_0)\,b_0$ $\leq 1,5\,(1-b_i/b_0)\,b_0$ $\geq t_1+t_2$	$\geq 30°$

Bemerkungen:

[1] Sicherstellung der Schweißbarkeit $t \geq 2,5\,mm$, Vermeidung von Terrassenbrüchen $t \leq 25\,mm$

[2] Wenn $0,6 \leq (b_1+b_2)/(2\cdot b_1) \leq 1,3$, $2\gamma = b_0/t_0 \geq 15$, $\beta \leq 0,85$ und Streben aus quadratischen Hohlprofilen, kann der Bemessungswert der Knotentragfähigkeit vereinfachend mit Gurtflanschversagen (Gl. 8.2) ermittelt werden

[3] Wenn $g > 1,5\cdot(1-b_i/b_0)\cdot b_0$ wird der Bemessungswert der Knotentragfähigkeit auf Grundlage zweier separater Y-Knoten ermittelt. Zusätzlich ist Gurtschubversagen zu überprüfen

Die DIN EN 1993-1-8 ist sowohl für warm- als auch für kaltgefertigte Hohlprofile anwendbar. Neben den in Tabelle 2.2 aufgeführten Anwendungsgrenzen ist die DIN EN 1993-1-8 auf Stähle mit einer Streckgrenze $f_y \leq 700\,\text{N/mm}^2$ beschränkt. Um bei Knoten aus höherfesten Stählen mit Streckgrenzen $355 < f_y \leq 460\,\text{N/mm}^2$ die größeren Verformungen im Falle von Gurtflanschversagen und die geringe Duktilität bei Durchstanz-

und Strebenversagen zu berücksichtigen, ist die Knotentragfähigkeit jedoch mit dem Faktor $0,9$, bei noch höherfesten Stählen $460 < f_y \leq 700\,\text{N/mm}^2$ entsprechend DIN EN 1993-1-12 mit $0,8$ abzumindern (*Mang et al. 1978; Noordhoek et al. 1998; Liu et al. 2004; Fleischer et al. 2009; Wardenier et al. 2010a*).

2.4. Bemessung von K-Knoten auf Grundlage aktueller Empfehlungen des IIW, von CIDECT und der ISO

Die aktuellen Empfehlungen des IIW (IIW Doc. XV-E-09-400) sowie von CIDECT (*Packer et al. 2010a*)[1] beinhalten für K-Knoten mit Spalt aus RHP eine modifizierte, ebenfalls semi-empirisch ermittelte Bemessungsgleichung für Gurtflanschversagen (Gl. 2.7). Diese basiert auf einer erneuten Auswertung einer repräsentativen Versuchsserie von Wardenier (*Wardenier et al. 1976a*), in der anstelle maximaler Knotentragfähigkeiten $N_{i,max}$ Tragfähigkeiten $N_{i,u}$ verwendet werden, die mit dem Deformationskriterium ermittelt werden. Zusätzlich wird die Gurtspannung mit der ebenfalls neu entwickelten Einflussfunktion Q_f berücksichtigt (*Wardenier et al. 2010a*). Im Vergleich zur Bemessungsgleichung der DIN EN 1993-1-8 für Gurtflanschversagen (Gl. 8.2) zeigen die mit Gleichung 2.7 berechneten Bemessungswerte der Knotentragfähigkeit N_i^* eine verbesserte Übereinstimmungen mit den experimentellen Tragfähigkeiten $N_{i,u}$, die auf dem $3\,\% \cdot b_0$ Deformationskriterium basieren.

$$N_i^* = Q_u \cdot Q_f \cdot \frac{f_{y0} \cdot t_0^2}{\sin\Theta_i} \tag{2.7}$$

mit den Einflussfunktionen Q_u und Q_f, der Streckgrenze f_{y0} des Gurts sowie dem Strebenwinkel Θ_i

Die Einflussfunktion Q_u beschreibt den Einfluss des Breitenverhältnisses β und der Gurtschlankheit γ auf den Bemessungswert der Tragfähigkeit (Gl. 2.8).

$$Q_u = 14 \cdot \beta \cdot \gamma^{0,3} \tag{2.8}$$

mit dem Breitenverhältnis β und der Gurtschlankheit 2γ

---

[1] Die Übernahme der Empfehlungen des IIW erfolgt nicht nur in den zweiten Auflagen des CIDECT Bemessungshandbuchs (*Packer et al. 2010a*), sondern ebenfalls in der im März 2013 veröffentlichten internationalen Bemessungsnorm ISO 14346:2013

Auf die neue entwickelte Gurtspannungsfunktion Q_f, die den Einfluss einer Gurtspannung berücksichtigt, wird näher in Abschnitt 8.1.5 eingegangen.

Aufgrund des im Vergleich zur Bemessungsgleichung der DIN EN 1993-1-8 geringeren Einflusses der Gurtschlnakheit und der daraus resultierenden kleineren Tragfähigkeiten bei Knoten mit großer Gurtschlankheit kann der Anwendungsbereich auf $2\gamma \leq 40$ angehoben werden. Die Erhöhung der maximal zulässigen Schlankheit gilt ebenfalls für die Streben $b_i/t_i \leq 40$ und $h_i/t_i \leq 40$. Die zusätzliche Beschränkung auf die Querschnittsklasse 1 oder 2 für druckbeanspruchte Querschnitte bleibt in diesen Empfehlungen bestehen. Zusätzlich wird im Vergleich zur DIN EN 1993-1-8 eine kleinere untere Schranke des Breitenverhältnisses von $\beta \geq 0,25$ angegeben, die Zusatzbedingung für K-Knoten mit Spalt $b_i/b_0 = 0,1 + 0,01 \cdot b_0/t_0$ bleibt ebenfalls weiterhin bestehen. Die zulässigen Spaltweiten entsprechen den in DIN EN 1993-1-8 genannten Mindest- und Maximalspaltweiten (Gl. 1.1).

Die Bemessungsgleichungen für Durchstanz-, Streben- und Gurtschubversagen entsprechen den Gleichungen der DIN EN 1993-1-8 (Tab. 2.1). Die Berücksichtigung von Gurtstegversagen ist auch bei höheren Gurtschlankheiten nur für T-, Y- und X-Knoten zu berücksichtigen.

3. Eigenschaften kaltgefertigter Hohlprofile

Während die Oberflächen warmgefertigter Hohlprofile eine nahezu konstante Härteverteilung aufweisen, ist diese bei kaltgefertigten Hohlprofilen ungleichmäßig (Abb. 3.3). Aufgrund dieser ungleichmäßigen Härteverteilung sind beim kaltgefertigten Hohlprofil inhomogene Festigkeitseigenschaften zu erwarten. Neben den abweichenden Härteverteilungen und Eigenspannungszuständen werden durch die Herstellungsprozesse auch unterschiedliche Maßtoleranzen hervorgerufen. Diese Unterschiede erfordern eine vom Herstellungsverfahren abhängige Zuordnung zu den Knickspannungskurven. Zudem resultieren Mindestkaltumformgrade in größeren Eckausrundungen, was im Vergleich zum warmgefertigten Hohlprofil zu kleineren statischen Werten bei kaltgefertigten Querschnitten führt. Diese Abweichungen erfordern ebenfalls verschiedene und vom Herstellungsprozess abhängige technische Lieferbedingungen – DIN EN 10210 für warm- und DIN EN 10219 für kaltgefertigten Hohlprofile. Die Einordnung in die Querschnittsklassen erfolgt für beide Profilarten nach den Angaben der DIN EN 1993-1-1, die unterschiedlichen Ausrundungsradien kalt- und warmgefertigter Rechteckhohlprofile können dabei unberücksichtigt bleiben (*Packer et al. 2010a*).

Im Folgenden wird auf die spezifischen Eigenschaften kaltgefertigter Rechteckhohlprofile und deren Auswirkungen auf das statische Tragverhalten näher eingegangen.

3.1. Materialeigenschaften

Das Ausgangsmaterial, das bei der Herstellung von Hohlprofilen verwendet wird, entspricht dem der offenen Profilarten wie beispielsweise der IPE-Reihe (DIN EN 10025-2), wird jedoch entsprechend der Regelungen in DIN EN 10027 mit dem Kennbuchstaben „H" gekennzeichnet. Die Eigenschaften des Ausgangsmaterials folgen den bekannten Grundsätzen (*Wesche 1985*).

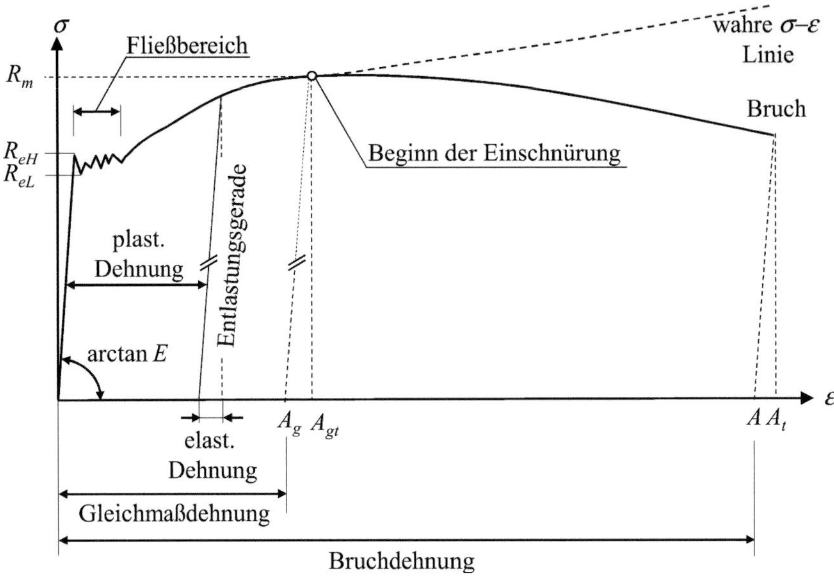

Abbildung 3.1. – Spannungs-Dehnungsdiagramm von unbehandeltem Stahl (*Wesche 1985*)

Der nach dem Erreichen der Zugfestigkeit R_m auftretende scheinbare Festigkeitsabfall hat seine Ursache darin, dass die Belastung stets auf den Anfangsquerschnitt der Probe bezogen wird (technische Spannungs-Dehnungslinie). Der tatsächlich vorhandene Querschnitt verringert sich jedoch durch die Querdehnung und die Einschnürung an der Stelle des späteren Bruchs. Bei Berücksichtigung des tatsächlich vorhandenen Querschnitts lässt sich die wahre Spannung ermitteln (Abb. 3.1).

Durch den Umformvorgang wird das Material bis in den plastischen Bereich gedehnt. Diese plastischen Dehnungen bewirken bei Entlastung eine bleibende Formänderung des Ausgangsmaterials. Bei erneuter Wiederbelastung erhöht sich die Spannung nahezu linear bis zu einer im Vergleich zur Vorbelastung geringfügig erhöhten Spannung und geht anschließend in eine parallel zur Werkstoffkennlinie des Ausgangsmaterials verlaufende Werkstoffkennlinie über. Die Ursache der Spannungserhöhung ist teilweise die kleinere Querschnittsfläche aufgrund der bei der Vorbelastung aufgetretenen plastischen Vorformung. Der davor liegende Teil der Spannungs-Dehnungslinie ist „verloren" (Abb. 3.2). Die plastische Verformung bewirkt aber auch eine Erhöhung der Versetzungsdichte im Metall, was in einer höheren Streckgrenze resultiert (Kaltverfestigung).

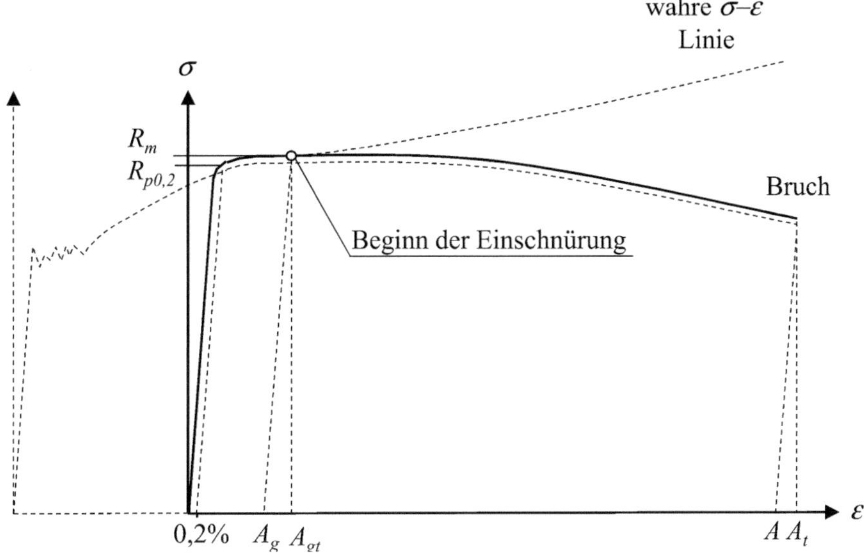

Abbildung 3.2. – Materialeigenschaften der kaltverformten Bereiche (*Wesche 1985*)

Ein kalt verformter Stahl weist keine ausgeprägte natürliche Streckgrenze mehr auf, es wird daher die Spannung an der $0,2\%$-Dehngrenze als technische Streckgrenze $R_{p0,2}$ festgelegt.

Durch die Kaltverformung kommt es zu einer Änderung der mechanischen Eigenschaften in den Ecken. Die Streckgrenze und die Härte (Abb. 3.3) nehmen zu, während die Zähigkeit und das Verformungsvermögen abnehmen. Wärmeeinwirkungen wie Schweißen oder Normalisieren können diesen Effekt ganz oder teilweise rückgängig machen. Wärmeeinwirkungen können jedoch auch Diffusionsvorgänge innerhalb des Gefüges und dadurch eine Materialversprödung auslösen.

Zur Verhinderung von Mikrorissen in Bereichen mit den größten plastischen Verformungen und zur Sicherstellung einer ausreichenden Duktilität gibt die DIN EN 1993-1-8 wie auch die DIN 18800-1 minimale zulässige Kaltverformungsgrade, ausgedrückt im Verhältnis des Biegeradius zu Wanddicke r/t an, die nicht unterschritten werden dürfen (Tab. 3.1).

Von großer Bedeutung ist in den Anwendungen des Stahlbaus außerdem ein ausreichendes Verformungsvermögen des verwendeten Stahls (Duktilität). Eine ausreichende Duktilität ermöglicht neben der Spannungsumlagerung infolge Plastizieren einzelner

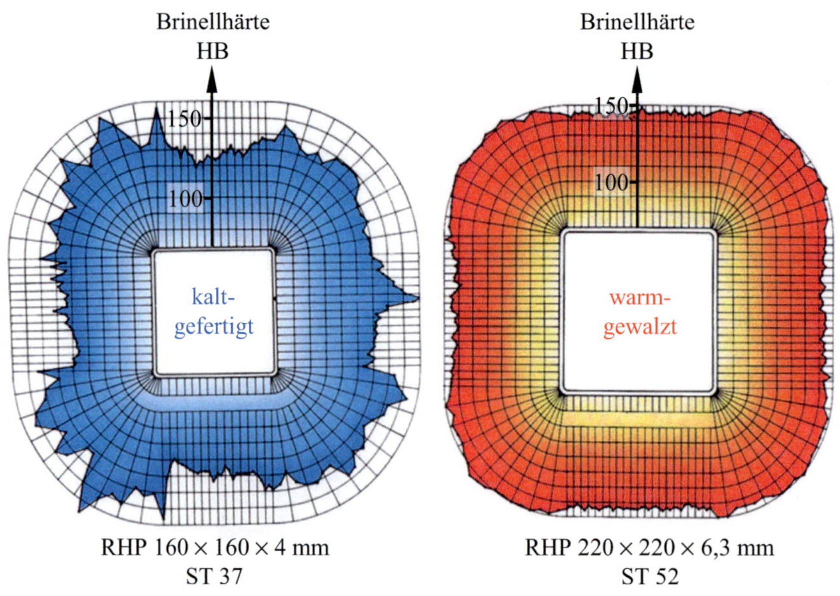

Abbildung 3.3. – Brinell-Härteverteilung an der Oberfläche eines kaltgefertigten (links) und eines warmgewalzten (rechts) Rechteckhohlprofils (*Mang et al. 1984*)

Querschnittsteile (Abschnitt 3.3) die visuelle Vorankündigung infolge sichtbarer Verformungen der Tragstruktur. Aus diesem Grund empfiehlt die DIN EN 1993-1-1 als untere Grenze des Verhältnisses der spezifischen Mindestzugfestigkeit f_u zur spezifischen Mindeststreckgrenze f_y den Wert $f_u/f_y = 1,1$, eine Mindestbruchdehnung $A \geq 15\%$ sowie eine Mindestgleichmaßdehnung $A_g \geq 15 \cdot f_y/E$. Neben den Anforderungen an die Duktilität wird in der DIN EN 1993-1-1 auch die Einhaltung einer Mindestbruchzähigkeit zur Vermeidung von sprödem Versagen zugbeanspruchter Bauteile empfohlen.

3.2. Eigenspannungen

Die Herstellung bewirkt sowohl bei warm- als auch bei kaltgefertigten Hohlprofilen Eigenspannungszustände in den Profilen. Während diese bei warmgefertigten Hohlprofilen auf unterschiedliche Abkühlgeschwindigkeiten nach der Umformung zurückzuführen sind, werden diese bei den kaltgefertigten Profilen durch die Umformung selbst hervorgerufen. Ebenfalls werden durch die anschließende Kalibrierung Eigenspannungen hervorgerufen. Die in warmgefertigten Hohlprofilen auftretenden Eigenspannungen sind jedoch geringer als bei kaltgefertigten Hohlprofilen. Kaltgefertigte Hohlprofile be-

Tabelle 3.1. – Mindestkaltumformgrade nach DIN EN 1993-1-8 und DIN 18800 für Bauteile unter vorwiegend statischer Beanspruchung

min. (r/t)	DIN EN 1993-1-8 Tabelle 4.2 [1) 2)]		DIN 18800 Tabelle 9
	max. Dehnung [%]	max. t [mm]	max. t [mm]
≥ 25	2	jede	-
≥ 10	5	jede	50
$\geq 3,0$	14	24	24
$\geq 2,0$	20	12	12
$\geq 1,5$	25	10	8
$\geq 1,0$	33	6	≤ 4

Bemerkungen:

[1)] Bei kaltgefertigten Hohlprofilen nach DIN EN 10219, die nicht die festgelegten Grenzen erfüllen, kann vorausgesetzt werden, dass sie diese Grenzen erfüllen, sofern diese Profile eine Dicke aufweisen, die nicht größer als $12,5\,\mathrm{mm}$ und Al-beruhigt sind (Al $\geq 0,02\,\%$) mit einer Qualität von J2H, K2H, MH, MLH, NH oder NLH und ferner C $\leq 0,18\,\%$, P $\leq 0,020\,\%$ und S $\leq 0,012\,\%$ erfüllen.

[2)] In anderen Fällen ist Schweißen nur innerhalb eines Abstandes von $5 \cdot t$ von den Kanten zulässig, wenn durch Prüfungen bewiesen werden kann, dass Schweißen für diese besondere Anwendung zulässig ist

sitzen eine in Längsrichtung orientierte Schweißnaht. Die durch den Schweißvorgang beeinflusste Zone (WEZ – Wärmeeinflusszone) weist ebenfalls veränderte mechanische Eigenschaften des Grundwerkstoffs und Schweißeigenspannungen auf (Abb. 3.4).

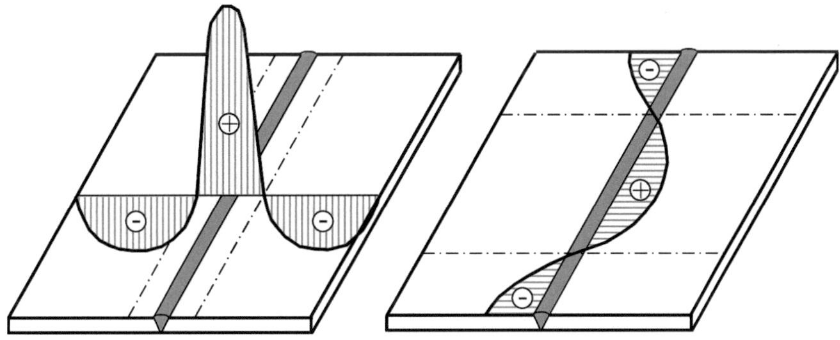

Abbildung 3.4. – Schweißeigenspannungen (*Dilthey et al. 1995*)

Der Einfluss dieser Eigenspannungen auf die Tragfähigkeit von Hohlprofilkonstruktionen ist unter vorwiegend statischer Beanspruchung dann als nicht kritisch anzusehen, wenn ein Plastizieren des Werkstoffs möglich ist und die Eigenspannungen dadurch abgebaut werden können. Für schlanke Druckglieder aus kaltgefertigten RHP, deren Tragfähigkeit infolge Stabilitätsversagens begrenzt ist, resultiert die Eigenspannungsverteilung hingegen in der Einordnung in die ungünstigere europäische Knickspannungskurve c der DIN EN 1993-1-1, was abhängig von der Schlankheit des Druckstabs λ in einer deutlich kleineren kritischen Normalkraft N_{cr} resultieren kann.

3.3. Querschnittsklassifikation

Die Ausnutzung plastischer Reserven erfordert Querschnitte, die genügend Rotationskapazitäten besitzen. Neben den Anforderungen an eine ausreichende Rotationskapazität der Querschnitte ist aber auch die Forderung nach einem duktilen Material von entscheidender Bedeutung, um die Ausbildung plastischer Gelenke zu gewährleisten.

Hohlprofile werden wie offene Profile in vier Querschnittsklassen eingeteilt, die eine Beurteilung ausreichender Rotationskapazitäten ermöglichen. Die Einteilung der Querschnitte erfolgt dabei nach dem Verhältnis der ungebogenen Querschnittsabmessung c zu deren Wanddicke t (Gl. 3.1).

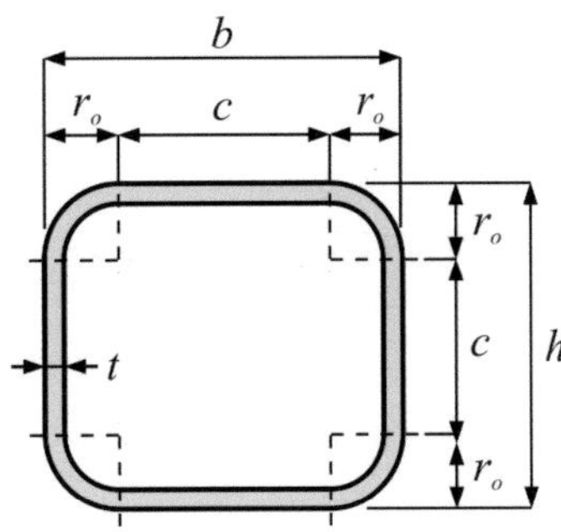

$$\frac{c}{t} = \frac{\max\,(b,h) - 2 \cdot r_o}{t}$$

$$= 2\gamma - 2 \cdot \frac{r_o}{t} \leq \mathrm{grenz}\left(\frac{c}{t}\right)$$

$$2\gamma \leq \mathrm{grenz}\left(\frac{c}{t}\right) + 2 \cdot \frac{r_o}{t} \qquad (3.1)$$

mit der Querschnittsbreite b, -höhe h, -wanddicke t, dem Aussenausrundungsradius r_o, der Schlankheit 2γ sowie der Abmessung c

Abbildung 3.5. – c/t-Verhältnis und Grenzschlankheit kaltgefertigter Rechteckhohlprofile

Die ungünstigste Einordnung erfährt die auf reinen Druck beanspruchte größte Querschnittabmessung c. Die in DIN EN 1993-1-1 angegebenen Grenzen der Verhältniswerte c/t der einzelnen Querschnittsklassen sowie die daraus resultierenden maximalen Gurtschlankheiten sind in Tabelle 3.2 angegeben.

Tabelle 3.2. – Grenzschlankheiten kaltgefertigter Rechteckhohlprofile unter reiner Druckbeanspruchung nach DIN EN 1993-1-1

Kl.	grenz (c/t)[1]	Bemessungsverfahren[2]	$f_y = 235\,\text{N/mm}^2$ (S 235 H) max. 2γ			$f_y = 355\,\text{N/mm}^2$ (S 355 H) max. 2γ		
			$\frac{r_o}{t} \leq 2{,}0$	$\frac{r_o}{t} \leq 2{,}5$	$\frac{r_o}{t} \leq 3{,}0$	$\frac{r_o}{t} \leq 2{,}0$	$\frac{r_o}{t} \leq 2{,}5$	$\frac{r_o}{t} \leq 3{,}0$
1	$\leq 33 \cdot \varepsilon$	P-P	$\leq 37{,}0$	$\leq 38{,}0$	$\leq 39{,}0$	$\leq 30{,}8$	$\leq 31{,}8$	$\leq 32{,}8$
2	$\leq 38 \cdot \varepsilon$	E-P	$\leq 42{,}0$	$\leq 43{,}0$	$\leq 44{,}0$	$\leq 34{,}9$	$\leq 35{,}9$	$\leq 36{,}9$
3	$\leq 42 \cdot \varepsilon$	E-E	$\leq 46{,}0$	$\leq 47{,}0$	$\leq 48{,}0$	$\leq 38{,}2$	$\leq 39{,}2$	$\leq 40{,}2$
4	$> 42 \cdot \varepsilon$	MW	$> 46{,}0$	$> 47{,}0$	$> 48{,}0$	$> 38{,}2$	$> 39{,}2$	$> 40{,}2$

Bemerkungen:

[1] Beiwert $\varepsilon = (235/f_y)^{0,5}$

[2] P: plastisch, E: elastisch: Der erste Buchstaben kennzeichnet das der Ermittlung der Beanspruchungen zugrundeliegende, zulässige Berechnungsverfahren, der zweite das Verfahren das bei der Ermittlung der Beanspruchbarkeiten angewendet werden darf.

MW: Die Ermittlung der Beanspruchbarkeiten basiert auf dem Modell der mitwirkenden Breite

Die Forderung der DIN EN 1993-1-8 nach der Einordnung der Gurtquerschnitte in die Querschnittsklasse 1, für diese können Querschnitte noch plastische Gelenke ausbilden, oder die Querschnittsklasse 2 sowie die Einhaltung einer maximalen Schlankheit von $2\gamma \leq 35$ kann für die hier zur Diskussion stehenden kaltgefertigten Rechteckhohlprofile mit einer Streckgrenze von $f_y = 355\,\text{N/mm}^2$ lediglich für Wanddicken $t > 6\,\text{mm}$ erfüllt werden. Wanddicken $t \leq 6\,\text{mm}$ ergeben aufgrund der geringeren Ausrundungsradien kleinere zulässige c/t-Verhältnisse, so dass die Querschnittsklasse 2 lediglich für eine Schlankheit $2\gamma \leq 34{,}9$ erfüllt werden kann.

Aber auch Querschnitte aus S 235 H, deren Verbreitung jedoch gering ist, müssen ab einer Schlankheit $2\gamma > 44$ ($t > 10\,\text{mm}$) in die Querschnittsklasse 3 oder 4 eingeordnet werden. Für dünnere Querschnitte ist dies bereits für Schlankheiten $2\gamma > 43$ ($6 < t \leq 10\,\text{mm}$) oder sogar $2\gamma > 42$ ($t \leq 6\,\text{mm}$) erforderlich. Durch die Unfähigkeit zur Lastumlagerung sind insbesondere Auswirkungen auf die auftretenden Verformungen im Verbindungsbereich zu erwarten. Im Hinblick auf eine maximal zulässige Verformung ist dies zu berücksichtigen und die Traglast eventuell abzumindern.

Tabelle 3.3. – Maßtoleranzen kalt- und warmgefertigter Rechteckhohlprofile nach DIN EN 10219-2 und DIN EN 10210-2

Merkmale		kaltgefertigte Hohlprofile (DIN EN 10219-2)	warmgefertigte Hohlprofile (DIN EN 10210-2)
Außenmaße	$h,b < 100\,\text{mm}$	$\pm 1\,\%^{1)}$	$\pm 1\,\%^{1)}$
	$100 \leq h,b \leq 200\,\text{mm}$	$\pm 0,8\,\%$	
	$h,b > 200\,\text{mm}$	$\pm 0,6\,\%$	
Wanddicke	$t \leq 5\,\text{mm}$	$\pm 10\,\%$	$-10\,\%^{2)\,3)}$
	$t > 5\,\text{mm}$	$\pm 0,50\,\text{mm}$	
Konkavität	χ_1	$\text{max.}\ 0,8\,\%^{4)}$	$1\,\%^{4)}$
Konvexität	χ_2		
Rechtwinkligkeit der Seiten	ϕ	$90° \pm 1°$	
Äußeres Rundungsprofil	$t \leq 6\,\text{mm}$	$1,6 - 2,4\,t$	$\leq 3\,t$
	$6 < t \leq 10\,\text{mm}$	$2,0 - 3,0\,t$	je
	$t > 10\,\text{mm}$	$2,4 - 3,6\,t$	Rundung
Verdrillung	V	$\leq 2\,\text{mm} + 0,5\,\text{mm/m}$	
Geradheit	$e/l \cdot 100\,\%$	$0,15\,\%$	$0,2\,\%$
Masse	m	$\pm 6\,\%$ je Profil$^{5)}$	

Bemerkungen:

1) Mit einem Mindestwert von $\pm 0,5$ mm

2) Positive Abweichung durch Grenzabweichungen der Masse begrenzt

3) Bei nahtlosen Profilen darf die Nennwanddicke in glatten Übergangsbereichen, deren Anteil nicht mehr als 25 % des Umfangs beträgt, um mehr als 10 %, höchstens aber um 12,5 % unterschritten werden

4) Grenzabweichungen für Konkavität und Konvexität gelten unabhängig von den Grenzmaßen der Außenmaße

5) Als pos. Grenzabweichung der Masse nahtloser Hohlprofile sind 8 % festgelegt

3.4. Maßtoleranzen

Die zulässigen Maß- und Formabweichungen (geometrische Toleranzen) für Rechteckhohlprofile sind in den technischen Lieferbedingungen kalt- DIN EN 10219-2 sowie warmgefertigter Rechteckhohlprofile DIN EN 10210-2 aufgeführt. Unterschiede zwischen den geometrischen Maßtoleranzen (Tab. 3.3) sind auf die unterschiedlichen Herstellungsprozesse zurückzuführen.

Problematisch sind in diesem Zusammenhang insbesondere die zulässigen Wanddickenabweichungen in Kombination mit den Massetoleranzen. Dadurch ist eventuell die Produktion von Hohlprofilen möglich, deren mittlere Wanddicken $\bar{t}$ deutlich kleiner als die Nennwanddicken t sind und dadurch signifikante Reduktionen der Querschnitts- und der Knotentragfähigkeit hervorgerufen werden (*Packer et al. 2010b*). Dieser Umstand wird bereits in einigen nationalen Bemessungsvorschriften berücksichtigt, wie beispielsweise in den amerikanischen AISC (2010) und kanadischen Bemessungsvorschriften CISC (2006), wo in der Bemessung lediglich eine reduzierte „Bemessungswanddicke" in Ansatz gebracht werden darf. Um diese Abminderung in Europa zu vermeiden und Querschnitte mit annähernd gleichen mittleren Wanddicken und Nennwanddicken zu gewährleisten, wird derzeit eine Absenkung der unteren Grenze der Massentoleranz diskutiert.

4. Grundlagen der statistischen Auswertung

Zur Auswertung der Ergebnisse der experimentellen Untersuchungen wird das standardisierte Verfahren der DIN EN 1990 zur versuchsgestützen Bemessung angewendet, mit dem experimentell ermittelte Knotentragfähigkeiten in Bezug zu theoretisch ermittelten statistisch ausgewertet werden. Auf Grundlage dieser Auswertungen sind Aussagen hinsichtlich der Anwendbarkeit der existierenden Bemessungsgleichungen für Knoten im erweiterten Parameterbereich möglich und es können eventuell notwendige Erhöhungs- oder Abminderungsfaktoren der Modelle zur Ermittlung von Bemessungstragfähigkeiten ermittelt werden.

4.1. Schätzung der Mittelwertkorrektur b

Auf Grundlage einer Widerstandsfunktion die das Bemessungsmodell $r_t = g_{rt}\left(\underline{X}\right)$ darstellt, werden unter Verwendung gemessener Abmessungen und Materialkennwerte $\underline{X}_m$ die Bemessungswerte der Tragfähigkeit r_{ti} für jeden Versuch i berechnet und den experimentell ermittelten Knotentragfähigkeiten r_{ei} gegenübergestellt. Aus diesem Vergleich ergibt sich mit Hilfe des Minimums der Abstandsquadrate die Mittelwertabweichung b (Gl. 4.1) in der probabilistischen Widerstandsfunktion $r = b r_t \delta$.

$$b = \frac{\sum\limits_{i=1}^{n} r_{ti} \cdot r_{ei}}{\sum\limits_{i=1}^{n} r_{ti}^2} \tag{4.1}$$

mit den experimentellen r_{ei} und den modellbasierenden Knotentragfähigkeiten r_{ti} sowie der Versuchsanzahl n

Wäre das analytische Modell exakt und wären alle beeinflussenden Parameter in dem Modell berücksichtigt, ergäbe sich eine Mittelwertabweichung von $b = 1$. Aufgrund von Streuungen der experimentellen Tragfähigkeiten r_e und der Basisvariablen X_i werden stets Abweichungen zwischen den experimentell und den theoretisch ermittelten Tragfähigkeiten vorhanden sein. Diese sind daraufhin zu untersuchen, ob sie durch systematische Fehler bei der Versuchsdurchführung oder durch das analytische Modell selbst hervorgerufen werden.

Als Ergebnis der Regressionsanalyse ergeben sich für die Mittelwerte der Basisvariablen $\underline{X}_m$ die Werte der theoretischen Widerstandsfunktion r_m (Gl. 4.2).

$$r_m = b r_t \left(\underline{X}_m \right) = b g_{rt} \left(\underline{X}_m \right) \delta \tag{4.2}$$

mit der Mittelwertabweichung b, der Widerstandsfunktion $r_t \left(\underline{X}_m \right) = g_{rt} \left(\underline{X}_m \right)$ gerechnet mit den Mittelwerten der Basisvariablen $\underline{X}_m$ sowie der Streugröße δ

Die Streugröße δ beschreibt die Modellunsicherheit des Bemessungsansatzes.

4.2. Schätzung des Variationskoeffizienten der Streugröße δ

Basierend auf der Streugröße $\delta_i = r_{ei} / (b \cdot r_{ti})$, für die eine Log-Normalverteilung unterstellt wird und der daraus resultierenden logarithmischen Streugröße $\Delta_i = ln(\delta_i)$ wird der Schätzwert $\overline{\Delta}$ für den Mittelwert $E(\Delta)$ berechnet (Gl. 4.3).

$$\overline{\Delta} = \frac{1}{n} \sum_{i=1}^{n} \Delta_i \tag{4.3}$$

mit den logarithmischen Streugrößen $\Delta_i = ln(\delta_i)$ sowie der Versuchsanzahl n

Der aus der Stichprobe ermittelte Schätzwert für die Varianz s_Δ^2 der logarithmischen Streugrößen (Gl. 4.4) darf für die Varianz der Grundgesamtheit σ_Δ^2 verwendet werden.

Mit der Annahme, dass die Varianz der logarithmischen Streugrößen $\Delta_i = ln(\delta_i)$ eine Schätzung für die Varianz der Streugröße der Grundgesamtheit σ_Δ^2 darstellt, wird der Schätzwert für den Variationskoeffizienten der Streugröße V_δ ermittelt (Gl. 4.5).

$$s_\Delta^2 = \frac{1}{n-1} \sum_{i=1}^{n} \left(\Delta_i - \overline{\Delta} \right)^2 \tag{4.4}$$

mit den logarithmischen Streugrößen $\Delta_i = ln(\delta_i)$ und deren Mittelwert $\overline{\Delta}$ sowie der Versuchsanzahl n

$$V_\delta = \sqrt{e^{s_\Delta^2} - 1} \tag{4.5}$$

mit dem Schätzwert s_Δ^2 der Varianz der logarithmischen Streugrößen Δ_i

4.3. Bestimmung der Variationskoeffizienten V_{Xi} der Basisvariablen

Bei einem ausreichend großen Stichprobenumfang können die Variationskoeffizienten V_{Xi} der Basisvariablen X_i mit den gemessenen Standardabweichungen und Mittelwerten $V_{Xi} = \sigma_{Xi}/\mu_{Xi}$ ermittelt werden. Aufgrund der relativ geringen Versuchsanzahl ($n < 100$) ist die Ermittlung der Variationskoeffizienten aus den Messwerten jedoch nicht möglich. Diese Informationen werden daher entweder dem Schrifttum entnommen (Tab. 4.1) oder müssen sinnvoll abgeschätzt werden.

Tabelle 4.1. – Variationskoeffizienten verschiedener Basisvariablen

Basisvariable X_i		Mittel-wert μ_{Xi}	Variations-koeffizient V_{Xi}	Effekt	Quelle
Außenabmessungen	b, h	1,0	0,005[2]	gering	
Wanddicken	t	1,0	0,05	groß	
Strebenwinkel	Θ_i	1,0	—[1][2]	gering	*Wardenier et al. 2010b*
Gurtausnutzungen	n	1,0	0,05	groß	
Spaltmaße	g'	1,0	0,06	groß	
Breitenverhältnisse	β	1,0	—[2]	gering	*Wardenier 1982*
Streckgrenzen	f_y	1,13	0,059	groß	*Petersen 2001*

Bemerkungen: Basisvariablen deren Streuungen nur einen geringen Effekt auf die Knotentragfähigkeit haben, werden in den statistischen Auswertungen vernachlässigt.

[1]   Standardabweichung $\sigma_{\Theta i} = 1\,°$

[2]   vernachlässigbar

Unbekannte Variationskoeffizienten wie z.B. die Variationskoeffizienten der mitwirkenden Breiten für Durchstanz- V_{lep} und Strebenversagen V_{leff} werden jeweils mit $V_{Xi} = 0,05$ angenommen.

4.4. Ermittlung des charakteristischen Werts r_c der Widerstandsfunktion

Für die allgemeine Form einer Widerstandsfunktion r mit j Basisvariablen (Gl. 4.6) ergibt sich auf Grundlage der „First Order Second Moment Methode" und unter den Annahmen, das die Widerstandsfunktion im Bereich um den Mittelwert einigermaßen linear ist und die Variationskoeffizienten der Basisvariablen V_{Xi} nicht zu groß sind, der Mittelwert $E(r)$ entsprechend Gleichung 4.7.

$$r = br_t \delta = bg_{rt} \left(X_1, \cdots, X_j \right) \delta \qquad (4.6)$$

$$E(r) = bg_{rt} \left(E(X_1), \cdots, E(X_j) \right) = bg_{rt} (\underline{X}_m) \qquad (4.7)$$

mit der Mittelwertabweichung b, der Widerstandsfunktion $r_t = g_{rt} (\underline{X}_m)$ gerechnet mit den Mittelwerten der Basisvariablen $\underline{X}_m$, dem Streumaß δ, den Basisvariablen X_i sowie deren Mittelwerten $E(X_i)$

Ist keine Korrelation zwischen den Basisvariablen X_i vorhanden, kann der Variationskoeffizient aller Basisvariablen V_{rt} mit Gleichung 4.8 ermittelt werden.

$$V_{rt}^2 = \frac{VAR\left[g_{rt}(\underline{X}) \right]}{g_{rt}^2(\underline{X}_m)} = \frac{1}{g_{rt}^2(\underline{X}_m)} \times \sum_{i=1}^{j} \left(\frac{\partial g_{rt}}{\partial X_i} \times \sigma_i \right)^2 \qquad (4.8)$$

mit der Widerstandsfunktion $g_{rt}(\underline{X}_m)$ gerechnet mit den Mittelwerten der Basisvariablen $\underline{X}_m$ sowie den Standardabweichungen σ_i der Basisvariablen X_i

Der Variationskoeffizient der gesamten Widerstandsfunktion V_r kann für kleine Werte von V_δ (Gl. 4.5) und V_{rt} (Gl. 4.8) mit Gleichung 4.9 berechnet werden.

$$V_r^2 = V_\delta^2 + V_{rt}^2 \qquad (4.9)$$

mit dem Variationskoeffizienten der Streugröße V_δ und dem Variationskoeffizient aller Basisvariablen V_{rt}

Hat die Widerstandsfunktion die Produktform $r = br_t = b\{X_1 \times X_2 \cdots X_j\}\delta$, ist der Variationskoeffizient $V_{rt} = \sum_{i=1}^{j} V_{Xi}^2$. Dies kann auch mit Gleichung 4.8 nachvollzogen werden. Des Weiteren kann der Variationskoeffizient des gesamten Widerstandsmodells V_r exakt ermittelt werden. Da davon ausgegangen wird, dass der Variationskoeffizient der Streugröße V_δ klein ist und die Variationskoeffizienten der Basisvariablen V_{Xi} gemäß zuvor genannter Voraussetzung ebenfalls klein sind, darf Gleichung 4.9 als Näherung für die Ermittlung des Variationskoeffizienten V_r verwendet werden.

Bei einer geringen Anzahl an Versuchen ($n < 100$), ist die Verteilung Δ der statistischen Unsicherheiten zu berücksichtigen. Entsprechend DIN EN 1990 sollte die Verteilung als zentrale t-Verteilung mit den Parametern $\overline{\Delta}$, $V_{\Delta(r)}$ und n angenommen werden. Dies bedeutet, dass der 5 %-Fraktilfaktor k_n mit einem Vertrauensniveau von $1 - \alpha = 95\%$ abzusichern ist. Mit diesem Vertrauensniveaus und unter der Annahme einer Log-Normalverteilung für die Modellunsicherheit und für die Basisvariablen kann der charakteristischen Wert der Widerstandsfunktion r_c mit Gleichung 4.10 berechnet werden. Für eine große Versuchsanzahl ($n \geq 100$) ist die Auswertung eines Vertrauensintervalls nicht erforderlich (Gl. 4.11).

$$r_c = b \cdot g_{rt}\left(\underline{X}_m\right) \cdot e^{-k_\infty \cdot \alpha_{rt} \cdot Q_{rt} - k_n \cdot \alpha_\delta \cdot Q_\delta - 0{,}5 \cdot Q^2} \qquad \text{für } n < 100 \qquad (4.10)$$

$$r_c = b \cdot g_{rt}\left(\underline{X}_m\right) \cdot e^{-k_\infty \cdot Q - 0{,}5 \cdot Q^2} \qquad \text{für } n \geq 100 \qquad (4.11)$$

mit der Mittelwertabweichung b, der Widerstandsfunktion $g_{rt}\left(\underline{X}_m\right)$ gerechnet mit den Mittelwerten der Basisvariablen $\underline{X}_m$, den Standardabweichungen Q_{rt}, Q_δ und Q, den Wichtungsfaktoren α_{rt} und α_δ sowie den charakteristischen Fraktilenfaktoren $k_\infty = 1{,}64$ und k_n für die Versuchsanzahl n (Tab. 4.2)

Die gemeinsame Standardabweichung der Basisvariablen Q_{rt} wird mit Gleichung 4.12, die Standardabweichung der Streugröße Q_δ mit Gleichung 4.13 und die Standardabweichung der gesamten Widerstandsfunktion Q mit Gleichung 4.14 ermittelt.

$$Q_{rt} = \sigma_{ln(rt)} = \sqrt{ln\left(V_{rt}^2 + 1\right)} \qquad (4.12)$$

$$Q_\delta = \sigma_{ln(\delta)} = \sqrt{ln\left(V_\delta^2 + 1\right)} \qquad (4.13)$$

$$Q = \sigma_{ln(r)} = \sqrt{ln\left(V_r^2 + 1\right)} \qquad (4.14)$$

mit den Varianzen $\sigma_{ln(rt)}$, $\sigma_{ln(\delta)}$ und $\sigma_{ln(r)}$ sowie den Variationskoeffizienten V_{rt}, V_δ und V_r

Des Weiteren sind die Wichtungsfaktoren α_{rt} (Gl. 4.15), der den Anteil der Streuung der Basisvariablen an der Gesamtstreuung beschreibt und α_δ (Gl. 4.16), der den Anteil der Streuung der Modellunsicherheit an der Gesamtstreuung beschreibt zu berücksichtigen.

$$\alpha_{rt} = Q_{rt}/Q \tag{4.15}$$

$$\alpha_\delta = Q_\delta/Q \tag{4.16}$$

mit den Standardabweichungen Q_{rt}, Q_δ und Q

Die charakteristischen Fraktilenfaktoren k_n können Tabelle 4.2 entnommen werden.

Tabelle 4.2. – Charakterisitsche Fraktilenfaktoren k_n (DIN EN 1990)

$n^{1)}$	1	2	3	4	5	6	8	10	20	30	∞
$V_X{}^{1)}$ bekannt	2,31	2,01	1,89	1,83	1,80	1,77	1,74	1,72	1,68	1,67	1,64
$V_X{}^{1)}$ unbekannt	–	–	3,37	2,63	2,33	2,18	2,00	1,92	1,76	1,73	1,64

Bemerkungen:	Die Frakilenfakoren k_n beruhen auf der Annahme, das die Basisvariable X normalverteilt ist und das Signifikanzniveau $1 - \alpha = 95\,\%$ beträgt.
[1]	Versuchsanzahl n; Variationskoeffizient V_X der Basisvariable X

4.5. Ermittlung des Bemessungswerts der Widerstandsfunktion r_d

4.5.1. Aus dem charakteristischem Wert der Widerstandsfunktion

Sind die Teilsicherheitsbeiwerte für die charakteristische Widerstandsfunktion aus Voruntersuchungen bekannt (*Wardenier 1982*) oder können diese dem Eurocode entnommen werden, erfolgt die Ableitung des Bemessungswerts der Widerstandsfunktion r_d durch Division des charakteristisches Werts r_c mit dem Teilsicherheitsbeiwert γ_m und Multiplikation mit einem Übertragungsfaktor η_d. Es ist auch möglich, dass der Übertragungsfaktor bereits im Teilsicherheitsbeiwert γ_M enthalten ist (Gl. 4.17).

$$r_d = \eta_d \frac{r_c}{\gamma_m} = \frac{\eta_d}{\gamma_m}\{1 - k_n V_r\} = \frac{r_c}{\gamma_M} \tag{4.17}$$

mit dem charakterisitischen Wert der Widerstandsfunktion r_c, dem Bemessungsfaktor des Umrechnungsfaktors η_d, dem Teilsicherheitsbeiwert für die Unsicherheit einer Baustoffeigenschaften γ_m sowie der Teilsicherheitsbeiwert für eine Bauteileigenschaft unter Berücksichtigung von Modellunsicherheiten und Größenabweichungen γ_M

4.5.2. Direkte Ermittlung des Bemessungswerts der Widerstandsfunktion

Sind Teilsicherheitsbeiwerte unbekannt, ist eine direkte Bestimmung des Bemessungswerts der Widerstandsfunktion r_d möglich. Dafür sind die charakteristischen Fraktilenfaktoren k_∞ und k_n in Gleichung 4.10 durch die Fraktilenfaktoren $k_{d,\infty}$ und $k_{d,n}$ für den Bemessungswert zu ersetzen. Für eine geringe Versuchsanzahl ($n < 100$) ergibt sich der Bemessungswerts der Widerstandsfunktion r_d dann entsprechend Gleichung 4.18. Bei ausreichend großer Versuchsanzahl ($n \geq 100$) kann der Bemessungswerts der Widerstandsfunktion r_d mit Gleichung 4.19 ermittelt werden.

$$r_d = b \cdot g_{rt}\left(\underline{X}_m\right) \cdot e^{-k_{d,\infty} \cdot \alpha_{rt} \cdot Q_{rt} - k_{d,n} \cdot \alpha_\delta \cdot Q_\delta - 0,5 \cdot Q^2} \qquad \text{für } n < 100 \qquad (4.18)$$

$$r_d = b \cdot g_{rt}\left(\underline{X}_m\right) \cdot e^{-k_{d,\infty} \cdot Q - 0,5 \cdot Q^2} \qquad \text{für } n \geq 100 \qquad (4.19)$$

mit der Mittelwertabweichung b, der Widerstandsfunktion $g_{rt}\left(\underline{X}_m\right)$ gerechnet mit den Mittelwerten der Basisvariablen $\underline{X}_m$, den Standardabweichungen Q_{rt}, Q_δ und Q, den Wichtungsfaktoren α_{rt} und α_δ sowie den Fraktilenfaktoren $k_{d,\infty} = 3,04$ und $k_{d,n}$ für die Versuchsanzahl n (Tab. 4.3)

Die Fraktilenfaktoren $k_{d,n}$ für den Bemessungswert sind in Tabelle 4.3 wiedergegeben.

Tabelle 4.3. – Fraktilenfaktoren k_n für die Bemessungswerte (DIN EN 1990)

n[1]	1	2	3	4	5	6	8	10	20	30	∞
V_X[1] bekannt	4,36	3,77	3,56	3,44	3,37	3,33	3,27	3,23	3,16	3,13	3,04
V_X[1] unbekannt	–	–	–	11,4	7,85	6,36	5,07	4,51	3,64	3,44	3,04

Bemerkungen:	Die Frakilenfakoren k_n beruhen auf der Annahme, das die Basisvariable X normalverteilt ist und die Unterschreitungswahrscheinlichkeit (Signifikanzniveau) etwa $1 - \alpha = 0,1\,\%$ beträgt.
[1]	Versuchsanzahl n; Variationskoeffizient V_X der Basisvariable X

4.6. Umrechnung auf die Verwendung von Nennwerten

In einer Bemessung werden üblicherweise Nennwerte der Abmessungen (nominelle Abmessungen) sowie charakteristische Streckgrenzen f_{yk} oder deren Bemessungswerte f_{yd} verwendet. Die zuvor dargelegte Vorgehensweise basiert jedoch auf der Verwendung von Mittelwerten (gemessene Werte).

Für die Mittelwerte der Abmessungen wird in Übereinstimmung mit Wardenier die Annahme getroffen, dass diese gleich den Nennwerten sind (*Wardenier 1982*). Aktuelle Herstellungsprozess verursachen jedoch, abhängig von den zulässigen Toleranzen, eventuell kleinere Nenn- als Mittelwerte.

Die in den technischen Lieferbedingungen angegebenen charakteristischen Streckgrenzen f_{yk} sind Mindeststreckgrenzen, die von der Grundgesamtheit mit einer Wahrscheinlichkeit $P\left(f_y \leq f_{yk}\right) = 2,28\,\%$ unterschritten werden, woraus sich ein Fraktilenfaktor $k = 2$ ergibt. Der charakteristische Wert der Streckgrenze f_{yk} wird somit durch den Mittelwert $\overline{f}_y$ definiert (Gl. 4.20):

$$f_{yk} = \overline{f}_y - k \cdot \sigma_{f_y} = \overline{f}_y \cdot \left(1 - k \cdot V_{fy}\right) = 0,882 \cdot \overline{f}_y \tag{4.20}$$

mit dem Mittelwert der Streckgrenze der Grundgesamtheit $\overline{f}_y$, der Varianz der Streckgrenze der Grundgesamtheit σ_{f_y}, dem Fraktilenfaktor k sowie dem Variationskoeffizienten der Streckgrenze V_{fy}

Auf dieser Grundlage werden Abminderungsfaktoren der analytischen Modelle ermittelt, die diese auf das charakteristische ξ_c (Gl. 4.21) und das Bemessungsniveau ξ_d (Gl. 4.22) reduzieren.

$$\xi_c = \frac{r_c}{0,882} \tag{4.21}$$

$$\xi_d = \frac{r_d}{0,882} \tag{4.22}$$

mit der Mittelwertabweichung b, den Standardabweichungen Q_{rt}, Q_δ, Q, den Wichtungsfaktoren α_{rt}, α_δ, dem charakteristischen $k_\infty = 1,64$ und dem Bemessungs-Fraktilenfaktor $k_{d,\infty} = 3,04$ sowie dem charakteristischen $k_n = 1,67$ und dem Fraktilenfaktor der Bemessungswerte $k_{d,n} = 3,13$ für die Versuchsanzahl n

5. Experimentelle Untersuchungen

Um die gültigen Anwendungsgrenzen (Tab. 2.2) zu erweitern, werden im Rahmen eines europäischen Forschungsprojektes „Design Rules for Cold-Formed Structural Hollow Sections – WP3.3 $b/t > 35$" (*Salmi et al. 2006*) experimentelle Untersuchungen an K-Knoten mit Spalt aus kaltgefertigten Rechteckhohlprofilen mit Gurtschlankheiten $2\gamma > 35$ durchgeführt.

Die zulässige Spaltweite dieser Knoten unter Beachtung der zusätzlichen Einschränkung, dass die maximalen Strebenbreiten durch die Eckausrundungen der Gurtquerschnitte begrenzt werden, ist stets die Mindestspaltweite g_{min} der DIN EN 1993-1-8 (Gl. 1.1). Die aufgrund der Schweißbarkeit einzuhaltende Mindestspaltweite $g_{w,min}$ der DIN EN 1993-1-8 (Gl. 1.1) ist für diese Knotengeometrien nicht maßgebend. Bei den experimentellen Untersuchungen werden jedoch ebenfalls K-Knoten mit geringeren Spaltweiten untersucht, herab bis zur experimentellen Mindestspaltweite $g_{e,min} = 4 \cdot t_0$, welche sich für K-Knoten mit dünnwandigen Gurt- und Strebenquerschnitten als praktikabel erwiesen hat. Bei kleineren Spaltweiten $g < g_{e,min}$ wird die Spaltweite aufgrund der geringen Wanddicken sehr klein, so dass beim Schweißen nur noch eine eingeschränkte Brennerführung möglich ist und Kehlnähte nicht mit ausreichender Qualität hergestellt werden können. Die Spaltweite der experimentellen Untersuchungen ist daher auf $g \geq g_{e,min}$ und nicht auf die schweißtechnische Mindestspaltweite $g_{w,min}$ der DIN EN 1993-1-8 beschränkt.

5.1. Versuchsprogramm

Das Versuchsprogramm besteht aus 47 Traglastversuchen. Alle Probekörper besitzen gleiche Streben, so dass $b_1 = b_2 = b_i$ und $h_1 = h_2 = h_i$ ist sowie gleicher Anschlusswinkel $\Theta_1 = \Theta_2 = \Theta_i$. Die Probekörper KJ-01 bis KJ-40 sind aus S 355 H gefertigt, KJ-41 bis KJ-47 aus S 460 MLH. Im Anhang C ist das gesamte Versuchsprogramm sowie die Versuchsergebnisse detailliert dargestellt. Zusammenfassend sind in Tabelle 5.1 die auf nominellen Abmessungen basierenden Parameterbereiche des Versuchsprogramms angegeben.

Tabelle 5.1. – Geometrische Parameter der experimentellen Untersuchungen

Breitenverhältnis	$\beta = \dfrac{b_i + h_i}{2 \cdot b_0} = \begin{cases} \geq & 0,33 \\ \leq & 0,67 \end{cases}$
Gurtschlankheit	$2\gamma = \dfrac{b_0}{t_0} = \begin{cases} \geq & 33 \\ \leq & 50 \end{cases}$
Spaltmaß	$g' = \dfrac{g}{t_0} = 4,00;\, 8,00;\, 9,22;\, 9,76;\, 12,0$
Gurthöhen zu -breitenverhältnis	$\dfrac{h_0}{b_0} = \begin{cases} \geq & 0,5 \\ \leq & 1,5 \end{cases}$
Exzentrizitätsmaß	$\dfrac{e}{h_0} = \begin{cases} \geq & -0,22 \\ \leq & 0,31 \end{cases}$
Wanddickenverhältnis	$\tau = \dfrac{t_i}{t_0} = \begin{cases} \geq & 0,5 \\ \leq & 1,0 \end{cases}$
Strebenwinkel	$\Theta_i = 30°;\, 45°;\, 60°$

Die dimensionslosen Spaltmaße $g' = g/t_0 = 9,76$ und $g' = 9,22$ (Tab. 5.1) ergeben sich für eine exzentrizitätsfreie $e/h_0 = 0$ Knotengeometrie.

5.2. Aufbau der Versuchseinrichtung

Das dem Versuchsaufbau zugrundeliegende statische System (Abb. 5.1) gewährleistet, dass die Knoten primär durch Normalkräfte beansprucht werden. Querkräfte und Momente entstehen lediglich aus den Knotenexzentrizitäten e sowie aus sekundären Effekten. Ebenfalls berücksichtigt der Versuchsaufbau die Tatsache, dass druckbeanspruchte Gurtquerschnitte die kleinsten Knotentragfähigkeiten ergeben (*Liu et al. 1998b*). Eine detaillierte Beschreibung des Versuchsaufbaus kann dem Schlussbericht des EGKS-Forschungsprojekts (*Salmi et al. 2006*) entnommen werden.

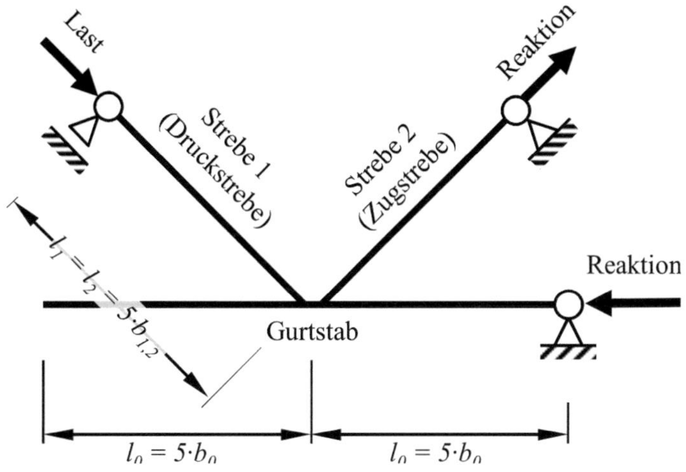

Abbildung 5.1. – Statisches System des Versuchsaufbaus

5.3. Messeinrichtung und Anordnung der Messstellen

Die Anzahl der Messstellen wird durch die zur Verfügung stehende Messeinrichtung (Spider8 der Fa. Hottinger Baldwin Messtechnik) beschränkt. Diese stellt acht Messkanäle, die eine kontinuierliche und gleichzeitige Aufzeichnung erlauben, zur Verfügung.

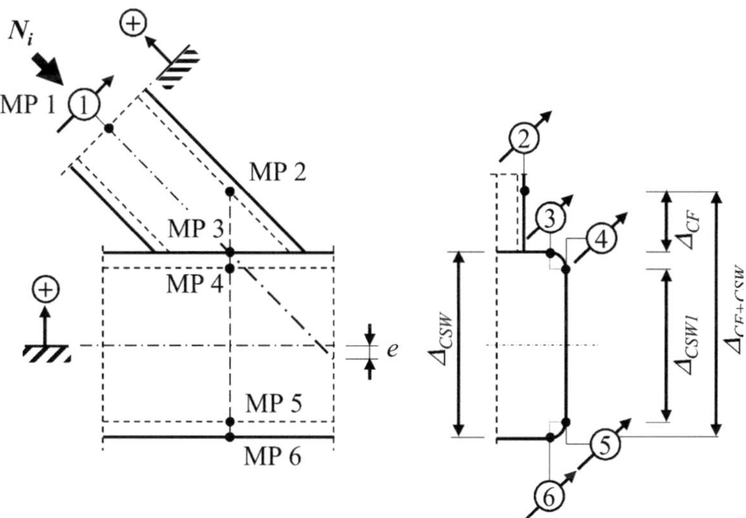

Abbildung 5.2. – Anordnung der Messpunkte und Vorzeichendefinitionen

Ein Messkanal wird von der Kraftmessdose, die zwischen dem Druckzylinder und der Lasteinleitungsplatte der Druckstrebe angeordnet ist, verwendet. Messpunkt MP1 misst den zurückgelegten Zylinderweg. Die Messpunkte MP2 – MP6 sind entsprechend Abbildung 5.2 im Bereich der Druckstrebe angeordnet. Die Wegaufnehmer an den Messpunkten MP2 – MP6 sind dabei so ausgerichtet, dass sie die vertikalen globalen Verschiebungen in Bezug zur Gurtlängsachse messen. Aus den gemessenen globalen Verschiebungen der Messpunkte MP2 – MP6 werden Relativverschiebungen ermittelt (Abb. 5.2), mit denen das Verformungsverhalten der Knoten beurteilt wird. Die Messergebnisse sind in der im Anhang enthaltenen Dokumentation der experimentellen Untersuchungen enthalten.

Mit der Relativverschiebung Δ_{CF+CSW} wird die Gesamtverformung des Verbindungsbereichs ermittelt. Mit Hilfe von Δ_{CSW} ist die Messung der Verformung der Gurtseitenwand inklusive der Rotationen der Eckausrundungen, mit Δ_{CSW1} exklusive der Rotationen möglich.

Zur Ermittlung der Knotentragfähigkeit $N_{i,u}$, die entsprechend des in Abschnitt 2.2 beschriebenen Deformationskriteriums bei einer Eindrückung des Strebenquerschnitts von 3 % der Gurtbreite b_0 in den Gurtflansch festgelegt wird, wird die Verformung Δ_{CF} verwendet (Abb. 5.2). Diese vernachlässigt zwar die Verformung der Gurtstege Δ_{CSW1} und weicht von der ursprünglichen von Lu verwendeten Definition der Gurteindrückung ab (*Lu 1997*), bis zu der zulässigen Verformung von $3\% \cdot b_0$ sind die Abweichungen jedoch gering.

5.4. Herstellung der Probekörper

Die Versuchskörper werden aus kaltgefertigten Rechteckhohlprofilen gefertigt, die von den Firmen voestalpine Krems, Österreich und Rautaruukki Metform, Finnland hergestellt werden. Die Herstellung der Probekörper sowie des Prüfrahmens erfolgt durch die Firma Maurer Söhne, München, Deutschland. In Zusammenarbeit mit der Fa. Maurer Söhne wird auch die für eine einwandfreie Verschweißung notwendige kleinstmögliche Spaltweite der Probekörper mit $g_{e,min} = 4 \cdot t_0$ festgelegt.

Um Endeffekte aus den Auflagern und der Lasteinleitung auf den Verbindungsbereich zu vermeiden, werden die Streben mit einer Länge der kürzeren Strebenseite von $5 \cdot b_i$

hergestellt. Die Länge vom Gurtauflager bis zum Schnittpunkt der Systemlinien wie auch der Abstand vom freien Ende beträgt $5 \cdot b_0$ (Abb. 5.1).

Die Verbindungen der Streben mit dem Gurtquerschnitt erfolgt weitestgehend durch Kehlnähte. Lediglich im Spaltbereich werden bei Strebenwinkel $\Theta_i < 60°$ Stumpfnähte notwendig, die eine vorhergehende Bearbeitung der Streben erfordern. Die Kehlnahtdicke beträgt bei allen Probekörpern $t_w = t_i$. Basierend auf DIN EN 1993-1-8 sind bei Hohlprofilknoten zwar Kehlnahtdicken von $t_w = 1,10 \cdot t_i$ bei Knoten aus S 355 sowie von $t_w = 1,48 \cdot t_i$ bei Knoten aus S 460 für volltragfähige Kehlnähte erforderlich (*Packer et al. 2010a*), ein Schweißnahtversagen konnte jedoch aufgrund der, bei kleinen Wanddicken vorhandenen großen Einbrandtiefe trotz der kleineren Nahtdicken bei keinem Versuch beobachtet werden.

Aufgrund der großen Abmessungen und der Anzahl der Versuchskörper ist die Lagerung der Probekörper im Freien unumgänglich. Daher werden alle Knoten mit einem $30\,\mu$m dicken Korrosionsschutzanstrich versehen, was zuvor ein Reinigungsstrahlen der Probekörper erfordert. Einen Einfluss des Strahlens auf die statische Tragfähigkeit wird als nicht vorhanden angenommen.

5.5. Mechanische Kennwerte der verwendeten Hohlprofile

Die mechanischen Kennwerte der verwendeten Hohlprofile werden von den Herstellern entsprechend den Anforderungen der DIN EN 10204-3.1.B ermittelt. Die Grundlagen zur Ermittlung der charakteristischen Materialkennwerte wie der technischen Streckgrenze $R_{p0,2}$, der Zugfestigkeit R_m und der Bruchdehnung A_5 sind in der DIN EN 10002 festgelegt, die Ermittlung der Bruchzähigkeit erfolgt nach den Bestimmungen der DIN EN 10045. Die mechanischen Kennwerte der verwendeten Chargen sind im Anhang wiedergegeben. Die chemische Zusammensetzung der Querschnitte kann dem Schlussbericht des EGKS-Forschungsprojekts (*Salmi et al. 2006*) entnommen werden.

5.6. Ermittlung von maximalen $N_{i,max}$ und von Traglasten $N_{i,u}$

Die Belastung der Probekörper erfolgt entweder bis zum Auftreten eines Bruchs oder bis ein Abfall der aufgebrachten Last beobachtet werden kann. Die so ermittelten maximalen Knotentragfähigkeiten $N_{i,max}$ werden bei der Auswertung der beobachteten Versagensmodi verwendet. Verhindert die Tragfähigkeit des Versuchsrahmens eine weitere Belastung und kann der Versagensmodus daher nicht beobachtet werden („N.a" in Spalte FM der Tab.5.3), ist lediglich die Angabe der Knotentragfähigkeit $N_{i,u}$ für Gurtflanschversagen mit Hilfe des Deformationskriteriums möglich.

Gurtflanschversagen ist in den experimentellen Untersuchungen jedoch visuell nicht immer feststellbar, so dass dieser Versagensmodus bereits vor dem Auftreten eines anderen Versagens auftreten kann. Dieses Versagen ist daher mit dem Deformationskriterium verknüpft. Wird bei einem Knoten eine lokale Eindrückung des Gurtflanschs größer als 3 % der Gurtbreite b_0 festgestellt, ohne dass ein Versagen beobachtet werden kann, so ist Gurtflanschversagen der vorherrschende Versagensmodus. Die Knotentragfähigkeit ist dann die bei dieser Verformung einwirkende Beanspruchung $N_{i,u}$.

5.7. Versuchsergebnisse

Die gemessenen Abmessungen der Gurt- und Strebenquerschnitte, die den Materialzeugnissen entnommenen Streckgrenzen sowie die Verhältnisse der gemessenen Streckgrenzen zu den gemessenen Zugfestigkeiten sind in Tabelle 5.2 angegeben. Die nominellen Querschnittsabmessungen sind in der Dokumentation der experimentellen Untersuchungen in Anhang C.1 enthalten. Eine Vermessung der Spaltweiten g und der Strebenwinkel Θ_i erfolgt nicht. Im Weiteren werden daher sowohl für die Spaltweite g als auch die Strebenwinkel Θ_i stets nominelle Werte verwendet. Ebenfalls sind die Knotenexzentrizitäten e, die mit nominellen Spaltweiten g und Strebenwinkeln Θ_i mit Gleichung 1.2 berechnet werden, in Tabelle 5.2 angegeben.

Die aus den gemessenen Querschnittsabmessungen resultierenden geometrischen Parameter der Probekörper können der Tabelle 5.3 entnommen werden. Als Maß der vorhandenen Spaltweitenunterschreitung wird das Verhältnis der nominellen zur Mindestspaltweite g/g_{min} der DIN EN 1993-1-8 angegeben. Ebenfalls sind die dimensionslosen Knotenexzentrizitäten e/h_0 der Probekörper in Tabelle 5.3 enthalten. Neben den dimensionslosen Knotenparametern sind die maximal im Versuch aufgetretenen Lasten $N_{i,max}$ und die dabei festgestellten Versagensmodi (Tab. 5.3, Spalte FM) für jeden Versuch angegeben. Für Knoten, deren Versagensmodus Gurtflansch- oder Gurtstegversagen ist, werden die unter Zugrundelegung des Deformationskriteriums ermittelten Tragfähigkeiten $N_{i,u}$ für Gurtflanschversagen zusätzlich angegeben.

Bei der Auswertung der experimentellen Ergebnisse werden die mit nominellen Abmessungen und Materialkennwerten berechneten mittleren Knotentragfähigkeiten für Gurtflanschversagen r_m (Gl. 2.1) sowie die mit gemessenen Abmessungen und Materialkennwerten berechneten Bemessungswerte der Knotentragfähigkeiten für Gurtflanschversagen r_t (Gl. 8.2) verwendet. Mit dem den experimentellen Untersuchungen zugrunde liegenden statischen System (Abb. 5.1), der symmetrischen Knotengeometrie und unter Vernachlässigung der Knotenexzentrizität resultiert aus der Beanspruchung der Druckstrebe N_i eine Druckbeanspruchung des Gurts $N_0 = 2 \cdot N_i \cdot \cos \Theta_i$. Abhängig von der Größe des Verhältnisses der Gurtbeanspruchung zur Streckgrenze des Gurts $n = \sigma_0 / f_{y0}$ kann eine Abminderung k_n der Tragfähigkeit für Gurtflanschversagen auftreten. Bei der Ermittlung der Tragfähigkeiten r_m und r_t wird diese Abminderung k_n entsprechend DIN EN 1993-1-8 (Tab. 2.1) berücksichtigt.

Die geringe Duktilität und die Zunahme der bei höherfesten Stählen auftretenden Verformungen erfordern eine Reduzierung der Knotentragfähigkeit. Bei Durchstanz- und Gurtflanschversagen wird in der Auswertung eine um 20 % reduzierte Tragfähigkeit r_t verwendet, wenn die gemessene Streckgrenze des Gurts $460 < f_{y0} < 700\,\text{N/mm}^2$ ist. Für Streckgrenzen $355 < f_{y0} \leq 460\,\text{N/mm}^2$ erfolgt eine Abminderung um 10 %. Auch für Strebenversagen erfolgt eine Abminderung der Knotentragfähigkeit r_t um 20 %, wenn die gemessene Streckgrenze der versagenden Strebe $460 < f_{yi} \leq 700\,\text{N/mm}^2$ ist. Beträgt diese $355 < f_{yi} \leq 460\,\text{N/mm}^2$ ist die Abminderung 10 %. Die Abminderung der auf nominellen Abmessungen und Materialkennwerten basierenden mittleren Knotentragfähigkeiten r_m erfolgt ebenfalls entsprechend DIN EN 1993-1-8, bei Knoten aus Stählen mit nominellen Streckgrenzen $355 < f_y \leq 460\,\text{N/mm}^2$ (KJ-41 – KJ-47) um 10 %. Knoten aus S 355 mit einer Streckgrenze von $f_y \leq 355\,\text{N/mm}^2$ erfordern keine Reduktion der Knotentragfähigkeit. (Abschnitt 2.3.4).

Die maximalen Versuchs- $N_{i,max}$ und die Traglasten $N_{i,u}$ werden mit den auf Basis gemessener Abmessungen und Materialkennwerten ermittelten Bemessungswerten der Tragfähigkeit r_t für Gurtflanschversagen normiert. Da DIN EN 1993-1-8 Gurtflanschversagen als maßgebenden Versagensmodus für alle Knotengeometrien ergibt, werden diese Lasten zusätzlich mit den Mittelwerten der Knotentragfähigkeiten r_m für Gurtflanschversagen, denen nominelle Abmessungen und charakteristische Materialkennwerte zugrunde liegen, normiert.

Mit dem Vorversuch KJ-16 werden der Versuchsaufbau und verschiedene Lasteinleitungen getestet, so dass eine korrekte Ermittlung der Knotentragfähigkeiten nicht mög-

Tabelle 5.2. – Gemessene Abmessungen und Materialkennwerte

KJ	Gurtquerschnitt						Strebenquerschnitt						Geometrie		
	b_0	h_0	t_0	$r_{o,0}$	f_{y0}[1]	$\dfrac{f_{y0}}{f_{u0}}$[1]	b_i	h_i	t_i	$r_{o,i}$	f_{yi}[1]	$\dfrac{f_{yi}}{f_{ui}}$[1]	Θ_i[2]	g[2]	e[3]
	mm	mm	mm	mm	N/mm^2		mm	mm	mm	mm	N/mm^2		°	mm	mm
01	299,6	200,6	6,0	14,5	451	0,85	100,2	100,2	5,7	13,5	396	0,75	45	58,6	-0,17
02	300,0	200,3	6,0	14,5	451	0,85	149,9	100,0	5,8	12,6	509	0,87	45	58,6	-0,16
03	300,1	200,2	6,0	14,5	451	0,85	199,9	100,1	5,7	13,4	480	0,88	45	58,6	-0,04
04	299,9	200,3	6,1	14,5	451	0,85	100,2	100,2	5,7	13,5	396	0,75	45	24,0	-17,3
05	299,9	200,4	5,9	14,5	451	0,85	100,2	100,2	5,7	13,5	396	0,75	45	48,0	-5,35
06	299,6	200,2	6,1	14,5	451	0,85	100,2	100,2	5,7	13,5	396	0,75	45	72,0	6,75
07	300,1	200,3	5,8	14,5	451	0,85	149,9	100,0	5,8	12,6	509	0,87	45	24,0	-17,4
08	300,0	200,4	5,8	14,5	451	0,85	149,9	100,0	5,9	12,6	509	0,87	45	48,0	-5,49
09	299,7	200,3	6,1	14,5	451	0,85	149,9	100,0	5,8	12,6	509	0,87	45	72,0	6,56
10	299,6	200,1	6,2	14,5	451	0,85	199,9	100,1	5,8	13,4	480	0,88	45	24,0	-17,3
11	299,7	200,3	6,1	14,5	451	0,85	199,9	100,1	5,8	13,4	480	0,88	45	48,0	-5,37
12	299,5	200,4	6,2	14,5	451	0,85	199,9	100,1	5,8	13,4	480	0,88	45	72,0	6,58
13	200,1	299,6	6,1	14,5	451	0,85	100,2	100,2	5,8	13,5	396	0,75	45	24,0	-66,9
14	199,7	299,6	6,2	14,5	451	0,85	149,9	100,0	6,0	12,6	509	0,87	45	24,0	-67,1
15	199,6	100,9	3,7	8,0	402	0,77	80,0	80,0	3,0	6,4	427	0,83	45	16,0	14,1
17	199,6	100,1	4,8	11,2	485	0,89	80,1	80,0	5,0	10,5	474	0,86	45	20,0	16,5
18	199,9	100,1	5,7	13,4	480	0,88	80,1	80,2	5,8	12,6	418	0,80	45	24,0	18,7
19	199,6	100,9	3,7	8,0	402	0,77	80,0	80,0	3,0	6,4	427	0,83	45	16,0	14,1
20	199,6	100,1	4,8	11,2	485	0,89	80,0	80,0	3,2	6,4	427	0,83	45	20,0	16,5
21	199,9	100,1	5,7	13,4	480	0,88	80,0	80,0	3,0	6,4	427	0,83	45	24,0	18,5
22	150,2	150,2	3,7	7,4	459	0,85	80,0	80,0	3,0	6,4	427	0,83	45	36,9	-0,09
23	150,2	150,2	3,7	7,4	459	0,85	80,0	80,0	3,0	6,4	427	0,83	45	36,9	-0,09
25	120,2	120,2	2,8	6,5	425	0,77	80,0	80,0	2,9	6,4	427	0,83	45	12,0	2,47
26	120,2	120,2	2,8	6,5	425	0,77	80,0	80,0	2,8	6,4	427	0,83	45	12,0	2,47
27	120,2	120,2	2,8	6,5	425	0,77	80,0	80,0	2,8	6,4	427	0,83	45	12,0	2,47
28	120,2	120,2	2,8	6,5	425	0,77	80,0	80,0	2,9	6,4	427	0,83	45	12,0	2,47
29	299,9	199,9	6,1	14,5	451	0,85	100,2	100,2	5,6	13,5	396	0,75	60	24,0	21,0
30	299,8	199,8	6,1	14,5	451	0,85	100,2	100,2	5,6	13,5	396	0,75	60	48,0	41,9
31	299,8	200,2	6,2	14,5	451	0,85	100,2	100,2	5,7	13,5	396	0,75	60	72,0	62,5
32	299,5	200,5	6,3	14,5	451	0,85	100,2	100,2	5,9	13,5	396	0,75	30	24,0	-35,5
33	299,6	200,0	6,1	14,5	451	0,85	100,2	100,2	5,8	13,5	396	0,75	30	48,0	-28,3
35	300,5	199,8	6,1	14,5	451	0,85	149,9	100,0	5,9	12,6	509	0,87	60	24,0	20,9
36	300,5	199,8	6,2	14,5	451	0,85	149,9	100,0	6,0	12,6	509	0,87	60	48,0	41,7
38	299,6	200,0	6,2	14,5	451	0,85	149,9	100,0	5,8	12,6	509	0,87	30	24,0	-35,3
39	299,7	200,2	6,0	14,5	451	0,85	149,9	100,0	5,8	12,6	509	0,87	30	48,0	-28,5
40	300,5	199,8	6,1	14,5	451	0,85	149,9	100,0	5,8	12,6	509	0,87	30	72,0	-21,4
41	199,6	99,9	4,0	8,9	506	0,85	80,3	80,3	2,9	6,3	522	0,87	45	16,0	14,8
42	199,6	99,9	4,0	8,9	506	0,85	80,3	80,3	3,9	7,4	495	0,85	45	16,0	14,8
43	199,7	100,2	4,7	11,2	539	0,88	80,2	80,2	3,9	7,4	495	0,85	45	20,0	16,6
45	199,6	99,9	4,0	4,0	506	0,85	80,3	80,3	3,0	6,3	522	0,87	45	16,0	14,8
46	199,7	100,2	4,7	11,2	539	0,88	80,3	80,3	3,0	6,3	522	0,87	45	20,0	16,7

Bemerkungen:

[1] Aus Materialzeugnissen entnommene Steckgrenze und Zugfestigkeit

[2] Abmessung nicht gemessen, daher Angabe des nominellen Werts

[3] Exzentrizität e aus nom. Spaltweite g und nom. Strebenwinkel Θ_i sowie gem. Querschnittshöhen h_0 und h_i (Gl. 1.2)

Tabelle 5.3. – Geometrische Parameter, Versuchsergebnisse und normierte Lasten

KJ	Parameter						Widerstand		Testergebnis			Normierung			
	β	2γ	τ	$\frac{h_0}{b_0}$	$\frac{g}{g_{min}}$	$\frac{e}{h_0}$	$r_m{}^{1)}$ kN	$r_t{}^{2)}$ kN	$N_{i,max}$ kN	FM	$N_{i,u}$ kN	$\frac{N_{i,max}}{r_t}$	$\frac{N_{i,u}}{r_t}$	$\frac{N_{i,max}}{r_m}$	$\frac{N_{i,u}}{r_m}$
01	0,33	49,9	0,95	0,67	0,59	0,00	328	307	452	N.a.	285	1,47	0,93	1,38	0,87
02	0,42	50,0	0,97	0,67	0,78	0,00	410	383	529	CW	394	1,38	1,03	1,29	0,96
03	0,50	50,0	0,95	0,67	1,17	0,00	493	460	532	CW	532	1,16	1,16	1,08	1,08
04	0,33	49,2	0,93	0,67	0,24	-0,09	328	315	463	PS	-	1,47	-	1,41	-
05	0,33	50,8	0,97	0,67	0,48	-0,03	328	300	421	PS	-	1,41	-	1,28	-
06	0,33	49,1	0,93	0,67	0,72	0,03	328	315	456	N.a.	305	1,45	0,97	1,39	0,93
07	0,42	51,7	1,00	0,67	0,32	-0,09	410	364	530	PS	-3)	1,46	-	1,29	-
08	0,42	51,7	1,02	0,67	0,64	-0,03	410	364	522	CW	450	1,43	1,24	1,27	1,10
09	0,42	49,1	0,95	0,67	0,96	0,03	410	393	513	CW	363	1,31	0,92	1,25	0,88
10	0,50	48,3	0,94	0,67	0,48	-0,09	493	483	565	N.a.	-3)	1,17	-	1,15	-
11	0,50	49,1	0,95	0,67	0,96	-0,03	493	472	570	N.a.	-3)	1,21	-	1,16	-
12	0,50	48,3	0,94	0,67	1,45	0,03	493	483	537	N.a.	443	1,11	0,92	1,09	0,90
13	0,50	32,8	0,95	1,50	0,48	-0,22	402	386	553	PS	-	1,43	-	1,38	-
14	0,63	32,2	0,97	1,50	0,96	-0,22	503	493	598	N.a.	-3)	1,21	-	1,19	-
15	0,40	53,9	0,81	0,51	0,27	0,14	175	130	236	EW	-	1,82	-	1,35	-
17	0,40	41,6	1,04	0,50	0,33	0,17	245	206	290	PS	-	1,41	-	1,18	-
18	0,40	35,1	1,02	0,50	0,40	0,19	319	264	338	PS	-	1,28	-	1,06	-
19	0,40	53,9	0,81	0,51	0,27	0,14	175	130	194	EW	-	1,49	-	1,11	-
20	0,40	41,6	0,67	0,50	0,33	0,17	245	206	241	CB	-	1,17	-	0,98	-
21	0,40	35,1	0,53	0,50	0,40	0,19	319	263	282	CB	-	1,07	-	0,88	-
22	0,53	40,6	0,81	1,00	1,05	0,00	202	171	222	CW	163	1,30	0,95	1,10	0,81
23	0,53	40,6	0,81	1,00	1,05	0,00	202	171	212	CW	-	1,24	-	1,05	-
25	0,67	42,9	1,04	1,00	0,60	0,02	147	116	176	CW	-3)	1,51	-	1,20	-
26	0,67	42,9	1,00	1,00	0,60	0,02	147	116	201	CW	-3)	1,73	-	1,37	-
27	0,67	42,9	1,00	1,00	0,60	0,02	147	116	165	CW	-3)	1,42	-	1,12	-
28	0,67	42,9	1,04	1,00	0,60	0,02	147	116	190	CW	-3)	1,63	-	1,29	-
29	0,33	49,2	0,92	0,67	0,24	0,11	268	257	392	PS	-	1,52	-	1,46	-
30	0,33	49,1	0,92	0,67	0,48	0,21	268	257	343	PS	-	1,33	-	1,28	-
31	0,33	48,4	0,92	0,67	0,72	0,31	268	264	365	PS	-	1,39	-	1,36	-
32	0,33	47,5	0,94	0,67	0,24	-0,18	436	448	550	N.a.	460	1,23	1,03	1,26	1,06
33	0,33	49,1	0,95	0,67	0,48	-0,14	436	429	550	N.a.	384	1,28	0,90	1,26	0,88
35	0,42	49,3	0,97	0,66	0,32	0,10	335	320	390	N.a.	356	1,22	1,11	1,16	1,06
36	0,42	48,5	0,97	0,66	0,64	0,21	335	328	414	N.a.	392	1,26	1,19	1,24	1,17
38	0,42	48,3	0,94	0,67	0,32	-0,18	545	547	581	N.a.	543	1,06	0,99	1,07	1,00
39	0,42	50,0	0,97	0,67	0,64	-0,14	545	523	558	N.a.	455	1,07	0,87	1,02	0,84
40	0,42	49,3	0,95	0,66	0,96	-0,11	545	534	533	N.a.	437	1,00	0,82	0,98	0,80
41	0,40	49,9	0,73	0,50	0,27	0,15	204	164	265	CB	-	1,62	-	1,30	-
42	0,40	49,9	0,98	0,50	0,27	0,15	204	164	222	EW	-3)	1,36	-	1,09	-
43	0,40	42,5	0,83	0,50	0,33	0,17	285	222	303	PS	-	1,37	-	1,06	-
45	0,40	49,9	0,75	0,50	0,27	0,15	204	164	186	EW	-3)	1,14	-	0,91	-
46	0,40	42,5	0,64	0,50	0,34	0,17	285	222	265	CB	-	1,19	-	0,93	-

Bemerkungen: Versagen (FM): N.a. – nicht erkennbar; CW – Gurtsteg; PS – Durchstanzen; CB – Druckstrebe; EW – Zugstrebe

1)   Gl. 2.1, nom. Abmessungen und Materialkennwerten (Anhang C)
2)   Gl. 8.2, gem. Abmessungen und Materialkennwerten (Tab. 5.2)
3) $N_{i,max}$ bereits bei Eindrückung $< 3\% \cdot b_0$

lich ist. Der Versuch KJ-24 wird zur Dehnungsmessung auf einem geringen Beanspruchungsniveau durchgeführt und kann daher bei der Auswertung der Versuchsergebnisse ebenfalls nicht berücksichtigt werden. Bei den Probekörpern KJ-44 sowie KJ-47 ist infolge von Fertigungsfehlern der Gurtstab aus zwei Teilen zusammengeschweißt. Bei der Durchführung der Versuche erfolgt bei beiden Probekörpern ein vorzeitger Bruch der in den Spaltmitte liegenden Schweißnaht (siehe Dokumentation der Versuche in Anhang C). Die Tragfähigkeit einer korrekt ausgeführten Schweißnaht ist mindestens gleich der des Flanschblechs, so dass die geringe experimentell ermittelte Knotentragfähigkeit eventuell auf eine nicht korrekt ausgeführte Schweißnaht zurückgeführt werden kann. Eine detaillierte Untersuchung dieser Schweißnähte erfolgt jedoch nicht. Bei der Auswertung bleiben daher die Versuche KJ-44 und KJ-47 ebenfalls unberücksichtigt.

Die Streben der Probekörper KJ-15, KJ-28 und KJ-45 bestehen nicht aus den gleichen Querschnitten. Dies ist für die Auswertung der Versuche KJ-15 und KJ-45 von Interesse, da diese durch das Abreißen der Zugstrebe versagen. In den Auswertungen dieses Versagensmodus werden daher die entsprechenden Abmessungen und Materialkennwerte der Zugstreben verwendet (Tab. 5.2). Des Weiteren treten für die Versuche KJ-20 und KJ-23 Messfehler auf, die zu fehlerhaften Knotentragfähigkeiten $N_{i,u}$ führen. Auf die Auswertung der Knotentragfähigkeiten $N_{i,u}$ dieser Versuche muss daher verzichtet werden. Bei der Durchführung des Versuchs KJ-37 wird ein Ausweichen des Probekörpers aus der Fachwerkebene heraus beobachtet. Dieses Ausweichen führt zu einer einseitig größeren Gurteindrückung, was die geringe Tragfähigkeit $N_{i,u}$ erklären kann. Die Durchführung des Versuchs KJ-34 erfolgt hingegen mit einer fehlerhafte Einstellung der Messanlage. Auf die Berücksichtigung der Knotentragfähigkeiten $N_{i,u}$ der Versuche KJ-37 und KJ-34 wird daher ebenfalls verzichtet.

In Abbildung 5.3 sind die maximalen Knotentragfähigkeiten $N_{i,max}$ den Mittelwerten der Knotentragfähigkeit r_m gegenübergestellt. Ebenfalls ist der visuell beobachtete Versagensmodus in Abbildung 5.3 angegeben.

Die maximalen Knotentragfähigkeiten $N_{i,max}$ sind zum Teil signifikant ($> 20\,\%$) größer als die Mittelwerte der Knotentragfähigkeiten r_m. Der Grund dafür wird in den aufgetretenen Versagensmodi gesehen. Gurtflanschversagen ist visuell nicht immer erkennbar und kann die Tragfähigkeit bereits vor dem Auftreten des letztendlich beobachteten Versagensmodus begrenzen. Der Mittelwert der Knotentragfähigkeit, dessen Grundlage Gurtflanschversagen ist, kann daher deutlich kleiner als die maximale Knotentragfähigkeit sein.

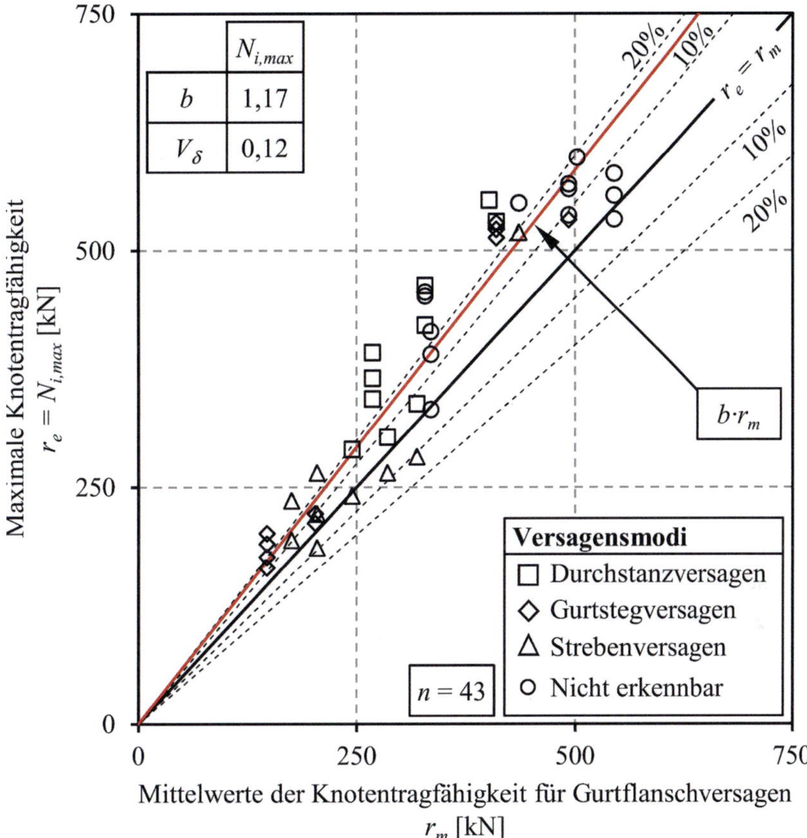

Abbildung 5.3. – Vergleich der Mittelwerte der Tragfähigkeiten r_m (Gl. 2.1) und der maximalen Versuchslasten $N_{i,max}$ sowie beobachtete Versagensmodi

Die Unterschreitung der mittleren Knotentragfähigkeiten r_m beträgt maximal 14 % (siehe KJ-21 in Tab. 5.3). Ausgeprägte Verformungen des Versuchsrahmens oder das vorzeitige Erreichen des maximalen Kolbenhubs verhindern bei einigen Probekörpern eine Belastung bis zum Auftreten eines Bruchs oder eines eindeutigen Lastabfalls (siehe den mit „N.a." bezeichneten Versagensmodus der Probekörper in Tab. 5.3). Für diese Probekörper ist daher eventuell eine weitere Laststeigerung möglich.

Der auf einer linearen Regression basierende Vergleich zwischen den mittleren Knotentragfähigkeiten r_m und den experimentell ermittelten maximalen Knotentragfähigkeiten $N_{i,max}$ ergibt eine Mittelwertabweichung von $b = 1,17$. Der Schätzwert für den Variationskoeffizienten der Streugröße beträgt $V_\delta = 12\%$.

Die Verformung der Gurtstege tritt stets mit der gleichzeitigen Verformung des Gurt-flanschs auf. Die maximalen Tragfähigkeiten der Probekörper, deren Versagensmodus Gurtstegversagen ist, stimmen daher gut mit der ermittelten Mittelwertgeraden überein. Eine gemeinsame Auswertung für Gurtflansch- und Gurtstegversagen auf Grundlage von Knotentragfähigkeiten, die mit dem 3 % Deformationskriterium ermittelt werden, ist somit möglich und eine getrennte Untersuchung von Gurtflansch- und Gurtstegver-sagen nicht erforderlich.

Die Gegenüberstellung der mit dem Deformationskriterium ermittelten Knotentrag-tragfähigkeiten $N_{i,u}$ und den Mittelwerten der Knotentragfähigkeit r_m erfolgt in Ab-bildung 5.4. Hierbei werden lediglich Ergebnisse der Versuche ausgewertet, die eine Eindrückung von 3 % der Gurtbreite b_0 erreichen und damit Gurtflanschversagen der vorherrschende Versagensmodus ist. Probekörper deren Versagensmodus Stebenversa-gen ist werden nicht berücksichtigt.

Die Berechnungsvorschrift für die Mittelwerte der Knotentragfähigkeiten r_m (Gl. 2.1) basiert auf maximalen Knotentragfähigkeiten $N_{i,max}$ und nicht auf den Knotentragfä-higkeiten $N_{i,u}$, da zum Zeitpunkt der Ableitung dieser Berechnungsvorschrift das De-formationskriterium (*Lu et al. 1994*) noch nicht bekannt gewesen ist. Außerdem ist der Gültigkeitsbereich auf kleinere Gurtschlankheiten $2\gamma \leq 35$ und größere Spaltweiten $g \geq g_{min}$ eingeschränkt. Die Mittelwertabweichung beträgt daher lediglich $b = 0,95$. Der Schätzwert für den Variationskoeffizienten der Streugröße beträgt $V_\delta = 11\,\%$.

5.8. Aufgetretene Versagensmodi

Mit den Bemessungsgleichungen der DIN EN 1993-1-8 wird für die experimentell un-tersuchten Knoten stets Gurtflanschversagen als vorherrschender Versagensmodus er-mittelt. Die geometrischen Parameter der Knoten (Tab. 5.3) sind jedoch außerhalb des Anwendungsbereichs der DIN EN 1993-1-8, so dass sich daraus Unterschiede zwischen beobachteten und rechnerisch ermittelten Versagensmodi ergeben können. So ist für kleine Spaltweiten $g \leq g_{min}$ und für die daraus resultierenden erhöhten Steifigkeiten des Spaltbereichs, welche von den Bemessungsgleichungen der DIN EN 1993-1-8 nicht be-rücksichtigt werden, die Wahrscheinlichkeit des Auftretens von Durchstanz- oder Stre-benversagen erhöht.

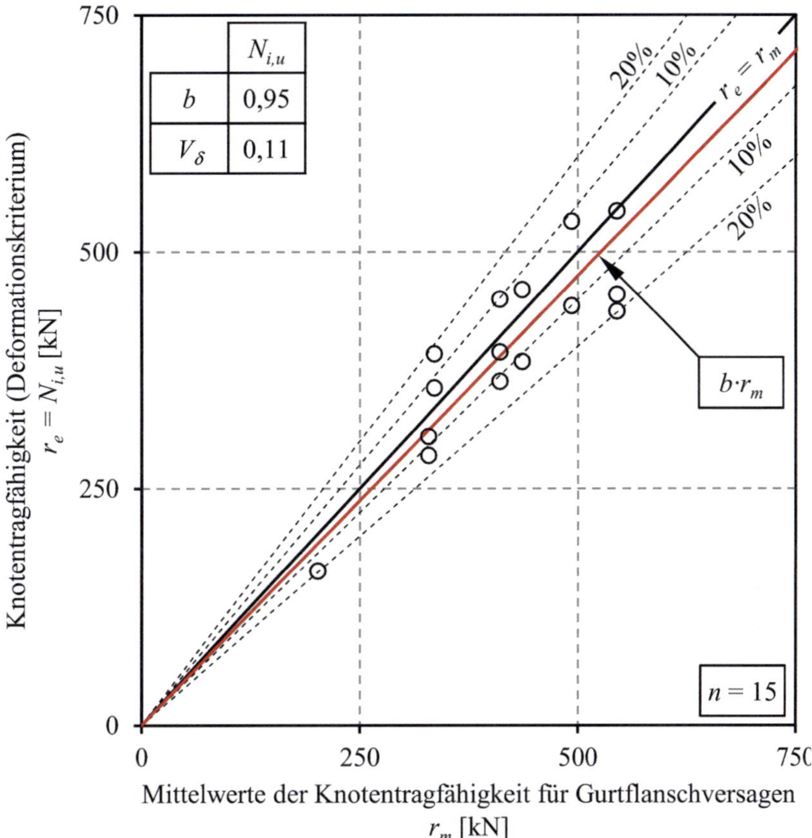

Abbildung 5.4. – Vergleich der Mittelwerte der Tragfähigkeiten r_m (Gl. 2.1) und der Traglasten $N_{i,u}$ für Gurtflanschversagen

5.8.1. Gurtflanschversagen

Wie bereits erwähnt, ist Gurtflanschversagen mit den experimentellen Untersuchungen visuell nur schwer feststellbar und wird mit einer lokalen Eindrückung des Gurtflanschs von 3 % der Gurtbreite b_0 ermittelt. Lediglich Versuche, die diese Verformung erreichen, werden bei den Auswertungen für Gurtflanschversagen unter Zugrundelegung der an dieser Verformung einwirkenden Last $N_{i,u}$ berücksichtigt.

5.8.2. Durchstanzversagen

Beim Durchstanzversagen wird die Zugstrebe infolge der senkrecht auf den Gurtflansch wirkenden Lastkomponente $N_i \cdot \sin \Theta_i$ inklusive des darunter liegenden Flanschblechs aus dem Gurt herausgerissen (Abb. 5.5). In den experimentellen Untersuchungen wird Durchstanzen bei K-Knoten mit kleinen Spaltweiten $g < g_{min}$ und einem Wanddickenverhältnis von $\tau = 1,0$ beobachtet. Lediglich für Knoten aus S 460 tritt Durchstanzen in den experimentellen Untersuchungen bereits für ein Wanddickenverhältnis von $\tau = 0,8$ auf.

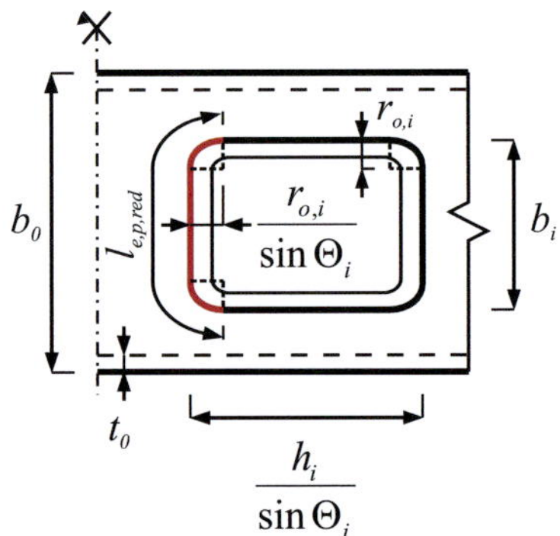

Abbildung 5.5. – Durchstanzversagen (KJ-04)

Die aufgetretenen Risse verlaufen stets von einem zum anderen Ende der Eckausrundung auf der dem Spalt zugewandten Seite (Abb. 5.5) und bestätigen die von Wardenier geäußerte Vermutung, dass bei kleinen Spaltweiten die vorhandene mitwirkende Länge $l_{e,p,red}$ kleiner als die mitwirkende Länge der Bemessungsvorschrift für Durchstanzversagen $l_{e,p}$ (Gl. 5.1) ist (*Wardenier et al. 2010c*).

$$l_{e,p} = \frac{2 \cdot h_i}{\sin \Theta_i} + b_i + b_{e,p}, \quad b_{e,p} = \frac{10}{b_0/t_0} \cdot b_i \leq b_i \qquad (5.1)$$

mit der Höhe h_i und Breite b_i der Streben, der effektiven Breite für Durchstanzversagen $b_{e,p}$, der Breite b_0 und Wanddicke t_0 des Gurts sowie dem Strebenwinkel Θ_i

Bei kleinen Spaltweiten erfolgt aufgrund der hohen Steifigkeit des Spaltbereichs die Lastableitung hauptsächlich über den Spalt. Die Reduktion der mitwirkenden Länge $l_{e,p}$ führt somit zu einer reduzierten Tragfähigkeit für Durchstanzversagen.

5.8.3. Strebenversagen – Abreißen der Zug- oder plastisches Versagen der Druckstrebe

In den experimentellen Untersuchungen wird für kleine Spaltweiten $g < g_{min}$ und ein Wanddickenverhältnis von $\tau < 1,0$ die Tragfähigkeit entweder durch Abreißen der Zug- oder durch Plastizieren der Druckstrebe begrenzt.

Abbildung 5.6. – Strebenversagen; links: Abreißen der Zugstrebe (KJ-19); rechts: Versagen der Druckstrebe (KJ-20)

Wie beim Durchstanzversagen verläuft der Riss beim Abreißen der Zugstrebe vom einen zum anderen Ende der Ausrundungsradien der Zugstrebe, jedoch oberhalb der Schweißnaht. Entgegen der Bemessungsvorschrift für Strebenversagen verläuft der Riss nicht senkrecht zur Strebenachse, sondern parallel zur Gurtlängsachse (Abb. 5.6).

$$l_{eff} = 2 \cdot h_i + b_i + b_{eff} - 4 \cdot t_i, \quad b_{eff} = \frac{10}{b_0/t_0} \cdot \frac{f_{y0} \cdot t_0}{f_{yi} \cdot t_i} \cdot b_i \leq b_i \tag{5.2}$$

mit der Höhe h_i, -breite b_i und Wanddicke t_i der Streben, der Breite b_0 und Wanddicke t_0 des Gurts, der effektiven Breite für Strebenversagen b_{eff}, den Streckgrenzen der Gurt- f_{y0} und Strebenquerschnitte f_{yi} sowie dem Strebenwinkel Θ_i

Aufgrund dieses Rissverhaltens wird auch für Strebenversagen eine im Vergleich zur mitwirkenden Länge l_{eff} der DIN EN 1993-1-8 (Gl. 5.2) reduzierte mitwirkende Länge $l_{eff,red}$ unterstellt. Die Reduktion der mitwirkenden Länge für Strebenversagen ist ebenfalls in der erhöhten Steifigkeit des Spaltbereichs begründet.

5.8.4. Gurtstegversagen

Insbesondere für Breitenverhältnisse $\beta \gtrsim 0,4$ und Spaltweiten, die größer als die kleinste experimentell untersuchte Spaltweite $g_{e,min}$ sind, werden bei den experimentellen Untersuchungen ausgeprägte Verformungen der Gurtstege beobachtet (Abb. 5.7).

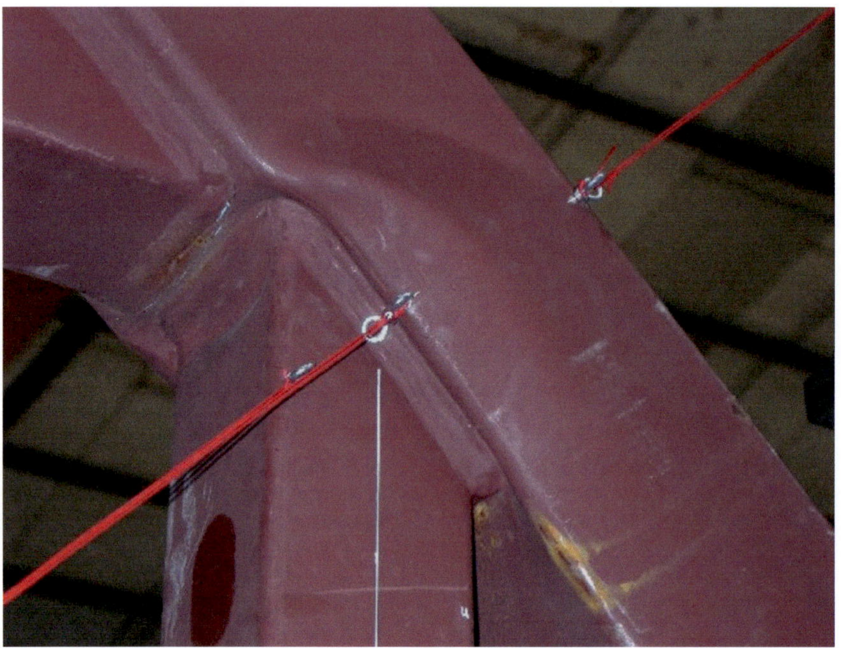

Abbildung 5.7. – Versagen der Gurtstege (KJ-25)

Gurtstegversagen tritt stets zusammen mit der Verformung des Gurtflanschs auf. Ein Modell für Gurtstegversagen von K-Knoten ist daher nicht erforderlich, da Gurtstegversagen bereits bei der Ermittlung der Knotentragfähigkeit für Gurtflanschversagen enthalten ist. Erst ab einer Spaltweite von $g > g_{max}$ (Gl. 1.1) ist der Knoten wie zwei getrennte Y-Knoten zu betrachten und zusätzlich eine ausreichende Schubtragfähigkeit des Gurts zu überprüfen (*Wardenier et al. 2010c*).

Die in der DIN EN 1993-1-8 enthaltene Bemessungsvorschrift für Y-Knoten basiert auf einem beidseitig gelenkig gehaltenen Knickstab mit der Knicklänge $L_{cr} = h_0 - 2 \cdot t_0$ (Eulerfall 2 – Knicklänge L_{cr} entspricht der Stablänge). Unter Zugrundelegung der europäischen Knickspannungslinie a wird die kritische Spannung $f_{kn} = \kappa \cdot f_{y0}$ und mit der Fläche A_b (Gl. 5.3) der als Knickstab idealisierten Stege der Bemessungswert der Knotentragfähigkeit ermittelt.

$$A_b = 2 \cdot l_b \cdot t_0, \quad l_b = \left(\frac{2 \cdot h_i}{\sin \Theta_i} + 10 \cdot t_0 \right) \cdot t_0 \tag{5.3}$$

mit der Strebenhöhe h_i, der Gurtwanddicke t_0, der Lastverteilungsbreite l_b für Gurtstegversagen sowie dem Strebenwinkel Θ_i

Die Bemessungsgleichung wird für T- Y- und X-Knoten mit einem Breitenverhältnis $\beta = 1,0$ abgeleitet und mit Ergebnissen experimenteller Untersuchungen unter Zugrundelegung der europäischen Knickspannungslinie a als untere Hüllkurve kalibriert. Eine Verringerung des Strebenwinkels Θ_i resultiert in einer Zunahme der Kontaktlänge $h_i / \sin \Theta_i$. Da die für den Knickstab maßgebende vertikale Lastkomponente der Strebennormalkraft $N_i \cdot \sin \Theta_i$ zudem unbeeinflusst vom Strebenwinkel Θ_i ist, führen abnehmende Strebenwinkel zu einem Anstieg der Strebennormalkraft N_i. Theoretische Untersuchungen zum elastischen Gurtstegversagen zeigen hingegen, dass diese Normalkomponente für abnehmende Strebenwinkel konstant bleibt. Diese Inkompatibilität wird durch die Berücksichtigung des Faktors $1/\sqrt{\sin \Theta_i}$ bei der Ermittlung der bezogenen Schlankheit $\overline{\lambda}$ kompensiert (*Wardenier 1982*).

$$\overline{\lambda} = \frac{\lambda}{\lambda_1} \cdot \frac{1}{\sqrt{\sin \Theta_i}} = \frac{L_{cr}}{i \cdot \lambda_1} \cdot \frac{1}{\sqrt{\sin \Theta_i}} = 3,46 \cdot \frac{\left(\frac{h_0}{t_0} - 2 \right)}{\pi \cdot \sqrt{\frac{E}{f_{y0}}}} \cdot \frac{1}{\sqrt{\sin \Theta_i}} \tag{5.4}$$

mit der Schlankheit λ und dem Trägheitsradius der Gurtstege $i = \sqrt{3} \cdot t_0 / 6$, der Schlankheit $\lambda_1 = \pi \cdot \sqrt{E/f_{y0}}$ zur Bestimmung des Schlankheitsgrads $\overline{\lambda}$, dem E-Modul E, der Streckgrenze des Gurtmaterials f_{y0}, dem Strebenwinkel Θ_i, der Knicklänge $L_{cr} = h_0 - 2 \cdot t_0$ sowie der Gurtwanddicke t_0

5.9. Statistische Auswertungen der aufgetretenen Versagensmodi

Mit der in Kapitel 4 beschriebenen Vorgehensweise werden für die aufgetretenen Versagensmodi statistische Auswertungen durchgeführt. Mit diesen Auswertungen sind Aussagen über die Anwendbarkeit der Bemessungsgleichungen der DIN EN 1993-1-8 auf Knoten mit hoher Gurtschlankheit $35 < 2\gamma \leq 50$ und kleiner Spaltweite $4 \cdot t_0 < g < g_{min}$ möglich. Ebenfalls werden statistische Auswertungen modifizierter Modelle durchgeführt und die Anwendbarkeit dieser im erweiterten Parameterbereich überprüft.

Für die Berechnung der analytischen Tragfähigkeiten r_t werden in den Auswertungen mit Ausnahme der Spaltweite und des Strebenwinkels stets gemessene Abmessungen und Materialkennwerte verwendet. Wie bereits in Abschnitt 5.7 beschrieben werden aufgrund der geringen Duktilität und der bei höherfesten Stählen auftretenden größeren Verformungen in den Auswertungen reduzierte Knotentragfähigkeiten verwendet. Diese werden entsprechend der Angaben der DIN EN 1993-1-8 ermittelt.

Die ermittelten charakteristische Werte der Widerstandsfunktionen r_c (Gl. 4.10) werden dann mit einem Teilsicherheitsbeiwert γ_M zu Bemessungswerten der Widerstandsfunktionen r_c/γ_M abgemindert. Zusätzlich ist zu berücksichtigen, dass die Ermittlung von Bemessungswerten die Verwendung nomineller Abmessungen und charakteristischer Streckgrenzen erfordert. Dies ist im Beiwert ξ_c enthalten, so dass die Bemessungswerte der Knotentragfähigkeit mit $\xi_c/\gamma_M \cdot r_t$ ermittelt werden können.

In den experimentellen Untersuchungen ist Durchstanz- oder Strebenversagen direkt feststellbar, so dass mit den maximalen Knotentragfähigkeit $N_{i,max}$ die Kalibrierung vereinfachter semi-empirischer Modelle erfolgt. Da bei diesen Versagensmodi geringe Verformungskapazitäten festgestellt werden, wird in den Auswertungen der Teilsicherheitsbeiwert $\gamma_M = 1,25$ verwendet. Gurtflanschversagen hingegen ist visuell nur schwer als vorherrschender Versagensmodus zu identifizieren. Die Ermittlung der Knotentragfähigkeit für Gurtflanschversagen $N_{i,u}$ erfolgt deshalb erst bei der Auswertung der experimentellen Ergebnisse mit dem Deformationskriterium. Für Gurtflanschversagen werden sowohl analytische Modelle als auch die semi-empirische Bemessungsgleichung der DIN EN 1993-1-8 für die Berechnung der Knotentragfähigkeiten verwendet. Mit dem Erreichen einer Gurteindrückung von $3\% \cdot b_0$ wird eine ausreichende Verformungskapazität unterstellt. Daher wird der von Wardenier verwendete Teilsicherheitsbeiwert

$\gamma_M = 1,10$ (*Wardenier 1982*) in den Auswertungen für Gurtflanschversagen verwendet. In diesen Auswertungen ist Gurtstegversagen bereits enthalten.

Ist der Variationskoeffizient der Widerstandsfunktion V_r (Gl. 4.9) klein, ergibt diese Vorgehensweise eine konservative Abschätzung für den Bemessungswert der Widerstandsfunktion im Vergleich zum direkt ermittelten Bemessungswert der Widerstandsfunktion (Gl. 4.18).

5.9.1. Gurtflanschversagen auf Grundlage des Bemessungsmodells der DIN EN 1993-1-8

Die Knotentragfähigkeiten r_t der Versuche, für die mit dem Deformationskriterium Gurtflanschversagen als vorherrschender Versagensmodus ermittelt wird, werden mit der semi-empirischen Bemessungsgleichung der DIN EN 1993-1-8 für Gurtflanschversagen (Tab. 2.1, Gl. 8.2) ermittelt. Diese basiert auf einem Fließlinienmodell und ist für den Anwendungsbereich der DIN EN 1993-1-8 entsprechend vereinfacht und in diesem kalibriert. Da bei den experimentellen Untersuchungen eine Gurtspannung $\sigma_{0,Ed} \neq 0$ auftritt, die eventuell in einer Abminderung k_n der Knotentragfähigkeit $N_{i,u}$ resultiert, ist diese bei der Ermittlung der Knotentragfähigkeit r_t berücksichtigt.

Die Gegenüberstellung der analytischen Knotentragfähigkeiten r_t und der mit dem Deformationskriterium ermittelten Traglasten $r_e = N_{i,u}$ sowie die Ergebnisse der statistischen Auswertung dieses Bemessungsmodells sind in Abbildung 5.8 dargestellt.

Die Bemessungsgleichung der DIN EN 1993-1-8 für Gurtflanschversagen (Gl. 8.2) ist für die untersuchten Knotengeometrien mit dem Faktor $\xi_c/\gamma_M = 0,76$ abzumindern. Da diese Bemessungsgleichung auf maximalen Knotentragfähigkeiten $N_{i,max}$ ohne die Berücksichtigung eines Deformationskriteriums basiert und der Gültigkeitsbereich auf kleinere Gurtschlankheiten $2\gamma \leq 35$ und größere Spaltweiten $g \geq g_{min}$ als die hier untersuchten begrenzt ist, ist die Abminderung wie erwartet $\xi_c/\gamma_M < 1$.

5.9.2. Grundlegendes Fließlinienmodell

Um eine bessere Übereinstimmung zwischen den experimentell und den analytisch ermittelten Tragfähigkeiten zu erzielen, wird das Fließlinienmodell eines durch einen

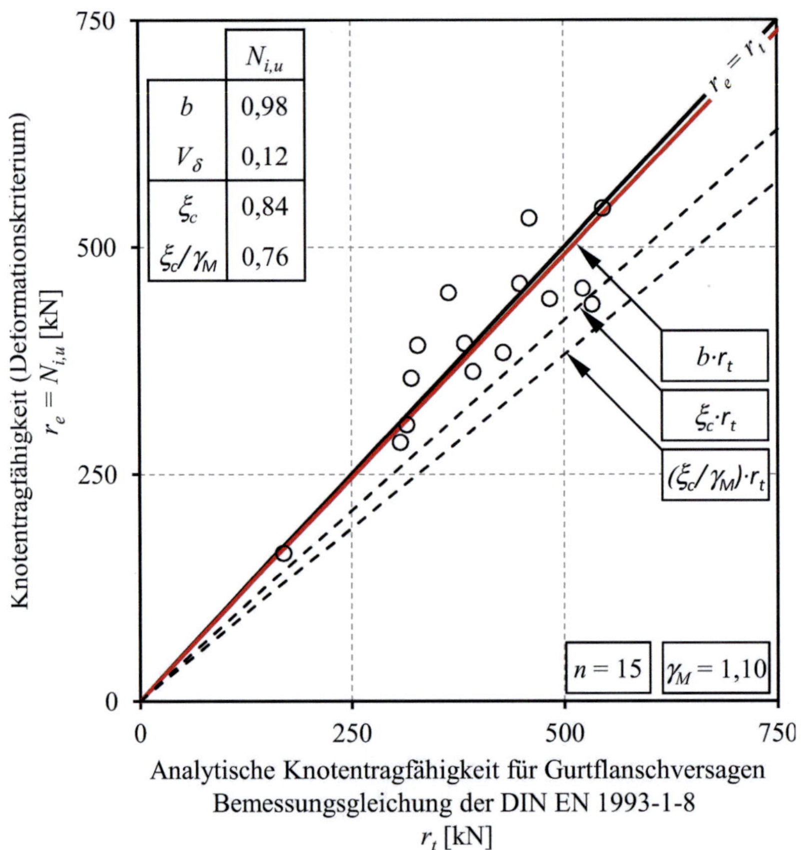

Abbildung 5.8. – Statistische Auswertung für Gurtflanschversagen auf Grundlage der Bemessungsgleichung der DIN EN 1993-1-8

Doppelt-T-Knoten idealisierten K-Knotens mit senkrechten druck- und zugbeanspruchten Streben (Push-Pull Mechanismus, Abb. 5.9, *Wardenier et al. 1976a*) für die Ermittlung der Knotentragfähigkeit verwendet.

Die Ableitung der auf dem grundlegenden Fließlinienmodell basierenden Knotentragfähigkeit r_t^* ist detailliert in Anhang B.1 dargestellt. Die Knotentragfähigkeit r_t^* für Gurtflanschversagen eines K-Knotens mit Spalt ergibt sich daraus zu (Gl. 5.5):

Die Berücksichtigung der Gurtspannung $\sigma_{0,Ed}$, die eventuell zu einer Abminderung der plastischen Momententragfähigkeit m_{p0} in den Fließlinien und so zu einer Reduktion k_n^* der Knotentragfähigkeit führt, resultiert in sehr komplexen Ausdrücken. Dieser Einfluss wird daher vernachlässigt, so dass in Gleichung 5.5 stets $k_n^* = 1,00$ verwendet wird.

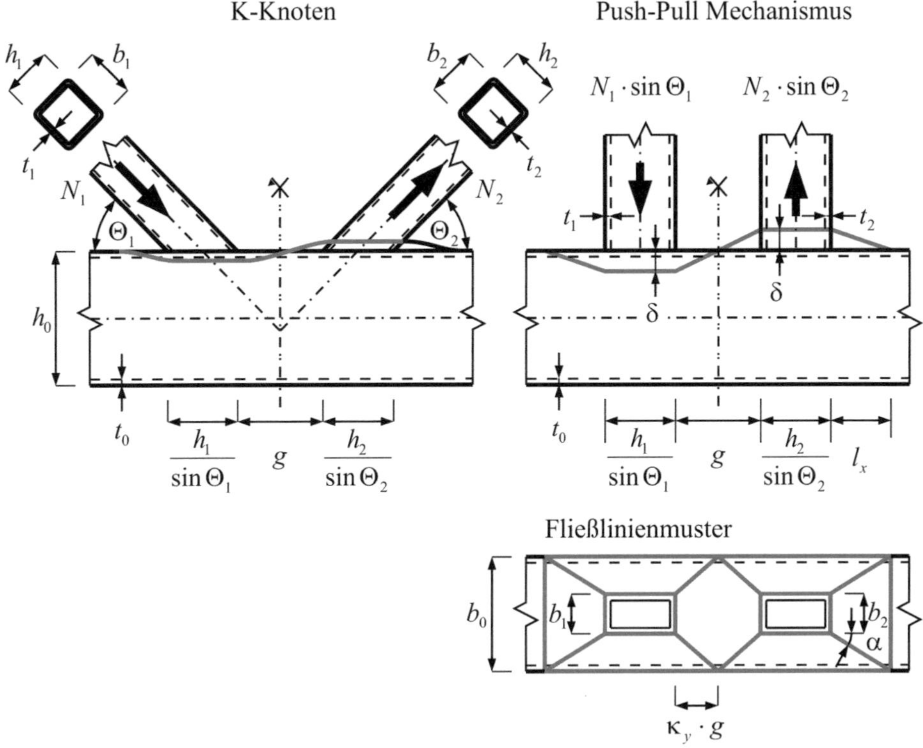

Abbildung 5.9. – Vereinfachtes Fließlinienmuster eines idealisierten K-Knotens (*Wardenier et al. 1976a*)

$$r_t^* = \frac{k_n^* \cdot f_{y0} \cdot t_0^2}{\left(1 - \frac{b_i}{b_0}\right) \cdot \sin\Theta_i} \cdot \left(\frac{2 \cdot \frac{h_i}{b_0}}{\sin\Theta_i} + \frac{g}{b_0} + \frac{b_0}{2 \cdot g} \cdot \left(1 - \frac{b_i}{b_0}\right) + 2 \cdot \sqrt{1 - \frac{b_i}{b_0}} \right) \tag{5.5}$$

mit der Breite b_0 und Wanddicke t_0 des Gurts, der Höhe h_i und Breite b_i der Streben, der Reduktion k_n^* der Knotentragfähigkeit aufgrund einer Gurtspannung, der Streckgrenze des Gurtmaterials f_{y0}, der Spaltweite g sowie dem Strebenwinkel Θ_i.

Mit Gleichung 5.5 werden unendlich hohe Knotentragfähigkeiten ermittelt, wenn das Breitenverhältnis sehr groß $b_i/b_0 \rightarrow 1$ oder die Spaltweite sehr klein $g \rightarrow 0$ wird. Dies ist offensichtlich falsch und wird durch die Berücksichtigung der Interaktion zwischen den Normal- und Schubbeanspruchungen, die zwischen zwei benachbarten Fließlinien auftreten, korrigiert (*Niemi 1982*).

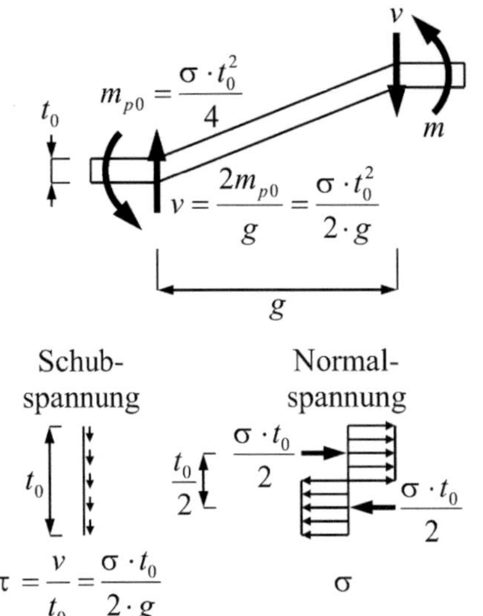

Aus Gleichgewicht im Spalt und mit der Annahme einer gleichmäßig verteilten Schubspannung ergibt sich mit dem von Mises Fließkriterium $\sigma_v = \sqrt{\sigma^2 + 3 \cdot \tau^2} \leq f_{y0}$ die Normalspannung σ zu:

$$\sigma = \frac{f_{y0}}{\sqrt{1 + \dfrac{3 \cdot t_0^2}{4 \cdot g^2}}} \qquad (5.6)$$

mit der Streckgrenze des Gurtmaterials f_{y0}, der Gurtwanddicke t_0 sowie der Spaltweite g

Abbildung 5.10. – Berücksichtigung von Schub zwischen zwei benachbarten Fließlinien unter Vernachlässigung der Membranwirkung (*Niemi 1982*)

In Abbildung 5.10 sind die Schubkräfte und die Momente in den Fließlinien des Spalts sowie die daraus resultierenden Schub- τ und Normalspannungen σ dargestellt. Normalspannungen aus der Membranwirkung werden vernachlässigt. Aufgrund der Interaktion zwischen den Schub- und den Normalspannungen muss, abhängig von der Spaltweite g, die plastische Momententragfähigkeit m_{p0} eventuell abgemindert werden. Für die hier untersuchte kleinste Spaltweite $g_{e,min} = 4 \cdot t_0$ ergibt sich jedoch für die maximale Normalspannung $\sigma \approx 0,98 \cdot f_{y0}$ (Gl. 5.6), so dass auf eine Abminderung der plastischen Momententragfähigkeit verzichtet wird.

Die Gegenüberstellung der experimentell und mit dem Deformationskriterium ermittelten Tragfähigkeiten $r_e = N_{i,u}$ für Gurtflanschversagen und der analytisch ermittelten Tragfähigkeiten r_t^* (Gl. 5.5) sind in Abbildung 5.11 wiedergegeben. Zusätzlich sind die Ergebnisse der statistischen Auswertung dieses Modells in Abbildung 5.11 enthalten.

Dieses Modell unterschätzt die experimentellen Knotentragfähigkeiten, so dass mit der statistischen Auswertung eine Mittelwertabweichung von $b = 1,84$ ermittelt wird. Aufgrund der hohen Streuung von $V_\delta = 0,24$ und der daraus resultierenden notwendigen Abminderung der Mittelwertabweichung können Bemessungswerte der Knotentragfä-

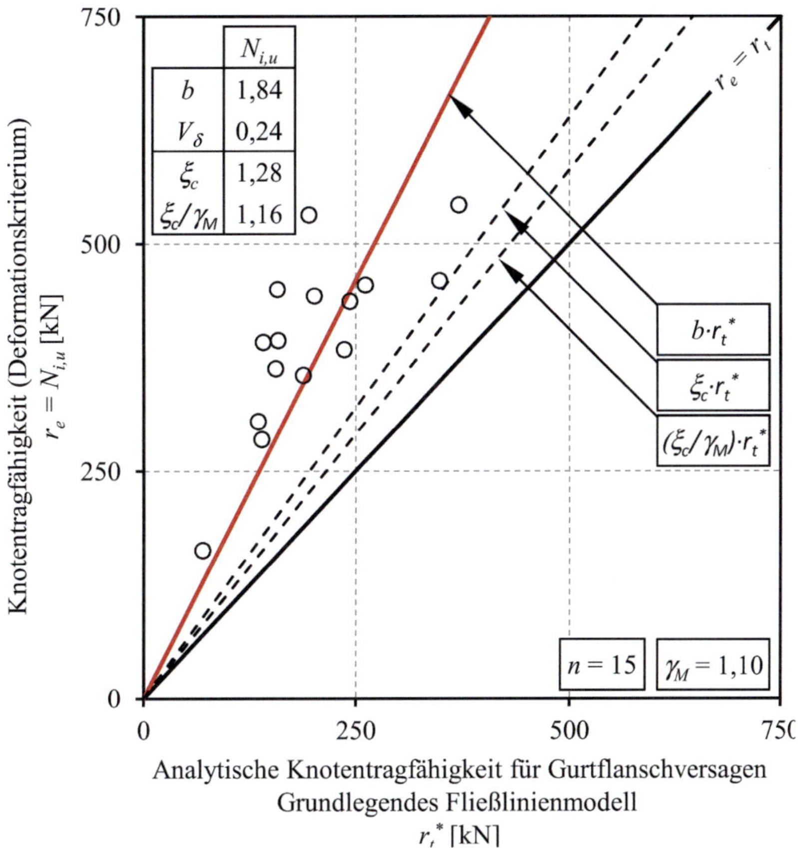

Abbildung 5.11. – Statistische Auswertung für Gurtflanschversagen auf Grundlage des grundlegenden Fließlinienmodells (*Wardenier et al. 1976a*)

higkeit durch Berücksichtigung eines weiteren Faktors ($\xi_c/\gamma_M = 1,16$) mit Gleichung 5.5 ermittelt werden.

Das grundlegende Fließlinienmodell vernachlässigt den Einfluss der mehraxialen Spannungsverteilung sowie den Einfluss von Schubspannungen, ebenso wird die Membranwirkung und die Materialverfestigung nicht berücksichtigt. Diese Effekte, deren Einfluss insbesondere für sehr kleine Spaltweiten von Bedeutung sind, kann mit einem von Partanen (*Partanen 1991*) und Partanen & Björk (*Partanen et al. 1993*) modifizierten Fließlinienmodell erfasst werden. Die Anwendung dieses Modells ist jedoch sehr komplex und für die praktische Anwendung ungeeignet. Eine statistische Auswertung auf Grundlage dieses Modells liefert zudem keine verbesserte Übereinstimmung mit den experimentell ermittelten Knotentragfähigkeiten, wie diese bereits mit dem grundlegenden Fließlinienmodell erreicht werden konnte (*Fleischer et al. 2009*).

5.9.3. Erweitertes Fließlinienmodell zur Berücksichtigung der Membranwirkung und der Materialverfestigung

Wardenier beschreibt bereits, dass die Membranwirkung sowie die Materialverfestigung die Tragfähigkeit von K-Knoten beeinflussen (*Wardenier et al. 1978*). Um diese Einflüsse bei der Ermittlung der Knotentragfähigkeit zu berücksichtigen, erweitert Packer das grundlegende Fließlinienmodell (*Packer 1978*). Eine geschlossene Lösung dieses Modells ist nicht möglich und muss durch eine inkrementelle Vorgehensweise mit Hilfe von Computern erfolgen. Für die praktische Anwendung ist dieses Modell daher weniger geeignet. Es dient jedoch als Grundlage, Modifikationen des grundlegenden Fließlinienmodells zu erarbeiten, um die Membranwirkung sowie die Materialverfestigung bei der Ermittlung der Knotentragfähigkeit berücksichtigen zu können.

In Abbildung 5.12 ist das erweiterte Fließlinienmodell für eine symmetrische Fließlinienanordnung ($\kappa_y = 0,5$, siehe Abb. 5.9) dargestellt. Auf die Untersuchung eines Modells mit asymmetrischer Anordnung der Fließlinien (*Packer 1978*) wird jedoch verzichtet. Bei diesem Modell treten keine Verformungen unterhalb der Zugstrebe auf, was bei den experimentellen Untersuchungen nicht beobachtet wird.

Beim Auftreten großer Verformungen oberhalb der elastischen Knotentragfähigkeit treten Membrandehnungen ε_{y0} im Spalt auf, die eine Verlängerung der Spaltweite hervorrufen. Die Verlängerung Δl der Spaltweite g kann basierend auf Abbildung 5.12 mit Gleichung 5.7 ermittelt werden:

$$\Delta l = \frac{g}{cos\,(\theta + \Delta\theta)} - \frac{g}{cos\,(\theta)} \tag{5.7}$$

mit der Rotation θ der quer zum Flansch verlaufenden Fließlinien des Spalts und dem inkrementeller Anstieg $\Delta\theta$ dieser Rotation sowie der Spaltweite g

Unter Berücksichtigung eines bis zur Fließgrenze f_{y0} vorherrschenden ideal elastischen Materialverhaltens ($E = 210000\,\text{N/mm}^2$) und einer im Weiteren stattfindenden Materialverfestigung, die bis zur Zugfestigkeit f_{u0} mit dem Verfestigungsmodul E_{sh} (Gl. 5.8)

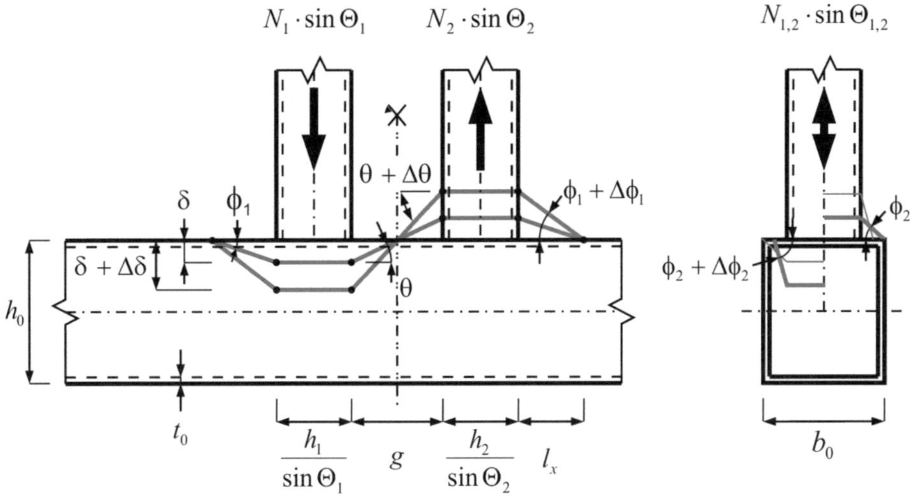

Abbildung 5.12. – Erweitertes Fließlinienmodell (*Packer 1978*)

$$E_{sh} = \left(f_{u0} - f_{y0}\right)/\left(A_g - f_{y0}/E\right) \tag{5.8}$$

mit der Zugfestigkeit f_{u0}, der Streckgrenze f_{y0}, der Gleichmaßdehnung A_g sowie dem E-Modul E des Gurtmaterials

beschrieben werden kann, kann die durch die Membranwirkung hervorgerufene Kraft S im Spaltbereich ermittelt werden (Gl. 5.9).

$$S = \begin{cases} b_i \cdot t_0 \cdot E \cdot \left(\dfrac{1}{\cos\theta} - 1\right) & \text{für} \quad \varepsilon_{y0} \leq \dfrac{f_{y0}}{E} \\[2ex] b_i \cdot t_0 \cdot f_{y0} + b_i \cdot t_0 \cdot E_{sh} \cdot \left(\dfrac{1}{\cos\theta} - 1 - \dfrac{f_{y0}}{E}\right) & \text{für} \quad \varepsilon_{y0} > \dfrac{f_{y0}}{E} \end{cases} \tag{5.9}$$

mit der Dehnung des Spalts ε_{y0}, dem Elastizitäts- E und Verfestigungsmodul E_{sh} (Gl. 5.8), der Streckgrenze f_{y0} des Gurtmaterials, der Strebenbreite b_i sowie der Gurtwanddicke t_0

Die Gurtstege sind lateral verschieblich und können sich gegeneinander verschieben. Daher ist die Membranwirkung quer zur Gurtachse klein und wird vernachlässigt. Die quer zur Gurtlängsachse verlaufenden Fließlinien behalten ihre Position zwar bei, rejustieren sich jedoch durch die Ausbildung großer Fließbereiche. Dadurch werden die Membrankräfte deutlich verringert und können ebenfalls vernachlässigt werden (*Packer 1978*).

Mit diesen Voraussetzungen können die Rotationen der Fließlinien ϕ_i mit Bezug zur Rotation des Spalts $\theta + \Delta\theta$ angegeben werden. Die Längen der Fließlinien l_i entsprechen den Längen des grundlegenden Fließlinienmodells (Abb. 5.9). Erhöht sich die vertikale Verschiebung der Streben inkrementell um den Betrag $\Delta\delta$, resultieren die Rotationen der Fließlinien sowie die Dehnung des Spalts in einer inkrementellen Änderung der internen virtuellen Arbeit, die von dem Mechanismus geleistet wird. Diese wird der inkrementellen Änderung der von der Strebenbeanspruchung geleisteten äußeren Arbeit gegenübergestellt. Selbst bei spannungslosen Gurtquerschnitten mit $N_0 = 0$ ist bei diesem Modell die Reduktion χ_i der plastischen Momententragfähigkeit m_{p0} für die Fließlinien, die durch die Membrankraft S beansprucht werden zu berücksichtigen.

$$2 \cdot r_t^{**} \cdot \Delta\delta \cdot \sin\Theta_i = \sum_i l_i \cdot \Delta\phi_i \cdot m_{p0} \cdot \chi_i + S \cdot \Delta l \qquad (5.10)$$

mit der inkrementellen Änderung der Eindrückung $\Delta\delta$, dem Strebenwinkel Θ_i, der Länge l_i und der inkrementellen Änderung der Rotation $\Delta\phi_i$ der Fließlinie i, der plastischen Momententragfähigkeit m_{p0} des Gurtflanschs, der Abminderung aufgrund axialer Beanspruchung der Fließlinie i; χ_i (Gl. 5.11), der Membrankraft im Spalt S (Gl. 5.9) sowie der inkrementellen Längenänderung der Spaltweite Δl (Gl.5.7)

Wie bereits festgestellt, eignet sich dieses Modell aufgrund der inkrementellen Vorgehensweise nicht für die praktische Anwendung. Basierend darauf wird jedoch eine Modifikation des grundlegenden Fließlinienmodells erarbeitet, die eine vereinfachte Berücksichtigung der Membranwirkung und Materialverfestigung bei der Ermittlung der Knotentragfähigkeit ermöglicht. Eine detaillierte Darstellung der Ableitung der Knotentragfähigkeit für Gurtflanschversagen auf Grundlage des erweiterten und durch Ansatz des Deformationskriteriums vereinfachten Fließlinienmodells ist im Anhang B.2 wiedergegeben.

Ein grundlegender Effekt der durch die Membranwirkung hervorgerufen wird ist die Abminderung χ der plastischen Momententragfähigkeit m_{p0}. Während bei unbeanspruchten Gurtquerschnitten ohne Berücksichtigung der Membranwirkung (grundlegendes Fließlinienmodell, Abschnitt 5.9.2) keine Reduktionen der plastischen Momententragfähigkeiten in den Fließlinien auftreten, sind diese beim Auftreten der Membranwirkung zu beachten. Infolgedessen werden die quer zur Gurtlängsachse positionierten Fließlinien im Spalt durch die Membrankraft S beansprucht, so dass für diese Fließlinien eine Abminderung des plastischen Momententragfähigkeit $\chi \cdot m_{p0}$ erforderlich ist.

Mit Bezug zur plastischen Tragfähigkeit des Spalts S_p ergibt sich diese Abminderung χ zu (Gl. 5.11):

$$\chi = 1 - \left(\frac{S}{S_p}\right)^2 \geq 0 \tag{5.11}$$

mit der plastischen Tragfähigkeit des Spalts $S_p = b_i \cdot t_0 \cdot f_{y0}$ sowie der Membrankraft S

Ein weiterer Effekt ist der durch die Verlängerung der Spaltweite zusätzlich verrichtete Anteil an innerer virtueller Arbeit ΔE_i. Die infolge der Eindrückung δ auftretende Dehnung des Spalts e_{y0} wird bei einer Eindrückung von $3\% \cdot b_0$ ermittelt (Gl. 5.12).

$$\varepsilon_{y0} = \frac{1}{\cos\theta} - 1 = \frac{\Delta l}{g} = \sqrt{1 + 4 \cdot \frac{\delta^2}{g^2}} - 1 \tag{5.12}$$

mit der Gurteindrückung $\delta = 3\% \cdot b_0$ (Deformationskriteriums, *Lu et al. 1994*) und der Spaltweite g

Die daraus resultierende Membrankraft S kann mit Gleichung 5.9 bestimmt und deren Beitrag an der inneren virtuellen Arbeit ΔE_i in Ansatz gebracht werden (Gl. 5.13):

$$\Delta E_i = S \cdot \Delta l \tag{5.13}$$

mit der Membrankraft S und der Längenänderung des Spalts Δl

Auf Grundlage dieser Vereinfachungen kann die Knotentragfähigkeit unter Berücksichtigung der Membranwirkung und der Materialverfestigung ermittelt werden (Gl. 5.14). Die Ableitung der Spaltfunktion f_g ist im Anhang B.2 detailliert beschrieben.

Obwohl eine Abminderung χ der plastischen Momententragfähigkeit m_{p0} in den Fließlinien des Spalts und damit auch der Tragfähigkeit bereits berücksichtigt ist, ist eventuell eine zusätzliche Abminderung k_n^{***} der Knotentragfähigkeit r_t^{***} infolge einer Gurtspannung $\sigma_{0,Ed}$ zu berücksichtigen. Wie bereits beim grundlegenden Fließlinienmodell führt dies auch beim erweiterten Fließlinienmodell zu einer weiteren Verkomplizierung der ohnehin komplexen Vorgehensweise bei der Ermittlung der Knotentragfähigkeit r_t^{***}. Zur Vereinfachung wird auf die Berücksichtigung daher verzichtet.

$$r_t^{***} = \frac{k_n^{***} \cdot f_{y0} \cdot t_0^2}{\left(1 - \frac{b_i}{b_0}\right) \cdot \sin\Theta_i} \cdot \left(\frac{2 \cdot \frac{h_i}{b_0}}{\sin\Theta_i} + \frac{g}{b_0} + \frac{b_0}{2 \cdot g} \cdot f_g + 2 \cdot \sqrt{1 - \frac{b_i}{b_0}}\right)$$
$$+ \frac{S \cdot \Delta l}{2 \cdot \delta \cdot \sin\Theta_i} \tag{5.14}$$

mit der Abminderung k_n^{***} aufgrund einer Gurtspannung, der Breite b_0 und Wanddicke t_0 des Gurts, der Höhe h_i und Breite b_i der Streben, der Streckgrenze des Gurtmaterials f_{y0}, der Spaltweite g, dem Strebenwinkel Θ_i, der Spaltfunktion $f_g = (1 - b_i/b_0) \cdot (b_i/b_0 \cdot (\chi - 1) + 1)$ (Anhang B.2) zur Berücksichtigung der reduzierten plastischen Momententragfähigkeit infolge der Membrankraft S (χ entsprechend Gl. 5.11)

Eine Gegenüberstellung der experimentell $r_e = N_{i,u}$ und der analytisch ermittelten Knotentragfähigkeiten r_t^{***} sowie der Ergebnisse der statistischen Auswertung dieses Modells sind in Abbildung 5.13 dargestellt.

Um mit dem Modell die Bemessungswerte der Knotentragfähigkeiten für die untersuchten Knotengeometrien zu erhalten, ist das erweiterte und vereinfachte Fließlinienmodell mit dem Faktor $\xi_c/\gamma_M = 0{,}94$ abzumindern. Der Variationskoeffizient der Streugröße $V_\delta = 0{,}23$ ist hingegen nahezu gleich dem des grundlegenden Fließlinienmodells.

5.9.4. Durchstanzversagen auf Grundlage der DIN EN 1993-1-8

Die Tragfähigkeiten r_t der Probekörper die infolge Durchstanzen versagen, werden mit der entsprechenden Bemessungsgleichung der DIN EN 1993-1-8 (Tab. 2.1, Gl. 8.6) berechnet.

Die Gegenüberstellung der experimentell ermittelten Tragfähigkeiten $r_e = N_{i,max}$ und der Bemessungswerte der Knotentragfähigkeiten für Durchstanzversagen r_t der DIN EN 1993-1-8 sowie der Ergebnisse der statistischen Auswertung dieses Modells sind in Abbildung 5.14 dargestellt.

Für Durchstanzversagen wird eine hohe Abminderung der Bemessungsgleichung der DIN EN 1993-1-8 von $\xi_c/\gamma_M = 0{,}44$ notwendig, wenn diese bei der Ermittlung der Tragfähigkeit von Knoten mit Parametern im erweiterten Anwendungsbereich angewendet wird. Diese Abminderung kann, wie bereits aus dem beobachteten Rissbild vermutet werden kann, auf eine reduzierte mitwirkende Länge beim Durchstanzversagen $l_{e,p,red}$ zurückgeführt werden. Die Auswertung ergibt einen geringen Variationskoeffizienten der Streugrößen von $V_\delta = 0{,}07$.

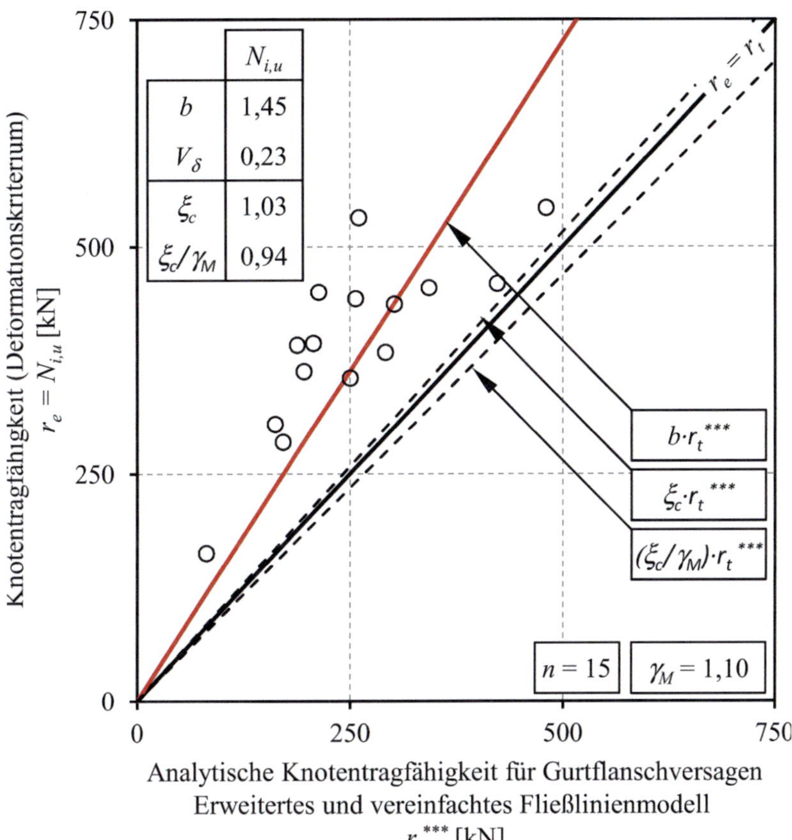

Analytische Knotentragfähigkeit für Gurtflanschversagen
Erweitertes und vereinfachtes Fließlinienmodell
r_t^{***} [kN]

Abbildung 5.13. – Statistische Auswertung für Gurtflanschversagen auf Grundlage des erweiterten und vereinfachten Fließlinienmodells

5.9.5. Durchstanzversagen mit reduzierter mitwirkender Länge

Bei Knoten mit kleinen Spaltweiten $4 \cdot t_0 \leq g \leq g_{min}$ kommt es aufgrund der verhältnismäßig hohen Steifigkeit des Spaltbereichs zu einer Reduktion der mitwirkenden Länge $l_{e,p}$. Aus den Beobachtungen der experimentellen Untersuchungen bei denen Durchstanzversagen auftritt, wird folgende Vorgehensweise zur Ermittlung der reduzierten mitwirkenden Länge für Durchstanzversagen $l_{e,p,red}$ empfohlen:

Die gesamte Strebenbreite b_i im Spaltbereich wird, wie auch in der Bemessungsgleichung der DIN EN 1993-1-8 für alle Spaltweiten $4 \cdot t_0 \leq g \leq g_{max}$ und Gurtschlankheiten $35 < 2\gamma \leq 50$ als vollständig mittragend angenommen. Die Länge der an der Lastableitung beteiligten Bereiche entlang der Strebenseitenwände, also der mitwirken-

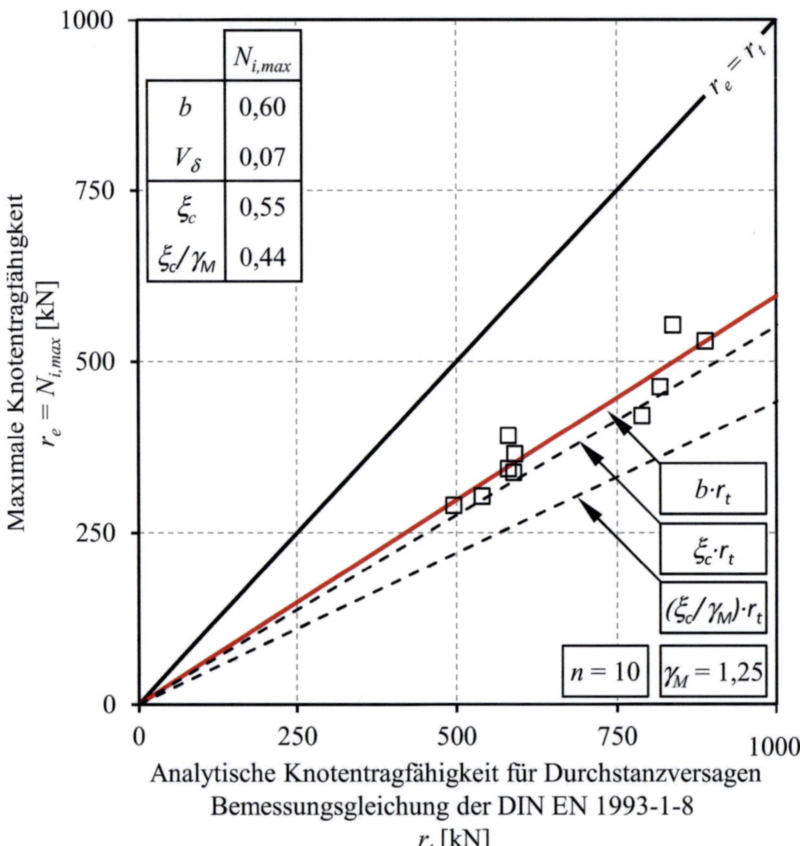

Abbildung 5.14. – Statistische Auswertung für Durchstanzversagen nach DIN EN 1993-1-8

den Höhe $h_{e,p}$, ist hingegen abhängig vom Verhältnis der Streben- zur Gurtwandbreite b_i/b_0 des Knotens zu ermitteln. Für sehr kleine Verhältnisse $b_i/b_0 \approx 0$ tragen die Seitenwände nahezu nicht, für Verbindungen mit hohen Breitenverhältnissen vollständig mit. Obwohl Durchstanzversagen für Breitenverhälntisse $b_i/b_0 > 1 - 1/\gamma$[1] nicht mehr möglich ist, wird aus Gründen der Vereinfachung angenommen, dass die Seitenwände erst bei gleichen Gurt- und Strebenbreiten $b_i/b_0 \approx 1$ vollständig mittragen (Abb. 5.15).

Für Zwischenwerte $0 < b_i/b_0 < 1,0$ wird angenommen, dass die Länge dieser mitwirkenden Höhe $h_{e,p}$ mit Hilfe der linearen Interpolation ermittelt (Gl. 5.15) werden kann.

---

[1] In der DIN EN ist $\beta = 1 - 1/\gamma$ angegeben, was bei K- und N-Knoten nicht korrekt ist.

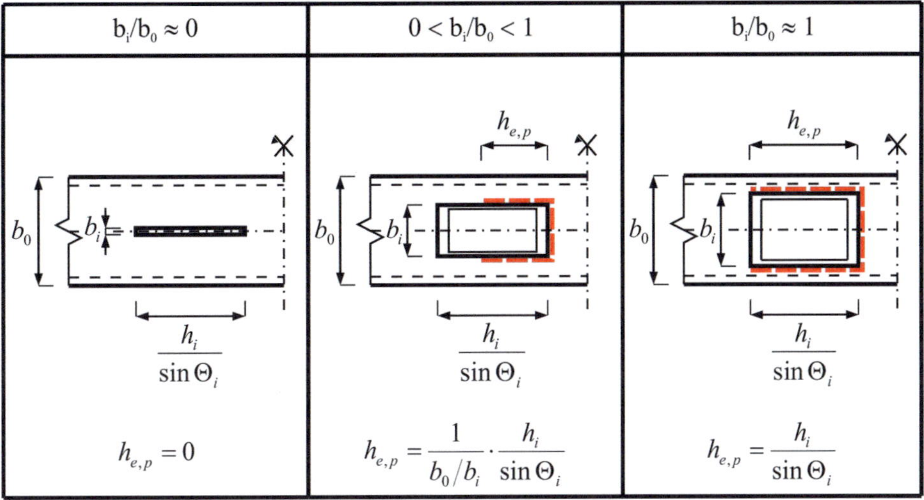

Abbildung 5.15. – Ermittlung der reduzierten mitwirkenden Länge $l_{e,p,red}$ für Durchstanzversagen

Die mitwirkende Höhe $h_{e,p}$ ist zusätzlich auf die maximal mögliche Länge $2 \cdot h_i / \sin\Theta_i$ begrenzt.

$$h_{e,p} = \frac{1}{b_0/b_i} \cdot \frac{h_i}{\sin\Theta_i} < \frac{h_i}{\sin\Theta_i} \tag{5.15}$$

mit der Gurtbreite b_0, der Höhe h_i und Breite b_i der Streben sowie dem Strebenwinkel Θ_i

Für Durchstanzversagen kann die reduzierte mitwirkende Länge $l_{e,p,red}$ entsprechend folgender Gleichung angegeben werden (Gl. 5.16):

$$l_{e,p,red} = b_i + 2 \cdot h_{e,p} \tag{5.16}$$

mit der Strebenbreite b_i sowie der mitwirkenden Höhe $h_{e,p}$ für Durchstanzversagen

Die Knotentragfähigkeiten r_t^* werden mit dem Modell der DIN EN 1993-1-8 für Durchstanzversagen ermittelt, anstelle der mitwirkende Länge $l_{e,p}$ wird jedoch die reduzierte mitwirkende Länge $l_{e,p,red}$ (Gl.5.16) in Ansatz gebracht. Zusätzlich ist in Gleichung 5.17 eine Abminderung $f_{h_{e,p}}$ der mitwirkenden Höhe für Durchstanzversagen $h_{e,p}$ berücksichtigt, auf deren Funktion im Folgenden detailliert eingegangen wird.

$$r_t^* = \frac{f_{y0} \cdot t_0}{\sqrt{3} \cdot \sin\Theta_i} \cdot l_{e,p,red} = \frac{f_{y0} \cdot t_0}{\sqrt{3} \cdot \sin\Theta_i} \cdot \left(b_i + \frac{2}{b_0/b_i} \cdot \frac{h_i}{\sin\Theta_i} \cdot f_{h_{e,p}} \right) \tag{5.17}$$

mit der Breite b_0 und Wanddicke t_0 des Gurts, der Streckgrenze des Gurtmaterials f_{y0}, der Höhe h_i und Breite b_i der Streben, dem Strebenwinkel Θ_i sowie dem Beiwert $f_{h_{e,p}}$

Die Gegenüberstellung der experimentell $r_e = N_{i,max}$ und der analytisch ermittelten Knotentragfähigkeiten r_t^* sowie die Ergebnisse der statistischen Auswertung sind in Abbildung 5.16 dargestellt. In dieser Auswertung wird eine vollständig mitwirkende Höhe in Ansatz gebracht und daher $f_{h_{e,p}} = 1,0$ in Gleichung 5.17 verwendet.

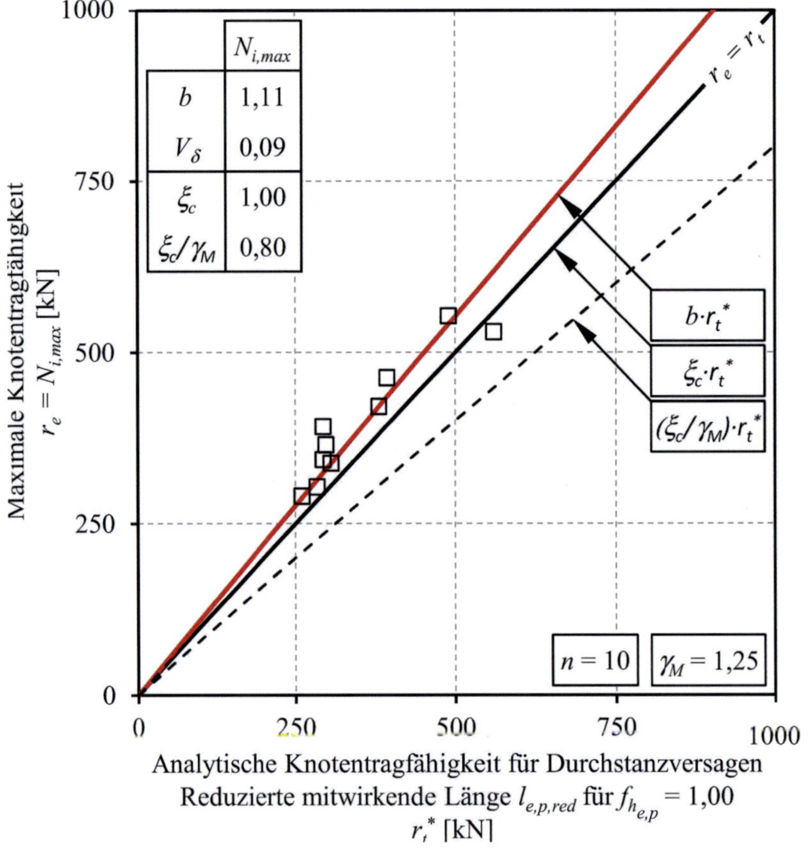

Abbildung 5.16. – Statistische Auswertung für Durchstanzversagen mit reduzierter mitwirkender Länge $l_{e,p,red}$, globaler Abminderungsfaktor

Die berechneten Knotentragfähigkeiten r_t^* (Gl. 5.17) stimmen gut mit den experimentell ermittelten maximalen Knotentragfähigkeiten $N_{i,max}$ überein. Der Variationskoeffizient der Streugröße beträgt daher lediglich $V_\delta = 0,09$ und die Mittelwertabweichung beträgt $b = 1,11$. Für die Ermittlung von Bemessungswerten der Knotentragfähigkeit für Durchstanzversagen ist die Gleichung 5.17 mit $\xi_c/\gamma_M = 0,80$ abzumindern.

Die Abminderung des Modells zur Bemessungsgleichung für Durchstanzversagen der DIN EN 1993-1-8 erfolgt hingegen nicht mit Hilfe eines globalen sondern eines in der mitwirkenden Breite $b_{e,p}$ integrierten Faktors. In Übereinstimmung mit dieser Vorgehensweise erfolgt eine zusätzliche statistische Auswertung für Durchstanzversagen, in der nicht der globale auf das Modell anzusetzende Faktor ξ_c/γ_M, sondern die Reduktion $f_{h_{e,p}}$ (Gl. 5.17) der mitwirkenden Höhe $h_{e,p}$ ermittelt wird, für die sich die Abminderung des Modells zu $\xi_c/\gamma_M = 1,0$ ergibt.

Wird im Modell für Durchstanzversagen r_t^* (Gl. 5.17) eine Abminderung der mitwirkenden Höhe von $f_{h_{e,p}} = 0,62$ verwendet, ergibt sich aus der statistischen Auswertung eine globale Abminderung von $\xi_c/\gamma_M = 1,0$. Bei dieser Vorgehensweise wird ein Variationskoeffizient der Streugrößen von $V_\delta = 0,08$ ermittelt (Abb. 5.17).

5.9.6. Strebenversagen entsprechend DIN EN 1993-1-8

Die Bemessungswerte der Tragfähigkeit r_t der Probekörper, die infolge Abreißen der Zug- oder Plastizieren der Druckstrebe versagen, werden auf Grundlage der Bemessungsgleichung für Strebenversagen der DIN EN 1993-1-8 ermittelt (Tab. 2.1 Gl. 8.5). Die Gegenüberstellung der experimentell $r_e = N_{i,max}$ und der analytisch ermittelten Knotentragfähigkeiten für Strebenversagen r_t sowie die Ergebnisse der statistischen Auswertung sind in Abbildung 5.18 wiedergegeben.

Die Bemessungsgleichung der DIN EN 1993-1-8 für Strebenversagen überschätzt die Knotentragfähigkeiten r_e, so dass die Mittelwertabweichung $b = 0,77$ beträgt und um $\xi_c/\gamma_M = 0,51$ reduziert werden muss, wenn diese Bemessungsgleichung im erweiterten Parameterbereich angewendet werden soll. Der Variationskoeffizient der Streugröße beträgt $V_\delta = 0,16$ (Abb. 5.18) . Die Knoten KJ-42 und KJ-45 bestehen aus S 460 und versagen beide durch das Abreißen der Zugstrebe. Bei der Berechnung der Tragfähigkeit wird ein Reduktionsbeiwert von $0,8$ verwendet, wie dies in DIN EN 1993-1-8 für

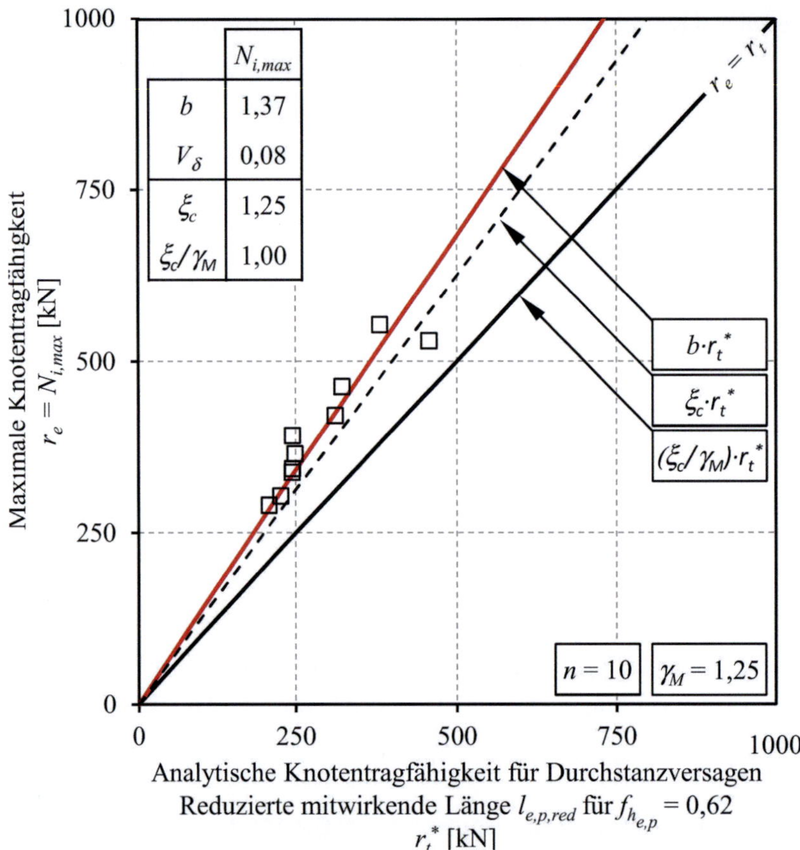

Analytische Knotentragfähigkeit für Durchstanzversagen
Reduzierte mitwirkende Länge $l_{e,p,red}$ für $f_{h_{e,p}}$ = 0,62
r_t^* [kN]

Abbildung 5.17. – Statistische Auswertung für Durchstanzversagen mit reduzierter mitwirkender Länge $l_{e,p,red}$, partielle Abminderung der mitwirkenden Höhe $h_{e,p}$

Stähle mit einer Streckgrenze $f_y > 460\,\text{N/mm}^2$ vorgeschrieben ist. Eventuell ist aufgrund des Versagens infolge eines Bruchs eine höhere Abminderung erforderlich.

Wie bereits bei Durchstanzversagen, kann auch bei Strebenversagen eine reduzierte mitwirkende Länge $l_{eff,red}$ unterstellt werden, was ebenfalls durch das beobachtete Rissbild bestätigt wird.

5.9.7. Strebenversagen mit reduzierter mitwirkender Länge

Die erhöhte Steifigkeit des Spaltbereichs bei Knoten mit kleinen Spaltweiten $4 \cdot t_0 \leq g \leq g_{min}$ und hohen Gurtschlankheiten $35 < 2\gamma \leq 50$ führt auch bei Strebenversagen

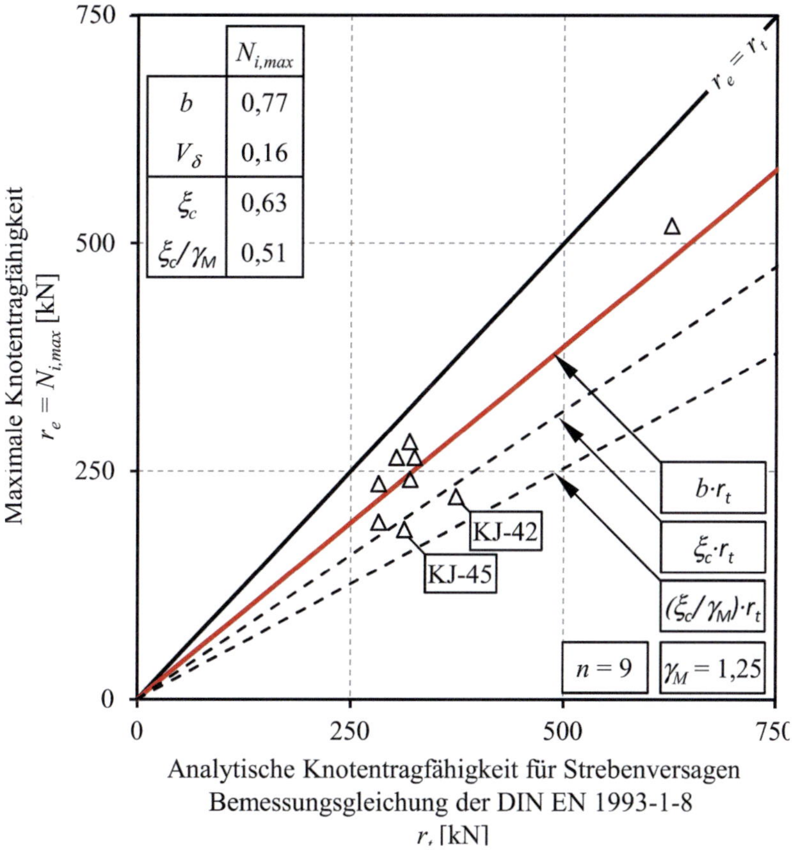

Analytische Knotentragfähigkeit für Strebenversagen
Bemessungsgleichung der DIN EN 1993-1-8
$r,$ [kN]

Abbildung 5.18. – Statistische Auswertung für Strebenversagen nach DIN EN 1993-1-8

zu einer im Vergleich zur mitwirkenden Länge l_{eff} der DIN EN 1993-1-8 reduzierten mitwirkenden Länge $l_{eff,red}$. Die Vorgehensweise zur Ermittlung dieser reduzierten mitwirkenden Länge $l_{eff,red}$ entspricht der für Durchstanzversagen empfohlenen Vorgehensweise.

Die gesamte Strebenbreite b_i im Spaltbereich wird für alle Spaltweiten $4 \cdot t_0 \leq g \leq g_{max}$ und für Gurtschlankheiten $35 < 2\gamma \leq 50$ als vollständig mitwirkend angenommen. Die Mitwirkung der Strebenseitenwände basiert auf der Annahme, dass keine mitwirkende Höhe bei sehr kleinen Breitenverhältnissen $b_i/b_0 \approx 0$ zu berücksichtigen ist und $h_{eff} = 0$ angenommen werden kann. Bei sehr großen Breitenverhältnissen $b_i/b_0 \approx 1,0$ werden die gesamten Strebenseitenwände als mitwirkend unterstellt (Abbildung 5.19). Zusätzlich sind die Wanddicken des Gurts t_0 und der Streben t_i sowie deren Streckgren-

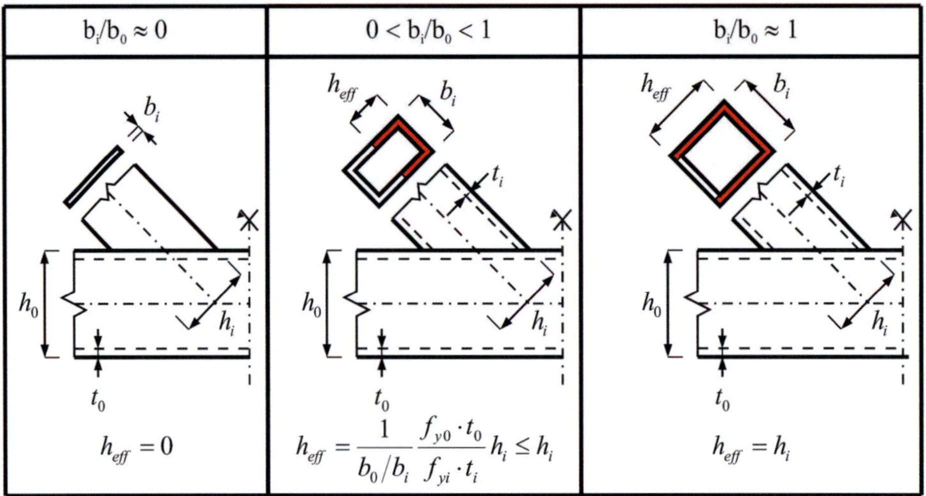

Abbildung 5.19. – Ermittlung der reduzierten mitwirkenden Fläche $A_{eff,red}$ für Strebenversagen

zen f_{y0} und f_{yi} wie bei der mitwirkenden Breite b_{eff} der DIN EN 1993-1-8 (Gl. 5.2) bei der Ermittlung der mitwirkenden Höhe h_{eff} zu berücksichtigen (Gl. 5.18).

Für Zwischenwerte wird angenommen, dass die effektive Höhe h_{eff} mit einer linearen Interpolation ermittelt werden kann. Die mitwirkende Höhe für Strebenversagen h_{eff} kann dann mit folgender Gleichung angegeben werden (Gl. 5.18):

$$h_{eff} = \frac{1}{b_0/b_i} \cdot \frac{f_{y0} \cdot t_0}{f_{yi} \cdot t_i} \cdot h_i \leq h_i \tag{5.18}$$

mit der Breite b_0 und Wanddicke t_0 des Gurts, der Höhe h_i, Breite b_i und Wanddicke t_i der Streben sowie den Streckgrenzen des Gurts f_{y0} und der Streben f_{yi}

Die reduzierte mitwirkende Länge für Strebenversagen $l_{eff,red}$ ergibt sich somit zu (Gl. 5.19):

$$l_{eff,red} = b_i + 2 \cdot h_{eff} \tag{5.19}$$

mit der Strebenbreite b_i und der mitwirkenden Höhe h_{eff} für Strebenversagen

Mit dem grundlegenden Bemessungsmodell der DIN EN 1993-1-8 unter Verwendung der reduzierten mitwirkenden Länge $l_{eff,red}$ (Gl. 5.19) ergeben sich die Knotentragfähigkeiten r_t^* für Strebenversagen wie folgt (5.20):

$$r_t^* = f_{yi} \cdot l_{eff,red} \cdot t_i = f_{yi} \cdot t_i \cdot \left(b_i + 2 \cdot h_{eff} \cdot f_{h_{eff}} \right) \tag{5.20}$$

mit der Streckgrenze des Strebenmaterials f_{yi}, der reduzierten mitwirkenden Länge $l_{eff,red}$ und der mitwirkenden Höhe h_{eff} für Strebenversagen sowie dem Beiwert $f_{h_{eff}}$

In Abbildung 5.20 sind die mit der reduzierten mitwirkenden Länge $l_{eff,red}$ ermittelten Knotentragfähigkeiten den experimentellen Tragfähigkeiten $N_{i,max}$ gegenübergestellt. In dieser Auswertung wird eine vollständig mitwirkenden Höhe in Ansatz gebracht und daher $f_{h_{e,p}} = 1,0$ in Gleichung 5.20 verwendet. Ebenfalls sind die Ergebnisse der statistischen Auswertung in Abbildung 5.20 angegeben.

Die statistische Auswertung für Strebenversagen unter Verwendung der reduzierten mitwirkenden Länge $l_{eff,red}$ ergibt eine Mittelwertabweichung von $b = 1,18$. Der Variationskoeffizient der Streugröße wird mit $V_\delta = 0,15$ ermittelt. Bemessungswerte der Knotentragfähigkeit $\xi_c / \gamma_M \cdot r_t$ können durch Berücksichtigung des zusätzlichen Faktors $\xi_c / \gamma_M = 0,79$ (Abb. 5.20) mit diesem Modell (Gl. 5.20) angegeben werden.

Wie bereits zuvor festgestellt wird, ist die in der Bemessungsgleichung der DIN EN 1993-1-8 für Strebenversagen enthaltene Abminderung in der mitwirkenden Breite b_{eff} integriert. In Übereinstimmung mit dieser Vorgehensweise erfolgt eine zusätzliche statistische Auswertung für Strebenversagen, mit der die Reduktion $f_{h_{eff}}$ (Gl. 5.20) der mitwirkenden Höhe h_{eff} ermittelt wird und für die sich die Abminderung des Modells zu $\xi_c / \gamma_M = 1,0$ ergibt (Abb. 5.21).

Wird im Modell für Strebenversagen r_t^* (Gl. 5.20) eine Abminderung der mitwirkenden Höhe von $f_{h_{eff}} = 0,59$ verwendet, ergibt sich aus der statistischen Auswertung eine globale Abminderung von $\xi_c / \gamma_M = 1,0$, so dass Bemessungswerte der Knotentragfähigkeit für Strebenversagen direkt mit Gleichung 5.20 berechnet werden können (Abb. 5.21).

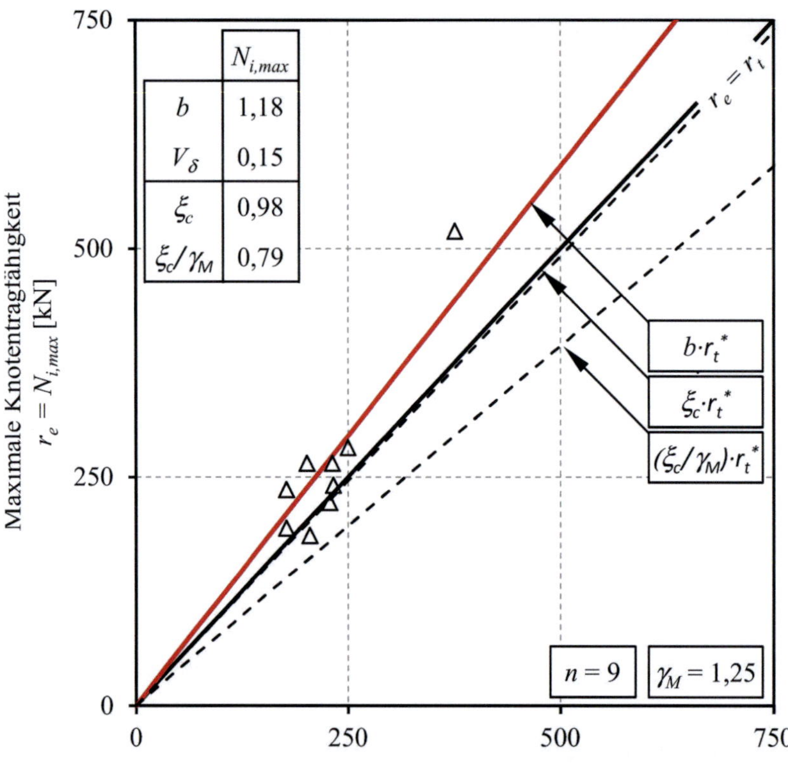

Analytische Knotentragfähigkeit für Strebenversagen
Reduzierte mitwirkende Länge $l_{eff,red}$ für $f_{h_{eff}} = 1,00$
$r_t^{\,*}$ [kN]

Abbildung 5.20. – Statistische Auswertung für Strebenversagen mit reduzierter mitwirkender Fläche $A_{eff,red}$, globale Modellabminderung

5.9.8. Schubversagen bei Knoten mit Spalt

Obwohl Schubversagen bei den experimentellen Untersuchungen nicht aufgetreten ist, ist bei K-Knoten mit Spalt die Schubtragfähigkeit des Gurts bei der Ermittlung der Knotentragfähigkeit mit einzubeziehen. Für die Ableitung eines analytischen Modells wird wiederum der „Push-Pull Mechanismus" als Idealisierung eines K-Knotens verwendet (Abb. 5.22).

Die Ableitung der aus der Strebennormalkraft N_1 resultierenden Querkraft $V_1 = N_1 \cdot \sin\Theta_1$ erfolgt über die Gurtstege sowie einen Teil des Gurtflanschs.

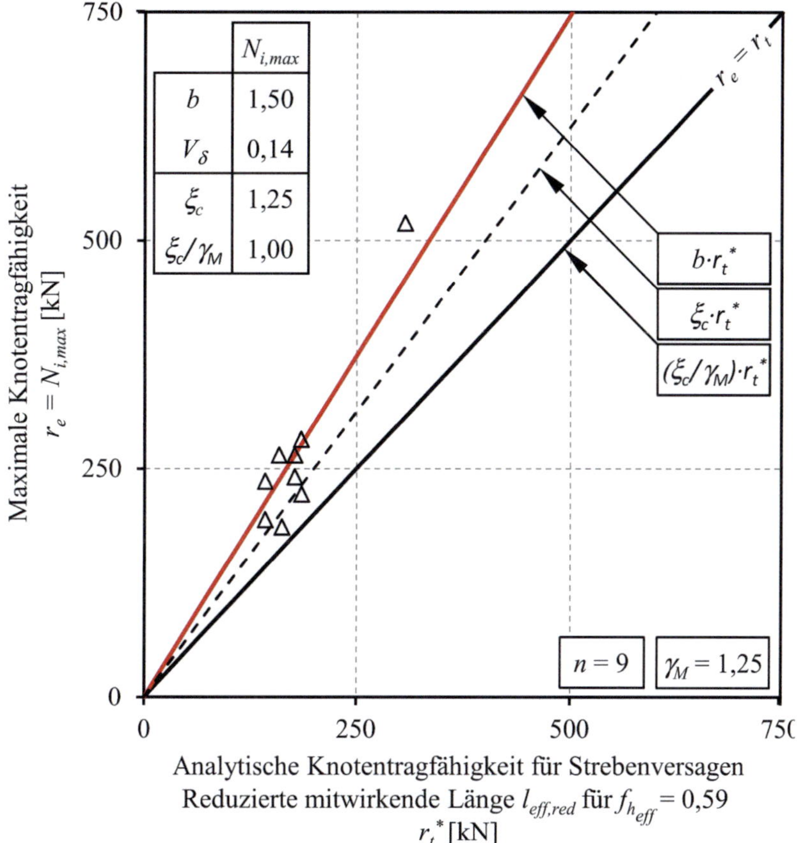

Abbildung 5.21. – Statistische Auswertung für Strebenversagen mit reduzierter mitwirkender Fläche $A_{eff,red}$, partielle Abminderung der mitwirkenden Höhe h_{eff}

Bei der Ermittlung der Schubtragfähigkeit der vollständig plastizierten Gurtstege wird die gesamte Stegfläche $A_{v,w}$ als mitwirkende Schubfläche angesetzt. Vereinfachend wird diese mit Gleichung 5.21 ermittelt.

$$A_{v,w} = 2 \cdot h_0 \cdot t_0 \tag{5.21}$$

mit der Höhe h_0 und der Wanddicke t_0 des Gurts

Nach vollständiger Plastifizierung der Stege werden die Flansche des Gurtquerschnitts zusätzlich zur Querkraft V_1 auch auf Biegung $M_1 = V_1 \cdot g/2$ beansprucht (Abb. 5.22). Eine Vernachlässigung ist wegen der geringen Biegesteifigkeit des Gurtflanschs nicht

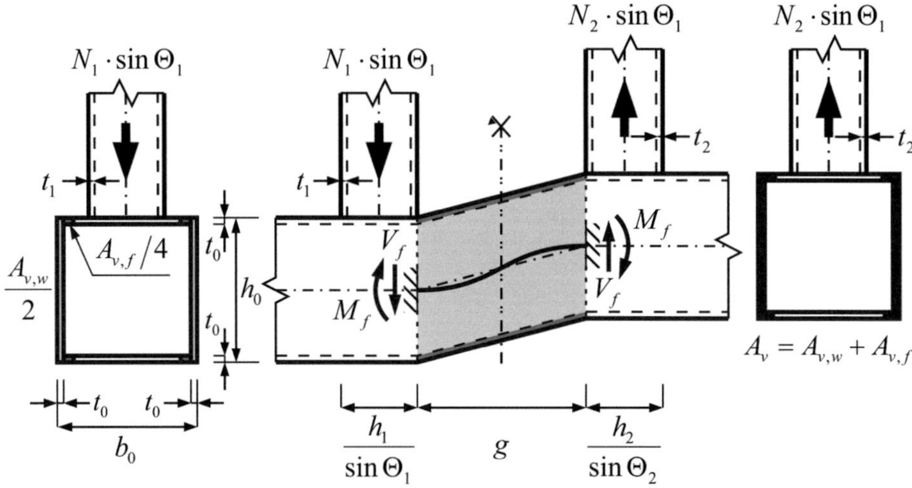

Abbildung 5.22. – Modell zur Ermittlung der Schubtragfähigkeit von Knoten mit Spalt

möglich. Aufgrund der M-V-Interaktion (Gl. 5.22) ist daher eine Abminderung der Schubtragfähigkeit des Flanschs $V_{p,f}$ zur Schubtragfähigkeit V_f zu berücksichtigen. Mit der plastischen Momententragfähigkeit $M_{p,f}$ des Gurtflanschs sowie der Momententragfähigkeit $M_f = V_f \cdot g/2$ ergibt sich für das Verhältnis der Schubtragfähigkeit V_f zur Schubtragfähigkeit des Gurtflanschs $V_f/V_{p,f}$ (Gl. 5.22).

$$\left(\frac{M_f}{M_{p,f}}\right)^2 + \left(\frac{V_f}{V_{p,f}}\right)^2 = \left(\frac{V_f}{V_{p,f}} \cdot \frac{2 \cdot g}{t_0 \cdot \sqrt{3}}\right)^2 + \left(\frac{V_f}{V_{p,f}}\right)^2 = 1 \qquad (5.22)$$

mit der Biege- M_f und der Schubtragfähigkeit V_f sowie der Momenten- $M_{p,f} = f_{y0} \cdot t_0^2/4 \cdot b_0$ und der Schubtragfähigkeit $V_{p,f} = b_0 \cdot t_0 \cdot f_{y0}/\sqrt{3}$ des Gurtflanschblechs, der Spaltweite g sowie der Gurtwanddicke t_0

Daraus ergibt sich der Beiwert α, mit dem die mitwirkende Schubfläche des Gurtflanschs ermittelt werden kann (*Wardenier 1982*) (Gl. 5.23):

Die Schubfläche A_v eines K-Knotens mit Spalt ergibt sich aus der Addition der mitwirkenden Steg- $A_{v,w}$ und Flanschfläche $A_{v,f}$ (Gl. 5.24), die Schubtragfähigkeit des Knotens kann mit Gleichung 8.3 (Tab. 2.1) ermittelt werden.

$$\frac{V_f}{V_{p,f}} = \alpha = \sqrt{\frac{1}{1 + \dfrac{4 \cdot g^2}{3 \cdot t_0^2}}} \qquad (5.23)$$

mit der Spaltweite g sowie der Breite b_0, der Wanddicke t_0 und der Streckgrenze f_{y0} des Gurts

$$\begin{aligned}
A_v &= A_{v,w} + A_{v,f} \\
&= (2 \cdot h_0 + \alpha \cdot b_0) \cdot t_0
\end{aligned} \qquad (5.24)$$

mit der Schubflächen der Gurtstege $A_{v,w}$ und -flansche $A_{v,f}$ sowie der Streckgrenze f_{y0}, der Höhe h_0 und der Wanddicke t_0 des Gurts

Zusätzlich kann der Gurtquerschnitt noch eine axiale Beanspruchung übertragen (Gl. 8.4 in Tab. 2.1):

Aus diesen Betrachtungen folgt, dass bei Gurten von K-Knoten mit kleineren Querschnitthöhen h_0 als -breiten b_0, insbesondere bei größeren Spaltweiten, neben den zuvor genannten Versagensmodi auch Gurtschubversagen auftreten kann. In den experimentellen Untersuchungen werden jedoch lediglich Knoten mit verhältnismäßig kleinen Spaltweiten untersucht. Da für Knoten mit kleinen Spaltweiten die mitwirkende Schubfläche A_v größer als für Knoten mit großen Spaltweiten ist (G. 5.24), wird Gurtschubversagen in den experimentellen Untersuchungen nicht beobachtet. Eine statistische Auswertung dieses Versagensmodus ist daher nicht möglich.

5.10. Abschließende Bemerkungen

Bei Gurtflanschversagen werden in den statistischen Auswertungen sowohl für das grundlegende und für das erweiterte Fließlinienmodell verhältnismäßig hohe Variationskoeffizienten der Streugrößen V_δ festgestellt. Möglicherweise besitzen die hier untersuchten Knoten aufgrund der schlanken Gurtstäbe mit geringen Rotationskapazitäten kein ausreichendes Verformungsvermögen, so dass sekundäre Biegemomente beim Erreichen der Knotentragfähigkeit nicht vollständig abgebaut sind und bei der Ermittlung der Knotentragfähigkeiten berücksichtigt werden müssen (*de Koning et al. 1983*). Die Überprüfung dieses Sachverhalts auf Grundlage der experimentellen Untersuchungen ist jedoch nicht möglich, da die dazu notwendige Dehnungsverteilung in den Streben und im Gurt nicht gemessen werden. Resultiert die Beanspruchung des Probekörpers nicht in einem Bruch (Durchstanzen, Abreißen der Zugstrebe), könnten mit dem Last-Verformungsverhalten im Anschluss an die maximale Tragfähigkeit ebenfalls Rückschlüsse auf die Verformungskapazität gezogen werden. Die mit zunehmender Beanspruchung auftretende Verformung der Knoten und des Versuchsrahmens und die daraus resultierende Rotation der Lasteinleitung verhindert die Fortführung der Versuche nach dem Erreichen der maximalen Tragfähigkeit. Bei einigen Versuchen erfordert diese Rotation sogar eine vorzeitige Versuchsbeendigung. Rückschlüsse aus der Last-Verformungskurve auf die Verformungskapazität sind daher ebenfalls nicht möglich. Für die Versuche, deren Versagensmodus Durchstanz- oder Strebenversagen ist, ist der Einfluss der sekundären Biegemomente bereits in den reduzierten mitwirkenden Längen $l_{e,p,red}$ und $l_{eff,red}$ enthalten.

Neben dem Einfluss der sekundären Biegemomente hat die Verformung des Versuchsrahmens einen Einfluss auf die Knotentragfähigkeit. Zu dieser Problematik werden bereits 1976 experimentelle Untersuchungen in Delft, Niederlande, Corby, England und Karlsruhe, Deutschland an K-Knoten mit Spalt durchgeführt (*Wardenier et al. 1976b*). Dabei soll die Ermittlung der Tragfähigkeit von Knoten mit annähernd gleicher Geometrie und vergleichbarer Belastungssituation in den unterschiedlichen Versuchsrahmen der Forschungsstellen erfolgen. Unterschiedliche Wanddicken der Druckstreben sowie abweichende Verfahren beim Aufbringen der Gurtbeanspruchungen verhindern einen direkten Vergleich der Ergebnisse. Die Auswertung in Bezug zu Ergebnissen aus dem CIDECT Projekt 5Q (*Wardenier et al. 1976a*) zeigen jedoch ein gute Übereinstimmungen bei K-Knoten mit Spalt. Es wird daher angenommen, dass bei K-Knoten mit Spalt lediglich eine geringe Beeinflussung der Tragfähigkeit durch den Versuchsaufbau auftritt.

Ebenfalls experimentell nicht berücksichtigt ist der Einfluss einer zusätzlichen Gurtspannung auf die Knotentragfähigkeit. Analytisch ist diese Abminderung für Gurtflanschversagen aufgrund der Reduktion der plastischen Momente m_{p0} zwar prinzipiell notwendig, führt aber zu Bemessungsmodellen, die in der praktischen Anwendung aufgrund ihrer Komplexität nur schwer anzuwenden sind. Es wird daher auf aktuelle Arbeiten verwiesen, die eine Reduktion des Knotentragfähigkeit aufgrund druck- und zugbeanspruchter Gurtquerschnitte detailliert untersuchen (z.B. *Wardenier et al. 2010a; Ummenhofer et al. 2013*).

6. Numerische Untersuchungen

Aufgrund der komplexen Geometrie K-förmiger Hohlprofilknoten und der damit auftretenden ungleichmäßigen Steifigkeitsverteilungen im Verbindungsbereich ist es praktisch nicht möglich, detaillierte Aussagen zum Tragverhalten auf rein analytischem Wege zu treffen. Lokale Einflüsse wie Eckausrundungen und Schweißnähte komplizieren das Problem zusätzlich. Die Berücksichtigung nichtlinearer Materialeigenschaften sowie geometrisch nichtlinearen Verhaltens machen dies schließlich gänzlich unmöglich.

Zur Lösung dieser Problematik ist der Einsatz der Finite Elemente Methode (FEM) ein geeignetes Mittel. Damit ist es möglich, detaillierte Aussagen sowohl über das globale Tragverhalten der Knoten, als auch über den Einfluss lokaler Details zu erhalten. Außerdem ist es möglich, nichtlineare Materialeigenschaften und nichtlineares geometrisches Verhalten mit in die Betrachtungen einzubeziehen. Ein weiterer großer Vorteil der FEM im Vergleich zu experimentellen Untersuchungen ist die Möglichkeit, ausgedehnte Parameterstudien verhältnismäßig kostengünstig und schnell durchführen zu können.

6.1. Soft- und Hardware

Für die Diskretisierung (Pre-Processing) wird das Programmpaket I-DEAS der Firma SDRC (heute Siemens PLM Software) eingesetzt. Abaqus 6.5 der Firma Hibbit, Karlson & Sorensen Inc. (heute Dassault Systèmes Simulia Corp.) wird sowohl als numerischer Gleichungslöser als auch zum Auslesen der Berechnungsergebnisse (Post-Processing) verwendet. Die anschließende Auswertung erfolgt mit MS Excel. Als Hardware kommt ein handelsüblicher PC zum Einsatz.

6.2. Symmetrie

Die notwendige Berechnungszeit (CPU-Zeit) sowie der Speicherbedarf eines numerischen Modells ist unter anderem abhängig von der Gesamtanzahl seiner Freiheitsgrade. Diese werden zum einen über den verwendeten Elementtyp, der die Anzahl der Freiheitsgrade je Knoten bestimmt und zum anderen über die Anzahl der Elemente des Modells festgelegt. Insbesondere bei Parameterstudien, bei denen mit einer großen Anzahl von Berechnungen gerechnet werden muss, ist daher eine möglichst geringe Anzahl an Freiheitsgraden anzustreben.

Die hier betrachteten ebenen K-Knoten mit identischen Strebengeometrien und Anschlusswinkeln sind zwar doppelt-symmetrisch, die Randbedingungen des Gesamtsystems, also die Lagerungsbedingungen und die Lasteinleitung, sind jedoch nur einfachsymmetrisch. Diese Symmetrie wird ausgenutzt, um eine Reduzierung der Anzahl der Elemente und der Knoten und damit der Freiheitsgrade zu erreichen.

6.3. Elementfamilie

Die FEM basiert auf der Diskretisierung eines Berechnungsgebiets in eine große Anzahl kleiner, jedoch endlich vieler Elemente (*Zienkiewicz 1987*). Für diese Aufgabe stehen unterschiedliche Elementfamilien zur Verfügung, welche sich bei dem hier zu untersuchenden dreidimensionalen Problem der Strukturmechanik auf Volumen- und Schalenelemente beschränken lassen.

6.3.1. Volumenelemente

In vorangegangenen Untersuchungen (z.B. *Puthli et al. 2000; Yu 1997; van der Vegte 1995; Lu 1997*) wird bereits gezeigt, dass Traglastermittlungen von Hohlprofilknoten auf Grundlage der FEM zu guten Übereinstimmungen mit versuchstechnisch ermittelten Traglasten führen, wenn Schalenelemente verwendet werden.

Bei Volumenelementen können lediglich drei Integrationspunkte in Elementdickenrichtung angeordnet werden, so dass örtliche Plastizierungen und hohe Spannungsgradienten nur durch mehrere Elementschichten mit ausreichender Genauigkeit erfasst werden können. Aufgrund der daraus resultierenden großen Anzahl an Elementen und dadurch hohen Berechnungszeiten sowie des erforderlichen Speicherplatzbedarfs wird die Diskretisierung mit Schalenelementen bevorzugt.

6.3.2. Schalenelemente

Allgemein werden Schalenelemente bei Abaqus in drei Elementtypen unterteilt.

Als erstes sind in diesem Zusammenhang die „General Purpose Shell Elements", eine Art Universalschalenelemente zu nennen. Diese Elemente berücksichtigen Querschubverzerrungen und benutzen die Theorie dicker Schalen nach Reissner-Mindlin, (z.B. in *Girkmann 1986*), wenn die Schalendicke anwächst und die diskrete Kirchhoff'sche Theorie dünner Schalen (z.B. in *Girkmann 1986*), wenn die Schalendicke kleiner wird. In Abaqus werden diese Elemente mit S3 und S3R (dreieckige Elemente) sowie S4 und S4R (viereckige Schalenelemente) bezeichnet.

Außerdem berücksichtigen diese Elemente Membrandehnungen sowie die Änderung der Schalendicke bei einer Zunahme der Beanspruchung. Daher werden sie für Berechnungsaufgaben verwendet, bei denen große Dehnungen zu erwarten sind und die Querkontraktion v (Poisson) nicht null ist (*Hibbit et al. 1998*).

Ein weiterer Schalenelementtyp sind die dicken Schalenelemente (Thick Shell Elements), die stets Querschubverzerrungen berücksichtigen und eine Interpolation zweiter Ordnung erlauben. Diese Elemente werden in Abaqus mit S8R bezeichnet.

Der dritte grundlegende Schalenelementtyp sind die dünnen Schalenelemente (Thin Shell Elements). Im Gegensatz zu den dicken Schalenelementen werden diese eingesetzt, wenn die Querschubverzerrungen vernachlässigbar sind und die Kirchhoff'schen Randbedingungen eingehalten werden müssen (Schalennormale orthogonal zur Schalenoberfläche). Die dünnen Schalenelemente können wiederum in zwei grundlegende Elementtypen unterteilt werden. Der eine Elementtyp löst die Theorie dünner Schalen, d.h. die Kirchhoff'schen Randbedingungen werden analytisch erfüllt. Diese Elemente werden mit STRI3 (sechs Freiheitsgrade) und STIR35 (fünf Freiheitsgrade) bezeichnet. Der andere Elementtyp nähert sich der Theorie dünner Schalen an, wenn die Schalendicke kleiner wird. Für diesen Elementtyp werden die Kirchhoff'schen Randbedingungen numerisch erfüllt. Die Bezeichnungen dieser Elemente in der Abaqus-Elementbibliothek sind S4R5, STRI65, S8R5 und S9R5.

Sowohl die dicken als auch die dünnen Schalenelemente stellen willkürlich große Rotationen zur Verfügung, jedoch lediglich kleine Dehnungen. Die Änderung der Wanddicke während der Verformung wird bei diesen Elementen nicht berücksichtigt.

Für alle hier betrachteten Elemente ist es beim Bilden der Elementsteifigkeitsmatrix möglich, die reduzierte Integration zu verwenden. Gewöhnlich liefert die reduzierte Integration genauere Ergebnisse, sofern die Elemente nicht verzerrt oder durch Biegung in der Elementebene belastet sind (*Hibbit et al. 1998*). Die Rechenzeit verringert sich bei Anwendung der reduzierten Integration erheblich, insbesondere bei dreidimensionalen Problemen.

6.4. Grundlegende Materialdefinitionen

Im einfachsten Fall kann ein Material als isotropes, linear elastisches Material angenommen werden (Abb. 6.1a). Dieses Materialverhalten wird immer dann angewendet, wenn Plastizierungen größerer Bereiche nicht auftreten, wie dies beispielsweise beim Nachweis der Ermüdungsfestigkeit eines Knotens der Fall ist. Bei der Ermittlung der Tragfähigkeit eines Knotens sind jedoch nichtlineare Materialgesetze notwendig, um Spannungsumlagerungen infolge örtlicher Plastizierungen, Materialverfestigungseffekte und Membranwirkungen zu berücksichtigen. Als nichtlineares Materialgesetz kann entweder ein linear elastisches – ideal plastisches Materialgesetz (Abb. 6.1b) oder, falls die Zugfestigkeit f_u wesentlich größer als die Streckgrenze f_y des Materials ist, ein linear elastisches Materialgesetz mit isotroper Verfestigung verwendet werden (Abb. 6.1c).

Für die Materialkennwerte werden wahre Spannungen σ_w (Gl. 6.1), die auf die tatsächlichen Querschnitte und nicht auf den Ausgangsquerschnitt bezogen sind sowie die plastischen Anteile der logarithmischen Dehnungen ε_{ln}^{pl} (Gl. 6.2), die auf die tatsächliche Länge $l + \Delta l$ und nicht auf die Ausgangslänge l bezogen sind, verwendet.

$$\sigma_w = \sigma \cdot (1 + \varepsilon) \tag{6.1}$$

$$\varepsilon_{ln}^{pl} = ln(1 + \varepsilon) - \frac{\sigma_w}{E} \tag{6.2}$$

mit der Spannung σ und der Dehnung ε der technischen Spannungs-Dehnungsbeziehung sowie dem Elastizitätsmodul E

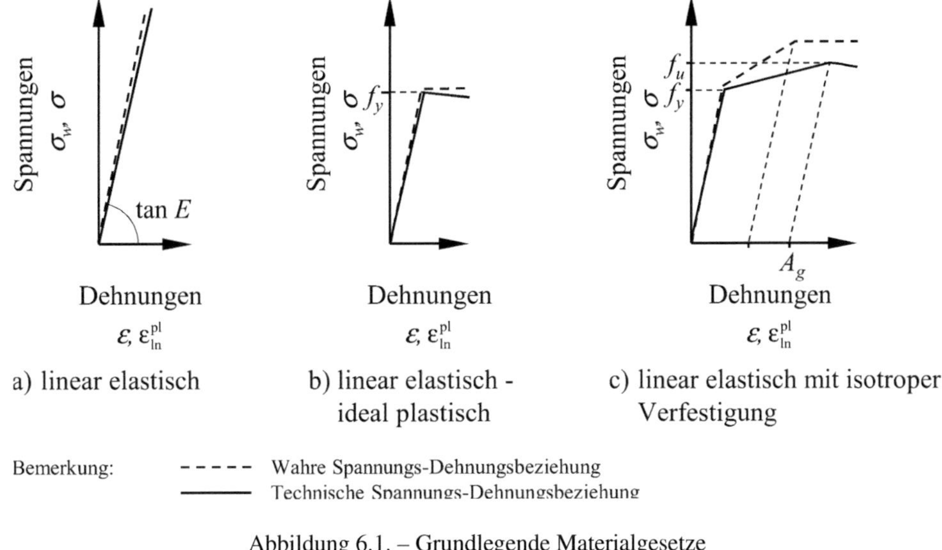

Abbildung 6.1. – Grundlegende Materialgesetze

Die Verwendung eines realistischen Materialgesetzes wie beispielsweise eines multi-linearen Materialgesetzes (*van der Vegte 1995*) auf Grundlage der Ramberg-Osgood-Beziehung (*Ramberg et al. 1943*) resultiert lediglich in sehr geringen Abweichungen der mit dem Deformationskriterium ermittelten Knotentragfähigkeiten $N_{i,u}$ (*Puthli et al. 2010a*). Der Ansatz eines multi-linearen Materialgesetzes ist daher bei den hier durch-geführten Traglastuntersuchungen, die eine Begrenzung der Knotenverformung durch das Deformationskriterium beinhalten, nicht erforderlich.

6.5. Lösungsmethode und Ermittlung der Traglast aus der FEM Berechnung

Bis zum Erreichen einer Traglast kann eine Lösungsmethode, die lediglich die Last- oder Verschiebungsanteile berücksichtigt, verwendet werden (Newton-Raphson). Für das Auffinden einer Traglast ist es jedoch notwendig, einen Lastabfall zu identifizieren. Dafür sind Bogenlängenverfahren notwendig, die bei der Gleichgewichtsiteration eine Kraft-Verformungsnebenbedingung verwenden, um auch den Lastabfall zu erreichen. Aus diesem Grund wird das in Abaqus integrierte Bogenlängenverfahren, welches auf dem Riks-Algorithmus basiert, als numerische Lösungsmethode verwendet.

Die Traglast der Knoten ergibt sich dann entweder aus der maximalen Last vor dem ersten Lastabfall, also am ersten Peak der Last-Verformungskurve oder, wenn die Eindrückung der Strebe in den Gurtflansch das Deformationskriterium $\Delta_{CFD} = 3\% \cdot b_0$ erreicht, durch die bei dieser Verformung einwirkende Beanspruchung.

Ein Riss, wie er beim Durchstanz- und Strebenversagen auftritt, kann näherungsweise durch das Löschen von Elementen bei Überschreiten einer von der Mehrachsigkeit des Spannungszustand abhängigen kritischen Dehnung simuliert werden (*Volz 2009*). Trotz expliziter Berechnungsmethoden (Abaqus/Explicit) sind dafür sehr lange Rechenzeiten erforderlich, die umfangreiche Parameterstudien behindern. Eine Auswertung der numerischen Untersuchungen erfolgt daher nur mit Traglasten, die mit dem Deformationskriterium ermittelt werden und für die Gurtflanschversagen der vorherrschende Versagensmodus ist.

6.6. Diskretisierung der K-Knoten

6.6.1. Abmessungen

Die Anordnung der Schalenelemente erfolgt auf den Mittelflächen der Gurt- und Strebenprofile (Abb. 6.2). Die Beeinflussungen des Verbindungsbereichs durch die an der Lasteinleitung und den Auflagern auftretenden Störungen werden vermieden, indem sowohl die Streben- als auch Gurtenden jeweils einen Abstand der 5-fachen Breite des jeweiligen Profils aufweisen. Dieser Abstand wurde bereits bei früheren numerischen Untersuchungen (z.B. von *Yu 1997*) verwendet.

Für die äußeren Ausrundungsradien r_o kaltgefertigter Rechteckhohlprofile werden entsprechend der DIN EN 10219-2 die in Abbildung 6.3 dargestellten wanddickenabhängigen Werte angenommen. Die inneren Ausrundungsradien ergeben sich aus den Äußeren abzüglich der Wanddicke des Querschnitts zu $r_i = r_o - t$.

Die Eckausrundungen des Gurtstabs werden mit zwei 2 Elementen, die der Streben aufgrund einer angestrebten feinen Elementierung des Knotenbereichs mit 4 Elementen modelliert.

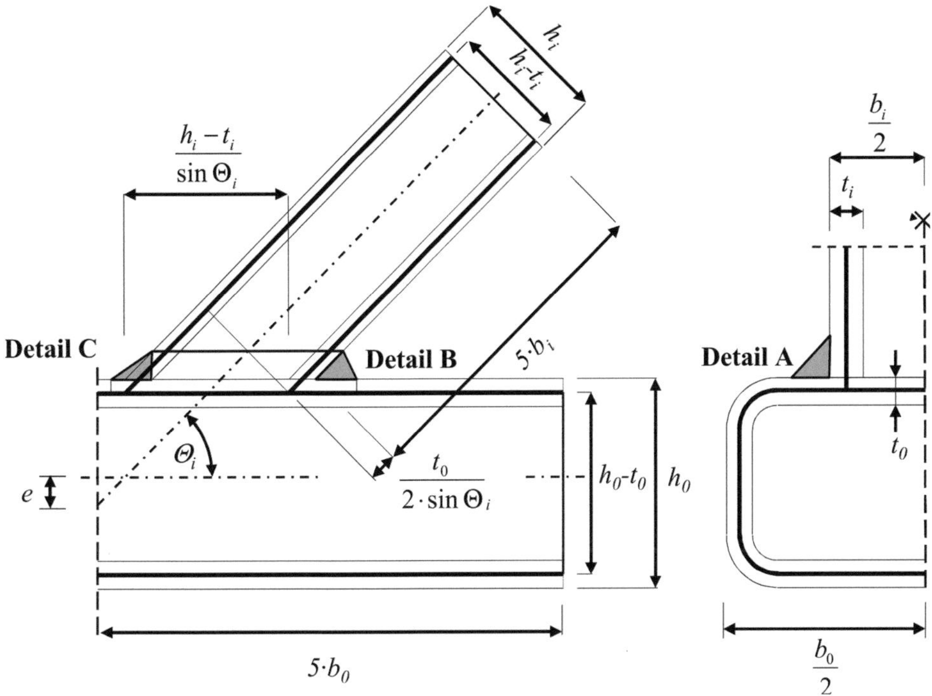

Abbildung 6.2. – Abmessungen des numerischen Modells (Details A, B und C siehe Abb. 6.4)

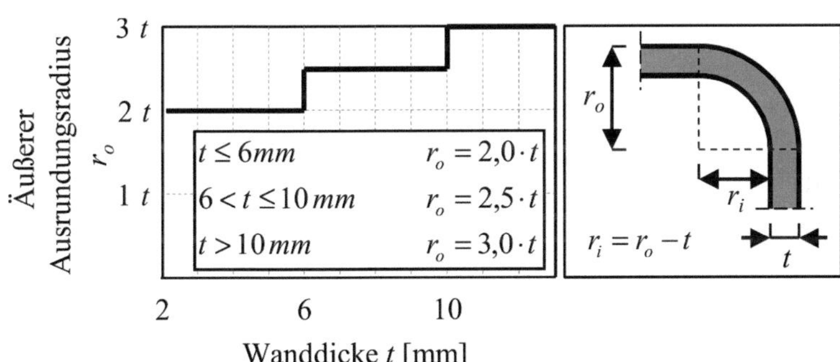

Abbildung 6.3. – Abhängigkeit des Ausrundungsradius von der Wanddicke nach DIN EN 10219-2

6.6.2. Schweißnähte

Ein besonderes Augenmerk wird auf die Modellierung der Schweißnähte gelegt. Diese werden nahezu über den gesamten Umfang der Streben als Kehlnähte ausgebildet. Lediglich über die Strebenbreite des Spaltbereichs wird eine Stumpfnaht angeordnet. Ist das Breitenverhältnis der Verbindung nicht so groß, dass die Streben über die

Eckausrundungen des Gurtquerschnitts hinausreichen und die Wanddicken der Streben $t_i \leq 8\,\text{mm}$, ist dies eine in der praktischen Anwendung übliche Ausführungsform, da für Verschweißungen von Rechteckhohlprofilen aufgrund der nicht auszuführenden Nahtvorbereitungen Kehlnähte generell wirtschaftlicher auszuführen sind als Stumpfnähte. Bei großen Breitenverhältnissen $\beta \approx 1$ oder größeren Strebenwanddicken $t_i > 8\,\text{mm}$ werden vom IIW hingegen Stumpfnähte für die Herstellung der Verbindung empfohlen (IIW Doc. XV-701-89).

Der Anfang der Schweißnaht sollte sich auf einer der Seitenwände befinden. An dieser Stelle wird eine Kehlnahtdicke von $t_w = t_i$ festgelegt (Abb. 6.4, Detail A) und die daraus resultierende Höhe der Kehlnaht h_w als konstant für die gesamte Schweißnaht angenommen. Der Nahtüberstand der im Spaltbereich angeordneten Stumpfnaht wird mit $2\,\text{mm}$ festgelegt. Dieser Wert wird auf Grundlage von Erfahrungswerten als gute Annäherung an die Realität angesehen. Die Stumpfnahtdicke $t_{w,t}$ ist daher nahezu gleich der Strebenwanddicke t_i, die als Nahtdicke der Stumpfnaht im numerischen Modell $t_{w,t} = t_i$ verwendet wird (Weldtoe – Abb. 6.4, Detail C). Infolge der konstanten Schweißnahthöhe h_w ergibt sich zwar für die Kehlnaht der spaltabgewandten Seite eine Schweißnahtdicke $t_{w,h}$, die größer als die Strebenwanddicke t_i ist, im numerischen Modell wird jedoch ebenfalls $t_{w,h} = t_i$ für die Nahtdicke dieser Kehlnaht verwendet (Weldheel – Abb. 6.4, Detail B).

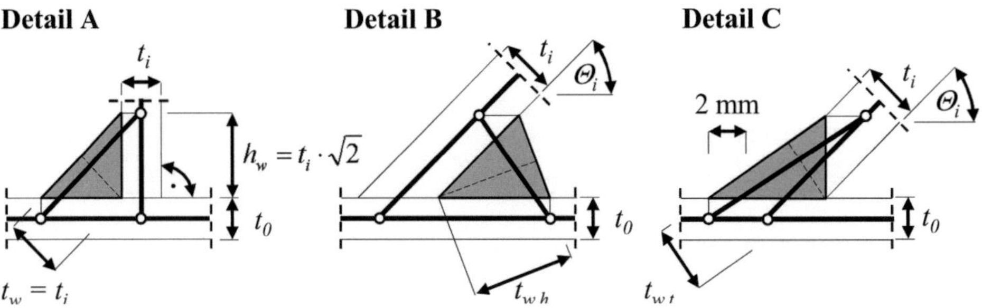

Abbildung 6.4. – Details der Schweißnahtmodellierung

Für Knoten aus S 355 sind diese Nahtdicken $t_w = t_i$ geringfügig kleiner als die nach DIN EN 1993-1-8 berechneten und die vom IIW empfohlenen Kehlnahtdicken (Gl. 6.3 und 6.4), deren Tragfähigkeiten mindestens gleich den Tragfähigkeiten der Strebenquerschnitte sind (*Packer et al. 2010a*). Ein plötzliches Versagen der Schweißnaht aufgrund nicht ausreichender Verformungskapazität tritt daher nicht auf.

DIN EN 1993-1-8: $\qquad t_w = 1,10 \cdot t_i;\quad$ für S 355 $\hfill$ (6.3)

IIW: $\qquad t_w = 1,07 \cdot t_i;\quad$ für FE-510 mit $f_y = 355\,\text{N/mm}^2$ $\hfill$ (6.4)

mit der Strebenwanddicke t_i und der Streckgrenze f_y

Die Elemente werden auf Grundlage der beschriebenen Schweißnahtgeometrie entsprechend Abbildung 6.4 angeordnet. Diese Methode wurde bereits in früheren Arbeiten erfolgreich zur Modellierung von Schweißnähten angewendet (*Yu 1997; van der Vegte 1995; Lu 1997*).

Als Materialeigenschaften der Schweißnähte werden stets die der Streben- und Gurtquerschnitte verwendet.

6.6.3. Vernetzung

Zur Erzeugung des FE-Netzes wird die in I-DEAS integrierte Methode des „Mapped Meshing" angewendet, die es ermöglicht, Netze mit überwiegend rechteckigen Elementen zu erzeugen.

Das FE-Netz ist in Bereichen, bei denen hohe Dehnungen zu erwarten sind, also insbesondere im Anschlussbereich Gurt – Strebe, engmaschig ausgebildet. Die Abbildung 6.5 zeigt exemplarisch das FE-Netz eines gesamten Knotens sowie einen Ausschnitt des Spaltbereichs.

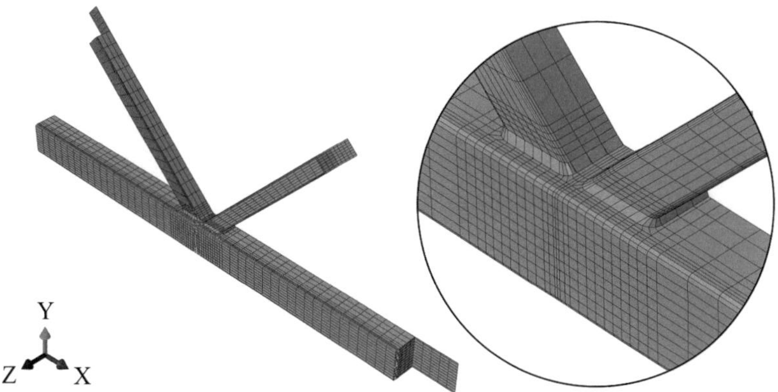

Abbildung 6.5. – Exemplarisches FE-Netz eines K-Knotens, Gesamtknoten und Detail des Spaltbereiches

Aufgrund der bei K-Knoten vorhandenen großen Anzahl von Parametern und des daher zu erwartenden Umfangs von numerischen Berechnungen ist es sehr aufwändig, jeden Knoten einzeln zu modellieren. Diese Aufgabe wird von einem für I-DEAS entwickelten Makro übernommen, das Knoten unter Angabe der Geometrie der Gurt- und Strebenquerschnitte (Querschnittsabmessungen b_0, h_0, t_0, b_i, h_i und t_i), der Anschlussgeometrie (dimensionsloses Spaltmaß $g' = g/t_0$ und des Strebenwinkels Θ_i) sowie der Materialeigenschaften der Gurt- und Strebenquerschnitte (Streckgrenzen f_{y0}, f_{yi} und Zugfestigkeiten f_{u0}, f_{ui}) automatisch generiert.

6.7. Validierung des Finite Elemente Modells

Die Durchführung eigener experimenteller Untersuchungen mit dem Ziel, die Anwendungsgrenzen der Gurtschlankheit und Spaltweite zu erweitern, erfordert grundlegende Kenntnisse über das Tragverhalten im zu untersuchenden Parameterbereich sowie die Kenntnis der zu erwartenden Maximalbelastungen und -verschiebungen. Dies ist für die Konzeption einer sinnvollen und aussagekräftigen Versuchsserie und die Planung des Versuchsaufbaus von entscheidender Bedeutung.

Diese grundlegenden Fragen werden mit numerischen Voruntersuchungen im Vorfeld eigener Versuche untersucht. Da eigene Versuchsergebnisse von K-Knoten zum Zeitpunkt der Voruntersuchungen nicht vorhanden sind, eine Überprüfung des verwendeten numerischen Modells hinsichtlich realitätsnaher Ergebnisse jedoch notwendig ist, erfolgt diese Überprüfung auf Grundlage des von Soininen, an der Universität von Lappeenranta, Finnland, durchgeführten Traglastversuchs C1 eines symmetrischen K-Knotens (*Soininen 1996*).

Mit den Ergebnissen der an der Universität Karlsruhe durchgeführten experimentellen Untersuchungen wird anschließend eine erneute Überprüfung des numerischen Modells durchgeführt um sicherzustellen, dass dieses realistische Ergebnisse im untersuchten Parameterbereich liefert.

6.7.1. Voruntersuchungen

Hauptaspekte der numerischen Voruntersuchungen sind die Auswahl des für diese Berechnungsaufgabe optimalen Elementtyps, der notwendigen Netzfeinheit sowie der Einfluss verschiedener Materialgesetze. Hierbei wird insbesondere überprüft, ob das unterschiedliche Materialverhalten der Flansch-, Steg- und Eckbereiche bei den numerischen Untersuchungen zu berücksichtigen ist oder ob ein Materialgesetz, dessen Kennwerte aus einer Mittelwertbildung der genannten Bereiche gewonnen und für den gesamten Querschnitt angesetzt wird, zu ausreichend genauen Ergebnissen führt. Zusätzlich wird noch das in Abaqus implementierte und auf der Ramberg-Osgood-Beziehung (*Ramberg et al. 1943*) basierende „Deformation Plasticity" Modell für die Ermittlung von Knotentragfähigkeiten analysiert (*Sarada et al. 2002*).

Geometrie und Belastungssituation

Die Breiten- β und Wanddickenverhältnisse τ der von Soininen durchgeführten Versuchsserie (*Soininen 1996*) befinden sich in Bereichen, wie sie auch bei den eigenen Versuchen auftreten, die Gurtschlankheiten 2γ hingegen sind deutlich kleiner und befinden sich im Anwendungsbereich der DIN EN 1993-1-8.

Soininen beansprucht die Zugstreben und bringt eine zusätzliche Zugkraft von $N_0 = 760\,\text{kN}$ auf den Gurt auf (Abb. 6.6). In den eigenen Versuchen ist die Beanspruchung der Druckstreben und die daraus resultierende Druckbeanspruchung des Gurts vorgesehen, da dies zu minimalen Knotentragfähigkeiten führt (Abschnitt 5.2). Eine zusätzliche Beanspruchung des Gurtstabs ist in den eigenen Versuchen nicht vorgesehen.

Der von Soininen durchgeführte Versuch C1 besitzt ein dimensionsloses Spaltmaß von $g' = g/t_0 = 4,0$, welches mit dem kleinsten Spaltmaß der eigene Versuche $g_{e,min}$ übereinstimmt und ebenfalls kleiner als das aus der Mindestspaltweite g_{min} der DIN EN 1993-1-8 resultierende Spaltmaß g_{min}/t_0 ist. Daher wird der Versuch C1 für die numerischen Voruntersuchungen ausgewählt. Die gemessenen Abmessungen des im Versuch C1 verwendeten Probekörpers sowie die daraus ermittelten geometrischen Parameter und das dem Versuch zugrundeliegende statische System ist in Abbildung 6.6 wiedergegeben.

Der Versuch C1 hat einen Strebenwinkel von $\Theta_i = 60\,^\circ$ und das dimensionslose Exzentrizitätsmaß beträgt $e/h_0 = 0,12$.

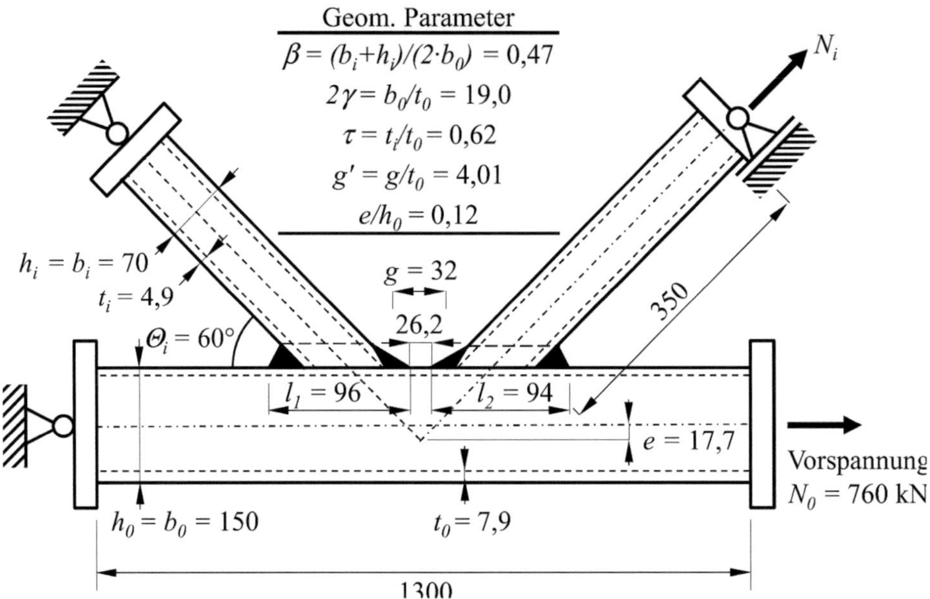

Abbildung 6.6. – Gemessene Abmessungen, geometrische Parameter und statisches System des für die Voruntersuchung verwendeten Versuchs C1 (*Soininen 1996*)

Materialeigenschaften

Der Gurt- und die Strebenquerschnitte bestehen aus kaltgefertigten quadratischen Hohlprofilen mit den Abmessungen $150 \times 150 \times 8$ mm und $70 \times 70 \times 5$ mm. Die Streckgrenzen f_y, Zugfestigkeiten f_u sowie die Gleichmaßdehnungen A_g der Profile werden mit Zugversuchen ermittelt. Dafür werden Zugstäbe aus den Flansch- und Eckbereichen der Hohlprofile verwendet (*Soininen 1996*). In den numerischen Untersuchungen werden in den Flansch- und den Eckbereichen der Gurt- und Strebenquerschnitte die gemessenen Materialeigenschaften verwendert. Ebenfalls werden Modelle analysiert, deren Gurt- und Strebenmaterial auf Mittelwerten aus den gemessenen Werten der Flansch- und Stegbereiche sowie der Eckausrundung basieren (Tab. 6.1).

Neben den Mittelwerten aus den gemessenen Materialkennwerten werden zusätzlich noch Modelle mit Kennwerte entsprechend DIN EN 1993-1-1 für S 355 H ($t \leq 40$ mm: $f_y = 355$ Nmm^2; $f_u = 510$ N/mm^2) verwendet.

Tabelle 6.1. – Mechanische Eigenschaften des Gurts und der Streben des Probekörpers C1 (*Soininen 1996*)

Gemessene Querschnitts-abmessungen $b \times h \times t$ mm	Material-bezeichnung	Entnahmestelle der Zugprobe	Versuchstechnisch ermittelte Materialkennwerte		
			f_y N/mm²	f_u N/mm²	A_g %
Gurt $150 \times 150 \times 7,9$	S 355 J2H	Flansch / Steg	435	510	10,3
		Ausrundung	540	605	1,60
		Mittelwerte	488	558	6,00
Streben $70 \times 70 \times 4,9$	S 355 J2H	Flansch / Steg	400	515	13,3
		Ausrundung	520	610	3,00
		Mittelwerte	460	563	8,20

Ergebnisse der numerischen Voruntersuchungen

Die Beurteilung der Berechnungsergebnisse basiert auf einem Vergleich der numerischen und der experimentell ermittelten Relativverschiebungen Δ_{CF+CSW} (Abb. 5.2) sowie auf einem Vergleich der maximalen Knotentragfähigkeiten. Im Folgenden sind die wichtigsten Ergebnisse der numerischen Voruntersuchungen, in denen ausführlich auf unterschiedliche Elementtypen, Netzfeinheiten und Materialgesetze eingegangen wird, dargestellt. Detaillierte Ergebnisse können dem Schlussbericht des DFG-Forschungs-projekts „Tragverhalten von K-Verbindungen aus dünnwandigen, kalt geformten Recht-eckhohlprofilen mit $b/t > 35$" entnommen werden (*Puthli et al. 2002*).

Die geringsten Abweichungen zwischen den Berechnungs- und den Versuchsergebnis-sen des Versuchs C1 werden mit dem aus den Flansch- und den Ausrundungsbereichen gemittelten Materialgesetz erreicht (Abb. 6.7). Der Ansatz unterschiedlicher und auf ge-messenen Materialeigenschaften basierenden Materialgesetze sowohl für die Flansch- und Steg- als auch für die Eckbereiche liefert trotz der realitätsnahen Modellierung kei-ne genaueren Ergebnisse. Für das Materialverhalten entsprechend DIN EN 1993-1-1 hingegen werden im Vergleich zu den experimentellen Untersuchungen zu kleine Trag-fähigkeiten ermittelt, was auf die geringere Streckgrenze und Zugfestigkeit im Vergleich zu den gemessenen Werten zurückgeführt wird.

Im „Deformation Plasticity" Modell ist die Spannung durch die gesamte Dehnung de-finiert. Ein Entlastungskriterium ist in dem Modell nicht vorgesehen, es ist daher als ein nicht lineares elastisches Modell anzusehen. Außerdem basiert das Modell auf ei-nem Materialgesetz, dessen Grundlage die Ramberg-Osgood-Beziehung ist (*Hibbit et al. 1998*). Experimentelle Untersuchungen zur Ermittlung der Koeffizienten, mit denen in der Ramberg-Osgood-Beziehung die Materialverfestigung beschrieben wird, erfolgen nicht. Diese Koeffizienten müssen daher dem Schrifttum entnommen werden (*van der Vegte 1995*). Dies führt zu Unsicherheiten bei der Ermittlung der Knotentragfähigkeiten (*Sarada et al. 2002*), so dass auf die Anwendung des „Deformation Plasticity" Modells im Weiteren verzichtet wird.

Der Vergleich der experimentellen und numerischen Relativverschiebungen Δ_{CF+CSW} ergibt eine sehr gute Übereinstimmung für die Modelle mit dem gemittelten Materialgesetz sowie bei Verwendung von linearen Schalenelementen („General Purpose") sowohl mit vollständig (S4) als auch mit reduziert integrierten Elementen (S4R). Die mit diesen Modellen berechneten Verformungen Δ_{CF+CSW} weichen lediglich geringfügig ($< 5\,\%$) von den experimentell ermittelten Verformungen ab (Abb. 6.7).

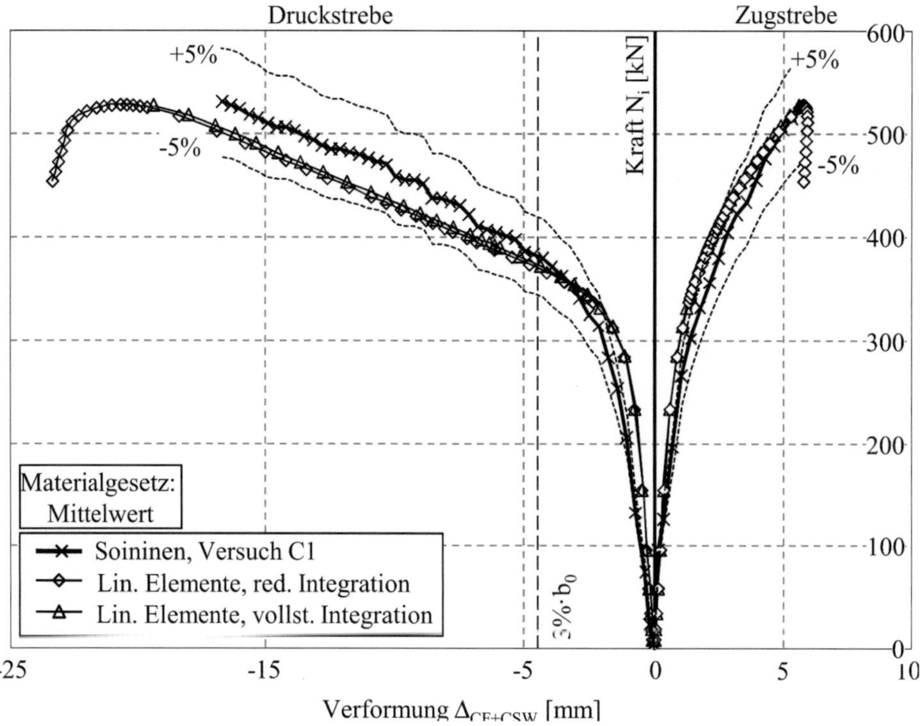

Abbildung 6.7. – Vergleich der numerischen und der experimentellen Ergebnisse des Versuchs C1 (*Soininen 1996*) für „General Purpose" Schalenelemente und das gemitteltes Materialgesetz

Der Versuch C1 versagt infolge Durchstanzen der Zugstrebe (*Soininen 1996*) und, obwohl mit dem numerischen Modell das Auftreten von Rissen nicht simuliert werden kann, wird in der numerischen Berechnung ein Lastabfall bei nahezu identischer Maximallast und Verformung festgestellt. Eine Überprüfung, ob dieser Lastabfall durch Verformungen an der Druck- oder an der Zugstrebe hervorgerufen wird, erfolgt jedoch nicht.

Aufgrund der geringen Abweichungen zwischen den experimentellen und den numerischen Ergebnissen aber der deutlich geringeren Berechnungszeit von Modellen mit reduziert integrierten Elementen, werden diese für die folgenden Berechnungen verwendet.

6.7.2. Überprüfung auf Grundlage eigener experimenteller Untersuchungen

Das Material der Gurtquerschnitte der Versuche KJ-01 – KJ-14 besteht lediglich aus Querschnitten einer Charge, die der Strebenquerschnitte aus drei Chargen. Eine Überprüfung der von den Herstellern angegebenen Materialkennwerte ist daher mit einer verhältnismäßig geringen Anzahl von Zugversuchen möglich. Aus diesem Grund werden diese Versuche verwendet, um eine erneute Überprüfung des FE-Modells durchzuführen.

Für die Vernetzung werden entsprechend den Ergebnissen der Voruntersuchungen „General Purpose" Schalenelemente mit reduzierter Integration (S4R) verwendet.

Geometrie, Belastungssituation und Materialkennwerte

In Tabelle 6.2 sind die gemessenen Abmessungen der Gurt- und Strebenquerschnitte, deren äußere Ausrundungsradien $r_{o,0}$ und $r_{o,i}$ sowie die gemessenen Streckgrenzen f_y und Zugfestigkeiten f_u, gruppiert nach Knoten mit gleichen Strebenquerschnitten aber unterschiedlichen Spaltweiten, angegeben. Als Maß der vorhandenen Spaltweitenunterschreitung wird das Verhältnis der nominellen zur zulässigen Spaltweite g/g_{min} der DIN EN 1993-1-8 (g_{min} siehe Gl. 1.1) angegeben.

Da die Gleichmaßdehnung A_g nicht ermittelt wird, aber für das Materialgesetz der numerischen Berechnung notwendig ist, wird eine Gleichmaßdehnung von $A_g = 10\,\%$ für

Tabelle 6.2. – Gemessene Abmessungen und Materialkennwerte

KJ	Abmessungen[1]					Materialkennwerte[2]	
	Gurtprofil	Strebenprofil	Norm. Spaltweite[3]	Eckradien		Gurt	Strebe
	$b_0 \times h_0 \times t_0$	$b_i \times h_i \times t_i$	$\frac{g}{g_{min}}$	$r_{o,0} \mid r_{o,i}$		$f_{y0} \mid f_{u0}$	$f_{yi} \mid f_{ui}$
	mm	mm		mm		N/mm^2	N/mm^2
01	$299,6 \times 200,6 \times 6,0$	$100,2 \times 100,2 \times 5,7$	0,59	14,5	13,5	451 | 531	396 | 526
04	$299,9 \times 200,3 \times 6,1$	$100,2 \times 100,2 \times 5,7$	0,24	14,5	13,5	451 | 531	396 | 526
05	$299,9 \times 200,4 \times 5,9$	$100,2 \times 100,2 \times 5,7$	0,48	14,5	13,5	451 | 531	396 | 526
06	$299,6 \times 200,2 \times 6,1$	$100,2 \times 100,2 \times 5,7$	0,72	14,5	13,5	451 | 531	396 | 526
13	$200,1 \times 299,6 \times 6,1$	$100,2 \times 100,2 \times 5,8$	0,48	14,5	13,5	451 | 531	396 | 526
02	$300,0 \times 200,3 \times 6,0$	$149,9 \times 100,0 \times 5,8$	0,67	14,5	12,6	451 | 531	509 | 586
07	$300,1 \times 200,3 \times 5,8$	$149,9 \times 100,0 \times 5,8$	0,27	14,5	12,6	451 | 531	509 | 586
08	$300,0 \times 200,4 \times 5,8$	$149,9 \times 100,0 \times 5,9$	0,55	14,5	12,6	451 | 531	509 | 586
09	$299,7 \times 200,3 \times 6,1$	$149,9 \times 100,0 \times 5,8$	0,82	14,5	12,6	451 | 531	509 | 586
14	$199,7 \times 299,5 \times 6,2$	$149,9 \times 100,0 \times 6,0$	0,64	14,5	12,6	451 | 531	509 | 586
03	$300,1 \times 200,2 \times 6,0$	$199,9 \times 100,1 \times 5,7$	0,78	14,5	13,4	451 | 531	480 | 546
10	$299,6 \times 200,1 \times 6,2$	$199,9 \times 100,1 \times 5,8$	0,32	14,5	13,4	451 | 531	480 | 546
11	$299,7 \times 200,3 \times 6,1$	$199,9 \times 100,1 \times 5,8$	0,64	14,5	13,4	451 | 531	480 | 546
12	$299,5 \times 200,4 \times 6,2$	$199,9 \times 100,1 \times 5,8$	0,96	14,5	13,4	451 | 531	480 | 546

Bemerkungen: Da Gleichmaßdehnung nicht ermittelt, wird stets $A_g = 10\%$ verwendet

[1] Gemessene Abmessungen, nominelle Abmessungen siehe Anhang C.1

[2] Aus Materialzeugnissen entnommene Steckgrenzen und Zugfestigkeiten, nom. Streckgrenze $f_{y0} = f_{yi} = 355\,\text{N/mm}^2$ sowie nom. Zugfestigkeit $f_{u0} = f_{ui} = 470\,\text{N/mm}^2$

[3] Mindestspaltweite $g_{min} = 0,5 \cdot (1 - b_i/b_0) \cdot b_0$ der DIN EN 1993-1-8

alle Berechnungen angenommen. Dieser Wert stellt erfahrungsgemäß eine realitätsnahe Annahme für die Gleichmaßdehnung der Stahlsorte S 355 dar. Ergebnisse eines neuen Forschungsprojekts, das den Einfluss hochfester Stähle auf die Knotentragfähigkeit von X-Knoten aus KHP untersucht zeigt zudem, dass Gleichmaßdehnungen zwischen $4 \leq A_g \leq 14\%$ einen vernachlässigbaren Einfluss ($\leq 1,5\%$) auf die Tragfähigkeit für Gurtflanschversagen haben (*Puthli et al. 2010a*).

Die Randbedingungen des numerischen Modells entsprechen den Randbedingungen des Versuchsaufbaus (Abb. 5.1). Diese gewährleisten, dass der Knoten hauptsächlich durch Normalkräfte beansprucht wird. Querkräfte und in der Knotenebene wirkende Momente entstehen lediglich aus den Knotenexzentrizitäten e sowie sekundären Effekten, eine Ermittlung der Biegebeanspruchungen erfolgt nicht. Eine zusätzliche Gurtbeanspruchung wird, wie auch in den experimentellen Untersuchungen, nicht in Ansatz gebracht.

Vergleich der Maximallasten $N_{i,max}$

Mit dem verwendeten numerischen Modell ist es zwar nicht möglich Risse, wie diese beim Durchstanz- und Strebenversagen auftreten, zu simulieren, aufgrund der in den Voruntersuchungen festgestellten Übereinstimmung der numerischen r_n und der experimentell ermittelten maximalen Knotentragfähigkeit $r_e = N_{i,max}$ werden diese jedoch auch für die Versuche KJ-01 bis KJ-14 verglichen.

In Tabelle 6.3 sind die numerisch ermittelten maximalen Knotentragfähigkeiten r_n sowohl von Modellen, die auf gemessenen Abmessungen und Materialkennwerten basieren als auch von Modellen, die auf nominellen Abmessungen und charakteristischen Materialkennwerten basieren aufgeführt. Ebenfalls sind die experimentell ermittelten maximalen Knotentragfähigkeiten $r_e = N_{i,max}$ der Versuche KJ-01 bis KJ-14 in Tabelle 6.3 enthalten. Einige dieser Versuche werden nicht bis zum endgültigen Versagen belastet (Tab. 6.3 – Versagensmodus „N.a."). Bei der Ermittlung der numerischen Knotentragfähigkeit r_n dieser Versuche wird, wenn in der numerischen Berechnung nicht bereits zuvor eine maximale Knotentragfähigkeit erreicht wird, die Verschiebung der Lasteinleitung (Punkt MP1, siehe Abschnitt 5.3) auf die im Versuch maximal gemessene Verschiebung beschränkt. Die bei dieser Verschiebung einwirkende Beanspruchung wird dann als numerisch ermittelte maximale Knotentragfähigkeit r_n verwendet.

Mit Ausnahme der Versuche KJ-04 und KJ-05 sind alle experimentell ermittelten Tragfähigkeiten größer als die auf nominellen Abmessungen und Materialkennwerten basierenden numerischen Tragfähigkeiten, so dass $r_e/r_n > 1,0$. Die mittlere Abweichung der experimentellen zu den numerischen Tragfähigkeiten beträgt $m = 7\%$ mit einer Standardabweichung von $s = 8\%$.

Der Vergleich der experimentellen und der auf Modellen mit gemessenen Abmessungen und Materialkennwerten basierenden numerischen Knotentragfähigkeiten ergibt eine gute Übereinstimmung. Die mittlere Abweichung der experimentellen zu den numerischen Tragfähigkeiten beträgt $m = -4\%$ mit einer Standardabweichung von $s = 6\%$.

Tabelle 6.3. – Vergleich der experimentellen und numerischen max. Knotentragfähigkeiten $N_{i,max}$

Bez.	Norm. Spaltweite[1] $\dfrac{g}{g_{min}}$	Versuch Max.Tragfähigkeit $r_e = N_{i,max}$ kN	FM	FEM Nominelle Werte[2] Max. Tragfähigkeit $r_n = N_{i,max}$ kN	Norm. $\dfrac{r_e}{r_n}$	Gemessene Werte[3] Max. Tragfähigkeit $r_n = N_{i,max}$ kN	Norm. $\dfrac{r_e}{r_n}$
KJ-01	0,59	452	N.a.	448	1,01	489	0,92
KJ-02	0,67	529	CW	439	1,21	503	1,05
KJ-03	0,78	532	CW.	521	1,02	574	0,93
KJ-04	0,24	463	PS	485	0,95	538	0,86
KJ-05	0,48	421	PS	456	0,92	499	0,84
KJ-06	0,72	456	N.a.	436	1,05	481	0,95
KJ-07	0,27	530	PS	481	1,10	538	0,99
KJ-08	0,55	522	CW	448	1,17	502	1,04
KJ-09	0,82	513	CW	438	1,17	501	1,02
KJ-10	0,32	565	N.a.	517	1,09	578	0,98
KJ-11	0,64	570	N.a.	520	1,10	582	0,98
KJ-12	0,96	537	N.a.	530	1,01	568	0,95
KJ-13	0,48	553	PS	497	1,11	550	1,01
KJ-14	0,64	598	N.a.	542	1,10	615	0,97
Mittelwerte m:					1,07	m:	0,96
Standardabweichung s:					0,08	s:	0,06

Bemerkungen: Versagen (FM): N.a. – nicht erkennbar ; CW – Gurtstegversagen; PS – Durchstanzen

[1] Mindestspaltweite $g_{min} = 0,5 \cdot (1 - b_i/b_0) \cdot b_0$ der DIN EN 1993-1-8

[2] Nom. Abmessungen siehe Anhang C.1, nom. Streckgrenze $f_{y0} = f_{yi} = 355\,\text{N/mm}^2$ sowie nom. Zugfestigkeit $f_{u0} = f_{ui} = 490\,\text{N/mm}^2$

[3] Gemessene Abmessungen und aus Materialzeugnissen entnommene Steckgrenzen und Zugfestigkeiten siehe Tabelle 6.2

Die Ergebnisse des Vergleichs der maximalen Knotentragfähigkeiten zeigen, dass die numerischen maximalen Knotentragfähigkeiten in Übereinstimmung mit den experimentell ermittelten Tragfähigkeiten sind. Da das Auftreten eines Risses nicht simuliert wird, ist es jedoch problematisch, den Versagensmodus zu identifizieren. Die Übereinstimmung der maximalen Tragfähigkeiten kann zudem nur für die dabei aufgetretenen Versagensmodi bestätigt werden. Das Auftreten anderer Versagensmodi wie beispielsweise Streben- oder Schubversagen kann zu anderen Ergebnissen führen. Eine Auswertung der numerisch ermittelten max. Knotentragfähigkeit ist daher nicht möglich.

Vergleich der Tragfähigkeiten $N_{i,u}$

Die gute Übereinstimmung der numerisch sowie experimentell ermittelten Knotenverformungen Δ_{CF+CSW} wird bereits bei den Voruntersuchungen (Abschnitt 6.7.1) beschrieben. Eine erneute Überprüfung des numerischen Modells erfolgt ebenfalls mit den Versuchsergebnissen der Versuche KJ-01 – KJ-014 (Tab. 6.4). Bei der Durchführung der Versuche kam es jedoch bei einigen Versuchen zu fehlerhaften Messungen, beispielsweise zum Hängen eines Wegaufnehmers. Details sind der Dokumentation der Versuche im Anhang C.1 zu entnehmen.

In Tabelle 6.4 sind die experimentellen und numerischen Tragfähigkeiten $N_{i,u}$ angegeben, die sich bei einer Beschränkung der Eindrückung der Strebe in den Gurtflansch von $\Delta_{CF+CSW} = 3\,\% \cdot b_0$ ergeben. Die numerischen Tragfähigkeiten werden sowohl an Modellen mit gemessenen Abmessungen und Materialkennwerten als auch an Modellen mit nominellen Abmessungen und charakteristischen Materialkennwerten ermittelt.

Im Vergleich zu den experimentell ermittelten Tragfähigkeiten r_e werden mit den numerischen Berechnungen sowohl für Modelle mit nominellen Abmessungen und charakteristischen Materialkennwerten als auch mit gemessenen Werten kleinere Tragfähigkeiten r_n ermittelt. Da sich die Messpunkte, an denen die Verschiebungen im Versuch abgegriffen werden, in den kalt verformten Bereichen der Querschnitte befinden, werden aufgrund der an diesen Stellen vorherrschenden Materialverfestigung (Abschnitt 3.1) versuchstechnisch kleinere Verformungen und somit höhere Tragfähigkeiten bei einer Verformung von $\Delta_{CF+CSW} = 3\,\% \cdot b_0$ gemessen, als dies bei der Verwendung des idealisierten Materialgesetzes der FEM der Fall ist.

In Abbildung 6.8 sind exemplarisch die Vergleiche zwischen den numerisch und den experimentell ermittelten Relativverschiebungen Δ_{CF}, Δ_{CSW}, Δ_{CF+CSW} und Δ_{CSW1} (Abschnitt 5.3) für den Versuchs KJ-10 dargestellt.

Die numerisch ermittelten Relativverschiebungen des Versuchs KJ-10 sind in guter Übereinstimmung mit den experimentell ermittelten. Insbesondere die Verformungsanteile Δ_{CF} und Δ_{CF+CSW} weisen sehr gute Übereinstimmungen auf. Die zum Teil großen Abweichungen zwischen den Relativverschiebungen Δ_{CSW} und insbesondere Δ_{CSW1} resultieren aus den Abweichungen zwischen dem realen und dem idealisierten Materialgesetz der FEM. Zudem weisen die Querschnitte und die Randbedingungen der

Tabelle 6.4. – Gegenüberstellung experimenteller und numerischer Traglasten $N_{i,u}$ bei einer Eindrückung von $\Delta_{CF+CSW} = 3\% \cdot b_0$ (Deformationskriterium)

Bez.	Norm. Spaltweite[1] $\frac{g}{g_{min}}$	Versuch Tragfähigkeit $r_e = N_{i,u}$ kN	FM	FEM Nominelle Werte[2] Tragfähigkeit $r_n = N_{i,u}$ kN	Norm. $\frac{r_e}{r_n}$	FEM Gemessene Werte[3] Tragfähigkeit $r_n = N_{i,u}$ kN	Norm. $\frac{r_e}{r_n}$
KJ-01[4]	0,59	306	N.a.	234	1,31	254	1,20
KJ-02	0,67	353	CW	279	1,27	322	1,10
KJ-03[4]	0,78	502	CW	323	1,55	338	1,49
KJ-04	0,24	383	PS	371	1,03	359	1,07
KJ-05	0,48	329	PS	257	1,28	282	1,17
KJ-06	0,72	312	N.a.	211	1,48	230	1,36
KJ-07[4]	0,27	-	PS	-	-	-	-
KJ-08[4]	0,55	-	PS	-	-		-
KJ-09[4]	0,82	-	CW	-	-	-	-
KJ-10	0,32	565	N.a.	459	1,23	530	1,07
KJ-11[4]	0,64	-	N.a.	-	-	-	-
KJ-12	0,96	386	N.a.	297	1,30	314	1,23
KJ-13	0,48	372	PS	310	1,20	343	1,08
KJ-14[4]	0,64	-	N.a.	-	-	-	-
			Mittelwerte m:	1,29		m:	1,20
			Standardabweichung s:	0,15		s:	0,14

Bemerkungen: Versagen (FM): N.a. – nicht erkennbar ; CW – Gurtstegversagen; PS – Durchstanzen

In Übereinstimmung mit Soininen (*Soininen 1996*) basieren die Knotentragfähigkeiten r_e und r_n auf einer Eindrückung von $\Delta_{CF+CSW} = 3\% \cdot b_0$, die in den Auswertungen der experimentellen und der numerischen Ergebnisse verwendeten Knotentragfähigkeiten für Gurtflanschversagen hingegen auf $\Delta_{CF} = 3\% \cdot b_0$.

[1] Mindestspaltweite $g_{min} = 0,5 \cdot (1 - b_i/b_0) \cdot b_0$ der DIN EN 1993-1-8

[2] Nom. Abmessungen siehe Anhang C.1, nom. Streckgrenze $f_{y0} = f_{yi} = 355\,\text{N/mm}^2$ sowie nom. Zugfestigkeit $f_{u0} = f_{ui} = 490\,\text{N/mm}^2$

[3] Gemessene Abmessungen und aus Materialzeugnissen entnommene Steckgrenzen und Zugfestigkeiten siehe Tabelle 6.2

[4] Fehlerhafte Messergebnisse (siehe Dokumentation des jeweiligen Versuchs im Anhang C.1

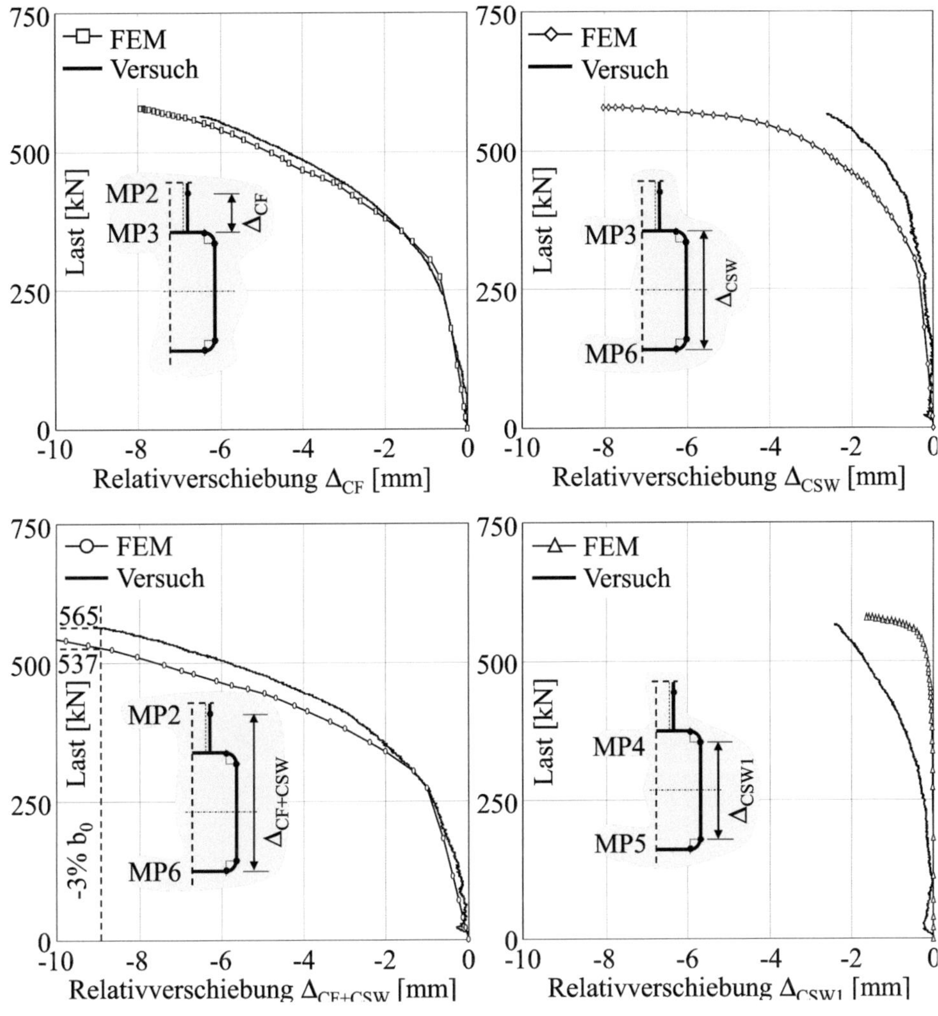

Abbildung 6.8. – Vergleich der Relativverschiebungen des Versuchs KJ-10

numerischen Modelle keine Imperfektionen auf und die Messpunkte (MP2 – MP6) sind nicht, wie in den numerischen Untersuchungen auf den Oberflächen der Querschnitte positioniert, sondern weisen einen Abstand auf, der für das Anbringen der Wegaufnehmer notwendig ist. Dadurch werden ebenfalls Abweichungen zwischen den Messergebnissen und den numerischen Ergebnissen hervorgerufen.

7. Parameterstudien

Die Ermittlung des Einflusses der Spaltweite auf die Knotentragfähigkeit mit den Ergebnissen der experimentellen Untersuchungen ist mit der limitierten Anzahl an Versuchsergebnissen nur bedingt möglich. Daher wird dieser Einfluss mit umfangreichen numerischen Parameterstudien für verschiedene Gurtschlankheiten und Breitenverhältnisse detaillierter untersucht.

Da die Auswertungen der experimentellen Untersuchungen sowohl für das grundlegende (Abschnitt 5.9.2) als auch für das erweiterte und vereinfachte Fließlinienmodell (Abschnitt 5.9.3) keine zufriedenstellenden Ergebnisse liefern und die auf diesen Modellen basierenden Bemessungsgleichungen zudem komplex und für die tägliche Arbeit wenig geeignet sind, wird auf die weitere Auswertung dieser Modelle verzichtet. Die Auswertung der numerischen Untersuchungen erfolgt daher lediglich auf Grundlage der semi-empirischen Bemessungsgleichung der DIN EN 1993-1-8 (Abschnitt 5.9.1).

7.1. Grundlegende Modellgeometrie und Materialeigenschaften

In den Parameterstudien werden lediglich symmetrische K-Knoten mit einem Strebenwinkel von $\Theta_i = 45\,°$ untersucht. Für die Mindestspaltweite werden wie auch in den experimentellen Untersuchungen Spaltweiten herab bis zu der Spaltweite $g_{e,min} = 4 \cdot t_0$ zugelassen. Die maximale, in den Parameterstudien untersuchte Spaltweite entspricht der maximalen Spaltweite von K-Knoten g_{max} der DIN EN 1993-1-8 (Gl. 1.1).

Für die Gurt- und Strebenquerschnitte werden kaltgefertigte Rechteckhohlprofile mit wanddickenabhängiger Ausrundungsgeometrie (Abb. 6.3) verwendet. Die äußeren Abmessungen der Gurte $b_0 \times h_0$ betragen immer $300 \times 200\,\text{mm}$, die Wanddicken der Gurtstäbe t_0 hingegen variieren. Die Streben besitzen unterschiedliche Querschnittsbreiten b_i und Wanddicken t_i, die Querschnittshöhe beträgt stets $h_i = 100\,\text{mm}$.

Die Streckgrenze f_y und die Zugfestigkeit f_u sind den technischen Lieferbedingungen kaltgefertigter Hohlprofile DIN EN 10219-1 für die Stahlsorten S 355 J0H, J2H und K2H entnommen. Die in den Untersuchungen verwendeten Wanddicken sind stets $3\,\text{mm} \leq t \leq 16\,\text{mm}$, so dass für die Streckgrenze $f_y = 355\,\text{N/mm}^2$ und für die Zugfestigkeit der ungünstigste (kleinste) Wert der DIN EN 20219-1 von $f_u = 470\,\text{N/mm}^2$ verwendet wird. Als Gleichmaßdehnung wird $A_g = 10\,\%$ verwendet.

7.2. Abgrenzungskriterien der geometrischen Parameter

7.2.1. Schlankheit der Querschnitte

Aufgrund der gleichbleibenden Gurtbreite b_0 erfolgt die Variation der Gurtschlankheit $2\gamma = b_0/t_0$ durch Verwendung unterschiedlicher Gurtwanddicken t_0. Diese werden so gewählt, dass die Gurtschlankheit $2\gamma = 30, 35, 40, 45, 50$ oder 55 beträgt.

Die Verhältnisse der Strebenbreiten- zu -wanddicken b_i/t_i werden entweder auf das maximal zulässige Verhältnis $b_i/t_i \leq 35$ oder auf Querschnitte beschränkt, die unter reiner Druckbeanspruchung in die Querschnittsklasse 1 oder 2 eingeordnet werden können. Unter Berücksichtigung der von der Wanddicke abhängigen Eckausrundungsradien kaltgefertigter Rechteckhohlprofile (Abb. 6.3) ergibt sich für Querschnitte aus Stahl der Festigkeitsklasse S 355 und einer Wanddicke $t_i \leq 6\,\text{mm}$ ein geringfügig kleineres maximal zulässiges Verhältnis der Strebenbreite- zu -wanddicke von $b_i/t_i \leq 34,9$ als für Querschnitte mit größeren Wanddicken $t > 6\,\text{mm}$ (Gl. 7.1).

$$b_i/t_i \leq \begin{cases} 38 \cdot \varepsilon + 2 \cdot \dfrac{r_{o,i}}{t_i} = 34,9 & t_i \leq 6\,\text{mm} \\[2mm] 35 & t_i > 6\,\text{mm} \end{cases} \tag{7.1}$$

mit dem Beiwert ε, der sich mit einer Streckgrenze von $f_y = 355\,\text{N/mm}^2$ zu $\varepsilon = \sqrt{235/f_y} = 0,81$ ergibt, der Strebenwanddicke t_i sowie dem äußeren Ausrundungsradius des Strebenquerschnitts $r_{o,i}$.

7.2.2. Breitenverhältnis

Die Schweißnähte der untersuchten Knoten verlaufen stets außerhalb des gekrümmten Eckbereichs des Gurts. Dadurch ist das Verhältnis der Streben- zur Gurtbreite b_i/b_0

in den numerischen Untersuchungen nach oben hin begrenzt. Das zulässige Streben-zu Gurtbreitenverhältnis b_i/b_0 von K-Knoten mit Spalt wird in DIN EN 1993-1-8 auf einen Mindestwert begrenzt (Gl. 7.2):

$$\text{Mindestbreitenverhältnis:} \quad b_i/b_0 \geq \begin{cases} 0,35 \\ 0,1+0,01 \cdot \dfrac{b_0}{t_0} \end{cases} \tag{7.2}$$

mit der Streben- b_i und der Gurtbreite b_0 sowie der Gurtwanddicke t_0

Die Berücksichtigung dieses Mindestwerts führt insbesondere bei hohen Gurtschlank-heiten zu einem eng begrenzten Bereich ausführbarer Breitenverhältnisse b_i/b_0. Aus diesem Grund wird in den Parameterstudien der Mindestwert des Breitenverhältnisses nicht beachtet und kleinere Breitenverhältnisse zugelassen.

7.2.3. Knotenexzentrizität

Ist die Knotenexzentrizität e außerhalb des Anwendungsbereichs der DIN EN 1993-1-8 (Gl. 7.3), ist das daraus resultierende Exzentrizitätsmoment bei der Ermittlung der Kno-tentragfähigkeit zu berücksichtigen. Um zu vermeiden, dass die Ergebnisse der nume-rischen Untersuchungen durch den Einfluss der Knotenexzentrizität verfälscht werden, werden in den Auswertungen lediglich Knoten mit Exzentrizitäten innerhalb des An-wendungsbereichs der DIN EN 1993-1-8 berücksichtigt.

$$-0,55 \leq e/h_0 \leq 0,25 \tag{7.3}$$

mit der Knotenexzentrizität e sowie der Höhe des Gurtes h_0

Diese zusätzliche Anforderung an die Knotengeometrie kann zu einer kleineren maxi-mal zulässigen Spaltweite g_{max} als in DIN EN 1993-1-8 angegeben führen (Gl. 1.1) Auf die kleinste untersuchte Spaltweite $g_{e,min}$ hat dies keinen Einfluss, da für K-Knoten mit Spalt immer $e/h_0 > -0,55$ ist.

7.3. Parameterbereich der numerischen Untersuchungen

Basierend auf den zuvor beschriebenen Abgrenzungskriterien werden mit den Parameterstudien die Einflüsse aus der Gurtschlankheit 2γ, des Breitenverhältnisses β resp. des Verhältnisses der Streben- zu Gurtbreite b_i/b_0 und der Spaltweite g auf die Knotentragfähigkeit untersucht. Der Einfluss des Wanddickenverhältnisses τ ist auf Strebenversagen begrenzt. Dieser Versagensmodus wird numerisch nicht erfasst, so dass eine numerische Untersuchung zum Einfluss des Wanddickenverhältnisses τ auf die Knotentragfähigkeit nicht erfolgt und für alle Knoten das Wanddickenverhältnis $\tau = 1,0$ ist.

Zur detaillierten Betrachtung des Einflusses der Spaltweite g auf die Knotentragfähigkeit werden K-Knoten mit Spaltweiten zwischen der bei der Herstellung der Probekörper festgelegten schweißtechnischen Mindest- $g_{e,min} = 4 \cdot t_0$ und der, unter Berücksichtigung der erlaubten Knotenexzentrizität zulässigen Maximalspaltweite g_{max} der DIN EN 1993-1-8 (Gl. 1.1) mit einer Schrittweite von $\Delta_g = 2 \cdot t_0$ untersucht. Aufgrund der großen Anzahl von Knoten, die sich aus der kleinen Schrittweite $\Delta_g = 2 \cdot t_0$ für jede Kombination aus Gurtschlankheit und Breitenverhältnis ergeben, wird diese detaillierte Betrachtung des Spaltweiteneinflusses auf drei Gurtschlankheiten $2\gamma = 30$, 40 und 50 sowie drei Breitenverhältnisse $\beta = 0,32$, $0,42$ und $0,50$ ($b_i/b_0 = 0,30, 0,50$ und $0,67$) beschränkt.

In Tabelle 7.1 sind die dimensionslosen Spaltmaße g_{max}/t_0 an der oberen Grenze dieser Parameterstudien angegeben. Als untere Grenze wird stets das kleinste experimentell untersuchte Spaltmaß $g_{e,min}/t_0 = 4$ verwendet. Zwischen diesen beiden Spaltmaßen sind weitere Knoten mit einer Schrittweite von $\Delta_g/t_0 = 2$ angeordnet. Zusätzlich werden Knoten mit Spaltweiten einer exzentrizitätsfreien Knotengeometrie $e/h_0 = 0$ untersucht. Die daraus resultierenden dimensionslosen Spaltmaße g/t_0 sind ebenfalls in Tabelle 7.1 angegeben.

Zusätzlich werden die Tragfähigkeiten von Knoten mit Gurtschlankheiten von $2\gamma = 35$, 40, 45, 50 und 55, Breitenverhältnissen von $\beta = 0,42, 0,44, 0,47, 0,49$ und $0,52$ für die Spaltweite $g_{e,min} = 4 \cdot t_0$ sowie die für die Knotengeometrie maßgebenden Mindest- g_{min} und die Maximalspaltweite g_{max} der DIN EN 1993-1-8 (Gl. 1.1) ermittelt. Damit sind Knoten mit geometrischen Parametern innerhalb und außerhalb des Anwendungsbereichs der DIN EN 1993-1-8 in den Parameterstudien enthalten. Die resultierenden dimensionslosen Mindest- g_{min}/t_0 und Maximalspaltmaße g_{max}/t_0 der numerisch untersuchten Kombinationen aus Gurtschlankheit und Breitenverhältnis sind in Tabelle 7.1 ebenfalls enthalten.

Aus den zuvor beschriebenen Variationen der Gurtwanddicke, der Strebenbreite sowie der Spaltweite resultieren insgesamt 148 Modelle (Tabelle 7.1).

Tabelle 7.1. – Zusammenstellung der geometrische Parameter der numerischen Untersuchungen

Knoten mit Wanddickenverhältnis $\tau = 1,0$ (148 Modelle)												
Breiten-verhältnis β	$\frac{b_i}{b_0}$	Gurtschlankheit 2γ										
		30[1]	35[1]		40		45		50		55	
		$\frac{g_{max}}{t_0}$	$\frac{g_{min}}{t_0}$	$\frac{g_{max}}{t_0}$	$\frac{g_{min}}{t_0}$	$\frac{g_{max}}{t_0}$	$\frac{g_{min}}{t_0}$	$\frac{g_{max}}{t_0}$	$\frac{g_{min}}{t_0}$	$\frac{g_{max}}{t_0}$	$\frac{g_{min}}{t_0}$	$\frac{g_{max}}{t_0}$
0,32	0,30	..16[2,3]	-	-	-	..20[2,3]	-	-	-	..26[2,3]	-	-
0,42	0,50	..16[2,3]	-	-	-	..20[2,3]	-	-	-	..26[2,3]	-	-
0,50	0,67	..14[2,3]	-	-	-	..20[2,3]	-	-	-	..24[2,3]	-	-
0,42	0,50	-	8,8	26,3[3]	-	-	11,3	33,8[3]	12,5	37,5[3]	13,8	41,3[3]
0,44	0,55	-	7,9	23,6[3]	9,0	27,0[3]	10,1	30,4[3]	11,3	33,8[3]	12,4	37,1[3]
0,47	0,60	-	7,0	21,0[3]	8,0	24,0[3]	9,0	27,0[3]	10,0	30,0[3]	11,0	33,0[3]
0,49	0,65	-	6,1	18,4	7,0	21,0	7,9	23,6	8,8	26,3	9,6	28,9
0,52	0,70	-	5,3	15,8	6,0	18,0	6,8	20,3	7,5	22,5	-[4]	-[4]

Bemerkungen:

[1] Für $g/t_0 \geq g_{min}/t_0$ und $\beta \geq 0,4\,(2\gamma = 30)$ oder $\beta \geq 0,45\,(2\gamma = 35)$ Knoten im Anwendungsbereich der DIN EN 1993-1-8

[2] Weitere Knoten zwischen $g_{e,min}/t_0$ und g_{max}/t_0 mit Schrittweite $\Delta_g/t_0 = 2$ sowie exzentrizitätsfreie Knoten $(e/h_0 = 0)$ mit $g/t_0 = 5,86\,(2\gamma = 30)$, $7,81\,(2\gamma = 40)$ und $9,76\,(2\gamma = 50)$

[3] Für maximale Spaltweite g_{max} der DIN EN 1993-1-8 ist das Exzentrizitätsmaß e/h_0 außerhalb des Anwendungsbereichs der DIN EN 1993-1-8 $0,25 < e/h_0 < -0,55$

[4] Keine Berechnungen, da $b_i/t_i > 35$ oder Querschnittsklasse der Streben > 2

Für alle untersuchten Knotengeometrien ist stets die Mindestspaltweite g_{min} der DIN EN 1993-1-8 und nicht die schweißtechnische Mindestspaltweite $g_{w,min} = t_1 + t_2$ der DIN EN 1993-1-8 (Gl. 1.1) die kleinste zulässige Spaltweite, so dass in den Parameterstudien immer Unterschreitungen der zulässigen Spaltweite auftreten $g_{e,min} < g_{min}$.

7.4. Ergebnisse der Parameterstudien

7.4.1. Auswertung der numerischen Ergebnisse

Die maximale Knotentragfähigkeit tritt in den numerischen Untersuchungen erst bei großen Verformungen des Knotenbereich auf, so dass Gurtflanschversagen als vorherrschender Versagensmodus aller Modelle durch die Eindrückung der Strebe in den Gurtflansch von $3\% \cdot b_0$ festgestellt wird. Die dafür erforderliche Strebenbeanspruchung wird als Knotentragfähigkeit $r_n = N_{i,u}$ für diesen Versagensmodus verwendet (*Lu et al. 1994*). In den numerischen Untersuchungen erfolgt keine Risssimulation. In den Auswertungen der numerischen Untersuchungen wird daher nur Gurtflanschversagen betrachtet und lediglich Knotentragfähigkeiten verwendet, die mit dem Deformationskriterium ermittelt werden.

Bei der Ermittlung der Bemessungswerte der Knotentragfähigkeit wird überprüft, ob nicht aufgrund von Durchstanz-, Streben- oder Gurtschubversagens die Tragfähigkeit des Knotens bereits bei einer kleineren Beanspruchung zu begrenzen ist. Dies erfolgt für Durchstanz- und Strebenversagen mit den Tragfähigkeiten der modifizierten analytischen Modelle r_t^* sowie deren statistisch ermittelten Faktoren ξ_c/γ_M. Die Tragfähigkeit r_t für Schubversagen des Gurtquerschnitts wird mit den Bemessungsgleichungen der DIN EN 1993-1-8 berechnet. In Tabelle 7.2 sind die Referenzen auf die verwendeten Bemessungsgleichungen sowie die Größe der Faktoren ξ_c/γ_M für die genannten Versagensmodi angegeben.

Tabelle 7.2. – Begrenzung der Bemessungswerte der Knotentragfähigkeit für Gurtflanschversagen basierend auf den Ergebnissen der experimentellen Untersuchungen (Abschnitt 6)

Zusätzliche berücksichtigte Versagensmodi		
Modell der reduzierten mitwirkenden Länge für		Bemessungsgleichung der DIN EN 1993-1-8 für
Durchstanzversagen $\xi_c/\gamma_M \cdot r_t^*$	Strebenversagen $\xi_c/\gamma_M \cdot r_t^*$	Schubversagen r_t
Gl. 5.17 $\xi_c/\gamma_M = 1{,}00$ Abb. 5.17	Gl. 5.20 $\xi_c/\gamma_M = 1{,}00$ Abb. 5.21	Gl. 8.3 / 8.4

Die minimale Tragfähigkeit aller berücksichtigten Versagensmodi ergibt den Bemessungswert der Knotentragfähigkeit $N_{i,Rd}$.

7.4.2. Gurtflanschversagen auf Grundlage der semi-empirischen Bemessungsgleichung der DIN EN 1993-1-8

Das semi-empirische Bemessungsmodell der DIN EN 1993-1-8 ist nur für Spaltgrößen $g_{min} \leq g \leq g_{max}$ (Gl. 1.1) und Gurtschlankheiten $2\gamma \leq 35$ kalibriert. Innerhalb dieses Spaltweitenbereichs können Einflüsse aus der Membranwirkung sowie der Materialverfestigung vernachlässigt und die Knotentragfähigkeit für Gurtflanschversagen unabhängig von der Spaltweite g ermittelt werden. Die Knotentragfähigkeiten der neuen Bemessungsgleichungen für Gurtflanschversagen von CIDECT (*Packer et al. 2010a*) und des IIW (ISO 14346) ergeben bei höheren Gurtschlankheiten vergleichsweise kleinere Tragfähigkeiten, so dass die Anwendung dieser Gleichung bis zu einer Gurtschlankheit von $2\gamma \leq 40$ empfohlen wird. Die Berücksichtigung des Einflusses der Gurtschlankheit wird damit zwar verbessert, Einflüsse aus dem Spalt sind auch in dieser Gleichung nicht berücksichtigt.

Zur Erfassung des Einflusses der Spaltweite wird die Bemessungsgleichung der DIN EN 1993-1-8 für Gurtflanschversagen r_t (Gl. 8.2) um eine Spaltfunktion $f(g')$ erweitert (Gl. 7.4).

$$r_t^* = r_t \cdot f\left(g'\right) \tag{7.4}$$

mit den Tragfähigkeiten r_t basierend auf der Bemessungsgleichung der DIN EN 1993-1-8 für Gurtflanschversagen (Gl. 8.2), der Spaltfunktion $f(g')$ sowie dem dimensionslosen Spaltmaß $g' = g/t_0$

Neben dem Spaltmaß $g' = g/t_0$ weisen sowohl das Breitenverhältnis β als auch die Gurtschlankheit 2γ einen Einfluss auf die Spaltfunktion auf, so dass sich für die numerisch untersuchten Breitenverhältnisse und Gurtschlankheiten abweichende Spaltfunktionen ergeben (Abb. 7.1 und 7.2). Die Ermittlung dieser Spaltfunktionen erfolgt durch die Normierung der numerisch ermittelten Knotentragfähigkeiten r_n mit den entsprechenden Knotentragfähigkeiten für Gurtflanschversagen r_t, die mit der Bemessungsgleichung der DIN EN 1993-1-8 (Gl. 8.2) berechnet werden. Da für die numerisch untersuchten Knoten keine gemessenen Abmessungen und Materialkennwerte existieren, erfolgt die Berechnung der Knotentragfähigkeit r_t mit den nominellen Abmessungen und den charakteristischen Materialkennwerten.

Für die numerischen Untersuchungen, mit denen der Einfluss der Spaltweite lediglich für die kleinste experimentell untersuchte Spaltweite $g_{e,min} = 4 \cdot t_0$ sowie die kleinste

$$f\left(g'\right) = \frac{r_n}{r_t} \tag{7.5}$$

mit den numerisch ermittelten Tragfähigkeiten r_n sowie mit den Tragfähigkeiten r_t basierend auf der Bemessungsgleichung der DIN EN 1993-1-8 für Gurtflanschversagen (Gl. 8.2)

g_{min} und die größte g_{max} Spaltweite der DIN EN 1993-1-8 ermittelt (Tab. 7.1) wird, sind die Spaltfunktionen für die Gurtschlankheit $2\gamma = 40$ und $2\gamma = 50$ sowie die Breitenverhältnisse $\beta = 0,42,\ 0,44,\ 0,47,\ 0,49$ und $0,52$ ($b_i/b_0 = 0,50,\ 0,55,\ 0,60,\ 0,65$ und $0,70$) in Abbildung 7.1 dargestellt.

Bei der kleinsten Spaltweite $g_{e,min} = 4 \cdot t_0$ sind die numerisch ermittelten Knotentragfähigkeiten r_n stets größer als die Knotentragfähigkeiten r_t der DIN EN 1993-1-8 für Gurtflanschversagen. Mit ansteigender Spaltweite werden die numerischen Tragfähigkeiten jedoch rasch kleiner, so dass $r_n/r_t < 1$ ist (Abb. 7.1).

Mit diesen Modellen werden lediglich Tragfähigkeiten von K-Knoten mit drei Spaltweiten ermittelt. Für die präzise Erfassung des Spaltweiteneinflusses erfolgen daher numerische Untersuchungen, die den Einfluss der Spaltweite detailliert zwischen $g_{e,min}$ und g_{max} für die Gurtschlankheiten $2\gamma = 30$, 40 und 50 und die Breitenverhältnisse $\beta = 0,32,\ 0,42$ und $0,50$ ($b_i/b_0 = 0,30,\ 0,50$ und $0,67$) betrachten (Tab. 7.1). Die bei einer Gurtschlankheit $2\gamma > 35$ auftretenden minimalen Spaltfunktionen sind für die untersuchten Breitenverhältnisse in Abbildung 7.2 enthalten.

Die Tragfähigkeiten r_n der Knoten mit einer Gurtschlankheit von $2\gamma = 30$ und einem Breitenverhältnis von $\beta = 0,50$ ($b_i/b_0 = 0,67$) sind im Vergleich zur Tragfähigkeit r_t groß, für das Breitenverhältnis $\beta = 0,32$ ($b_i/b_0 = 0,30$) oder $\beta = 0,42$ ($b_i/b_0 = 0,50$) sind diese verhältnismäßig klein.

Aus den Abbildungen 7.1 und 7.2 wird ersichtlich, dass sowohl die Gurtschlankheit 2γ als auch das Breitenverhältnis β einen Einfluss auf die Spaltfunktion $f\left(g'\right)$ aufweisen. Die Berücksichtigung dieser Einflüsse in der Spaltfunktion würde zu einer komplexen Spaltfunktion führen. Um eine möglichst einfache Spaltfunktion zu erhalten, wird die untere Grenze der verschiedenen Spaltfunktionen verwendet. Diese ergibt sich für die Gurtschlankheit $2\gamma = 40$ und das Breitenverhältnis $\beta = 0,42$ ($b_i/b_0 = 0,50$), als Spaltfunktionen für Knoten mit einer Gurtschlankheit $2\gamma > 35$.

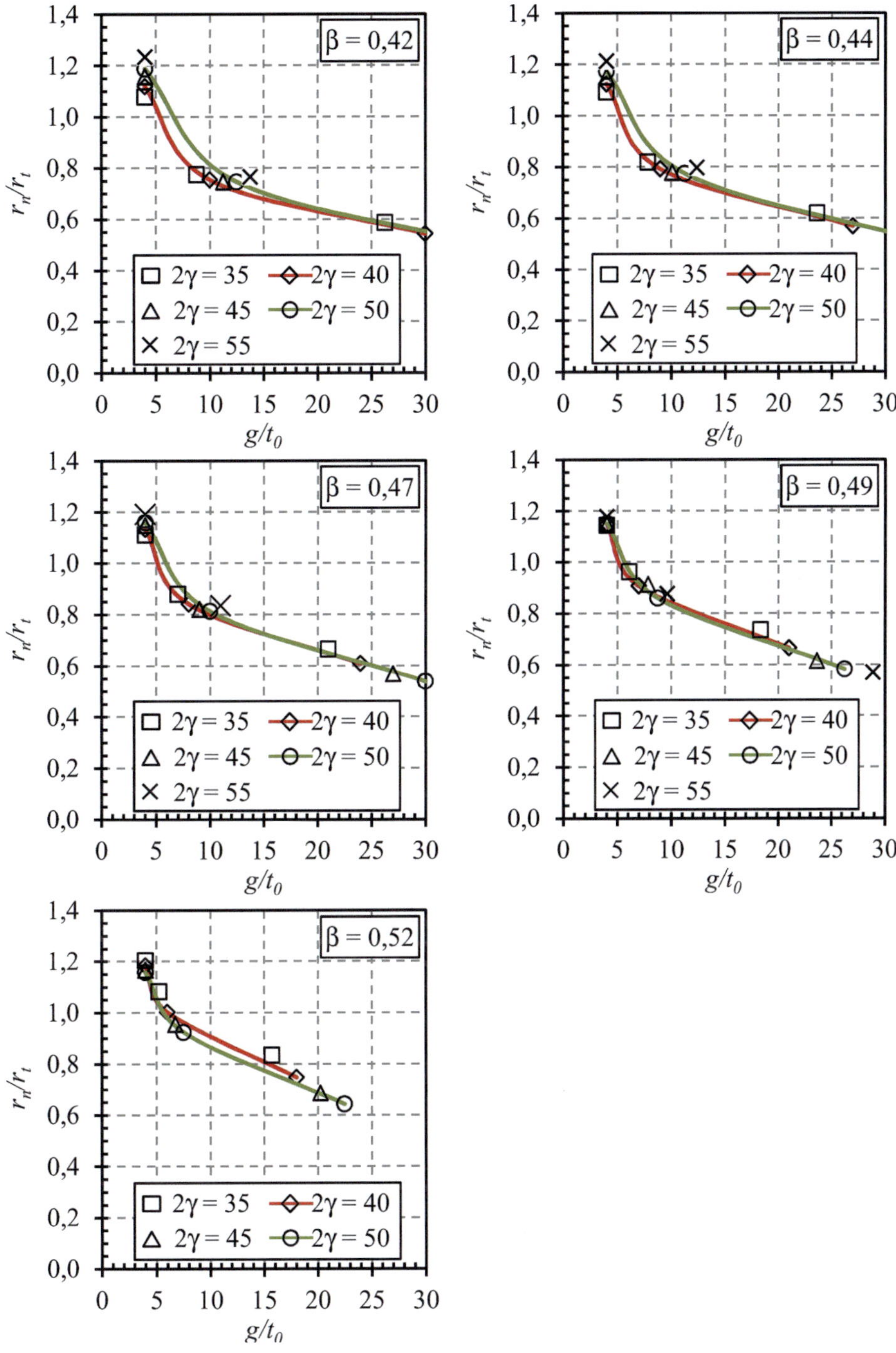

Abbildung 7.1. – Spaltweiteneinfluss für die Breitenverhältnisse $\beta = 0{,}42$, $0{,}44$, $0{,}47$, $0{,}49$ und $0{,}52$ sowie deren Spaltfunktionen für die Gurtschlankheit $2\gamma = 40$ und $2\gamma = 50$

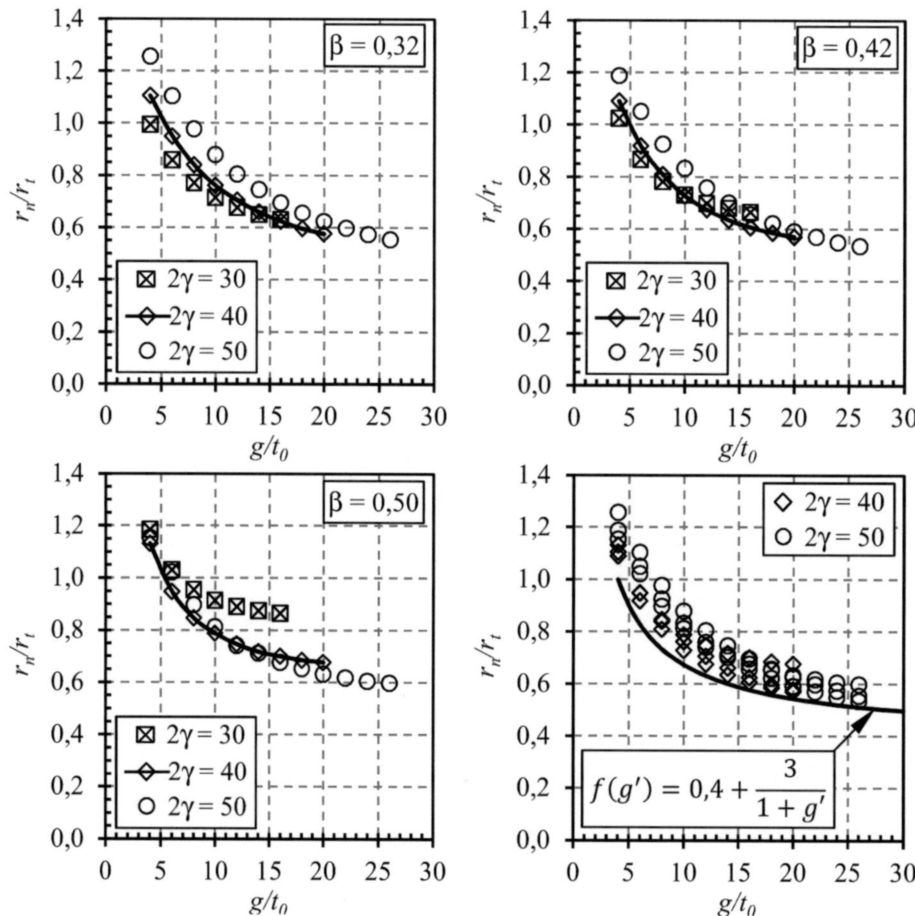

Abbildung 7.2. – Detaillierter Spaltweiteneinfluss für die Breitenverhältnisse $\beta = 0,32$, $0,42$ und $0,50$, minimale Spaltfunktionen für $2\gamma > 35$ sowie untere Grenze der numerischen Spaltfunktion $f(g')$

Da die Spaltfunktion für sehr kleine Spaltweiten nicht zu stark ansteigen und für große Spaltweiten gegen einen Grenzwert streben sollte, wird als grundlegende Form der Spaltfunktion Gleichung 7.6 verwendet. Diese weist zudem eine Ähnlichkeit zur Spaltfunktion für K-Knoten aus KHP auf (*Wardenier et al. 2010b*).

$$f\left(g'\right) = A_0 + \frac{A_1}{1 + \frac{g}{t_0}} \tag{7.6}$$

mit den Koeffizienten A_0 und A_1, der Spaltweite g sowie der Dicke des Gurtes t_0

Basierend auf der unteren Grenze der Spaltfunktionen (Abb. 7.2) werden die optimalen Koeffizienten $A_0 = 0,4$ und $A_1 = 3$ mit nichtlinearen Regressionen ermittelt. Für Knoten außerhalb des Anwendungsbereichs der DIN EN 1993-1-8 ist zur Berechnung von Bemessungswerten der Knotentragfähigkeit $N_{i,Rd}$ zusätzlich eine globale Modellabminderung ξ_c/γ_M in Gleichung 7.4 zu berücksichtigen. Mit einer statistischen Auswertung wird diese globale Modellabminderung zu $\xi_c/\gamma_M = 0,90$ ermittelt (Abb. 7.3). Die Ermittlung der globalen Modellabminderung erfolgt mit Knoten, deren Gurtschlankheit $35 < 2\gamma \leq 55$ und deren Breitenverhältnis $0,32 \leq \beta \leq 0,52$ ist. Des Weiteren sind in der Auswertung nur Knoten mit einer Knotenexzentrizität e innerhalb des Anwendungsbereichs der DIN EN 1993-1-8 berücksichtigt.

Die Verwendung einer globalen Modellabminderung resultiert jedoch in einer Änderung der Bemessungsgleichung der DIN EN 1993-1-8 für Gurtflanschversagen. Durch Reduktion des Koeffizienten A_0 in Gleichung 7.6, so dass die globale Modellabminderung $\xi_c/\gamma_M = 1,0$ ist, kann dies vermieden und die Bemessungsgleichung der DIN EN 1993-1-8 unverändert übernommen werden. Diese wird durch den Koeffizienten $A_0 = 0,32 \approx 0,3$ erreicht (Abb. 7.3).

In der Auswertung der experimentellen Ergebnisse für Gurtflanschversagen wird für Knoten mit kleinen Spaltweiten $g < g_{min}$ und hohen Gurtschlankheiten $2\gamma > 35$ eine Abminderung der Bemessungsgleichung der DIN EN 1993-1-8 für Gurtflanschversagen r_t (Gl. 8.2) von $\xi_c/\gamma_M = 0,76$ ermittelt (Abschnitt 5.9.1), so dass eine Begrenzung der Spaltfunktion auf $f\left(g'\right) \leq 0,76$ erforderlich wäre. Diese Abminderung basiert auf der statistischen Auswertung einer verhältnismäßig kleinen Versuchsanzahl und ist daher eventuell zu konservativ.

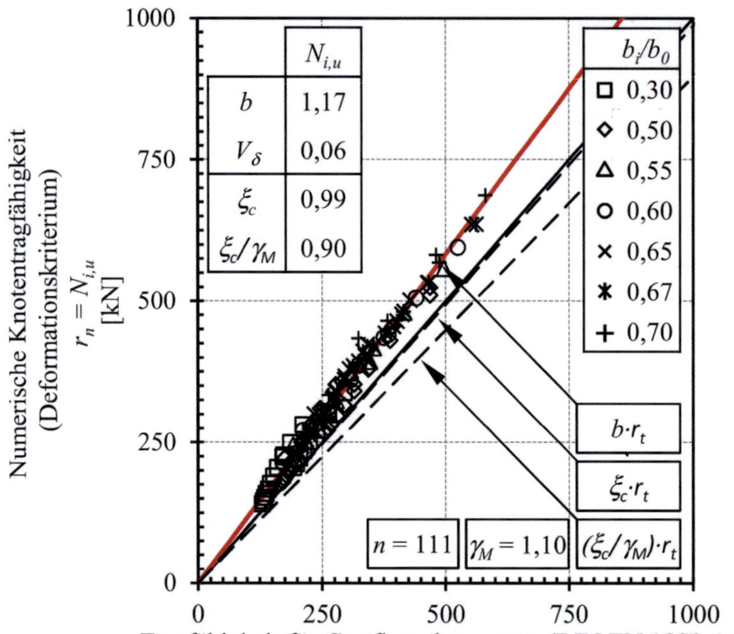

Tragfähigkeit für Gurtflanschversagen (DIN EN 1993-1-8)
mit Spaltfunktion *f(g')*, globale Modellabminderung ($A_0 = 0,4$]
$r_t \cdot f(g')$ [kN]

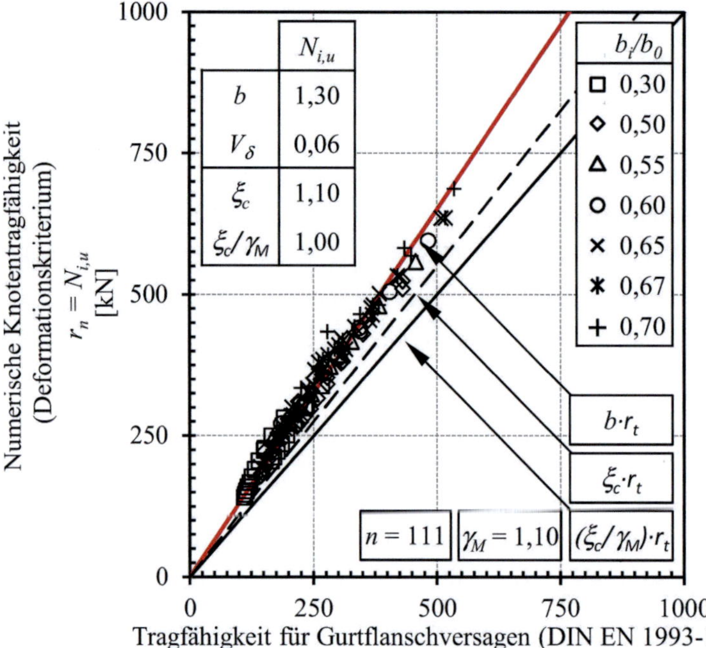

Tragfähigkeit für Gurtflanschversagen (DIN EN 1993-1-8)
mit Spaltfunktion *f(g')*, lokale Modellabminderung ($A_0 = 0,32$)
$r_t \cdot f(g')$ [kN]

Abbildung 7.3. – Statistische Auswertung für die globale sowie die lokale Modellabminderung

Für kleine Spaltweiten sind die Knotentragfähigkeiten der experimentellen Untersuchungen r_e im Vergleich zu den numerisch ermittelten Tragfähigkeiten r_n klein, so dass eine Begrenzung der numerisch ermittelten Spaltfunktion erforderlich ist. Für große Spaltweiten hingegen ergeben sich aus den experimentellen Ergebnissen deutlich größere Knotentragfähigkeiten als auf Grundlage der numerischen Untersuchungen, so dass große Spaltweiten für eine Begrenzung der Spaltfunktion unkritisch sind. (Abb. 7.4).

Mit den Ergebnissen der experimentellen Untersuchungen wird der Bemessungswert der Spaltfunktion für die kleinste Spaltweite $g_{e,min} = 4 \cdot t_0$ ermittelt und dieser als Begrenzung der numerisch ermittelten Spaltfunktion verwendet. Auf Grundlage einer linearen Regression und unter Verwendung aller Versuchsergebnisse für Gurtflanschversagen wird der Grenzwert mit $f\left(g' = 4\right) = 0,82$ ermittelt. Die Verwendung einer Spaltfunktion entsprechend Gleichung 7.6, ergibt einen höheren Grenzwert $f\left(g' = 4\right) = 0,89$, so dass die Spaltfunktion auf $f\left(g' = 4\right) \leq 0,8$ beschränkt wird. (Abb. 7.4). Für das Spaltmaß $g' = 8$ hingegen sind die Werte der experimentell Spaltfunktion größer als die Werte der numerisch ermittelten.

$$f\left(g'\right) = 0,3 + \frac{3}{1 + \frac{g}{t_0}} \leq 0,80 \tag{7.7}$$

mit der Spaltweite g sowie der Dicke des Gurts t_0

In der Abbildung 7.5 sind die Bemessungswerte der Knotentragfähigkeit $r_t \cdot f\left(g'\right)$ für Gurtflanschversagen den numerischen Knotentragfähigkeiten r_n gegenübergestellt. Die sich daraus ergebende Mittelwertabweichung b und der Variationskoeffizient der Streugröße V_δ sind in der Abbildung 7.5 enthalten.

Bei der Ermittlung der Mittelwertabweichung $b = 1,34$ und des Variationskoeffizienten der Streugröße $V_\delta = 0,06$ sind nur Knoten enthalten, deren vorherrschender Versagensmodus Gurtflanschversagen ist. Des Weiteren sind nur Knoten mit einer Gurtschlankheit $35 < \gamma_M \leq 55$, einem Breitenverhältnis $0,32 \leq \beta \leq 0,52$ sowie mit einer Spaltweite g außer- und einer Knotenexzentrizität e innerhalb des Anwendungsbereichs der DIN EN 1993-1-8 berücksichtigt. Die Begrenzung der Spaltfunktion auf $f\left(g'\right) \leq 0,8$ resultiert in geringfügig zu konservativen Bemessungstragfähigkeiten für Gurtflanschversagen der numerischen Untersuchungen, so dass $\xi_c/\gamma_M = 1,05$. Diese Unterschätzung wird akzeptiert.

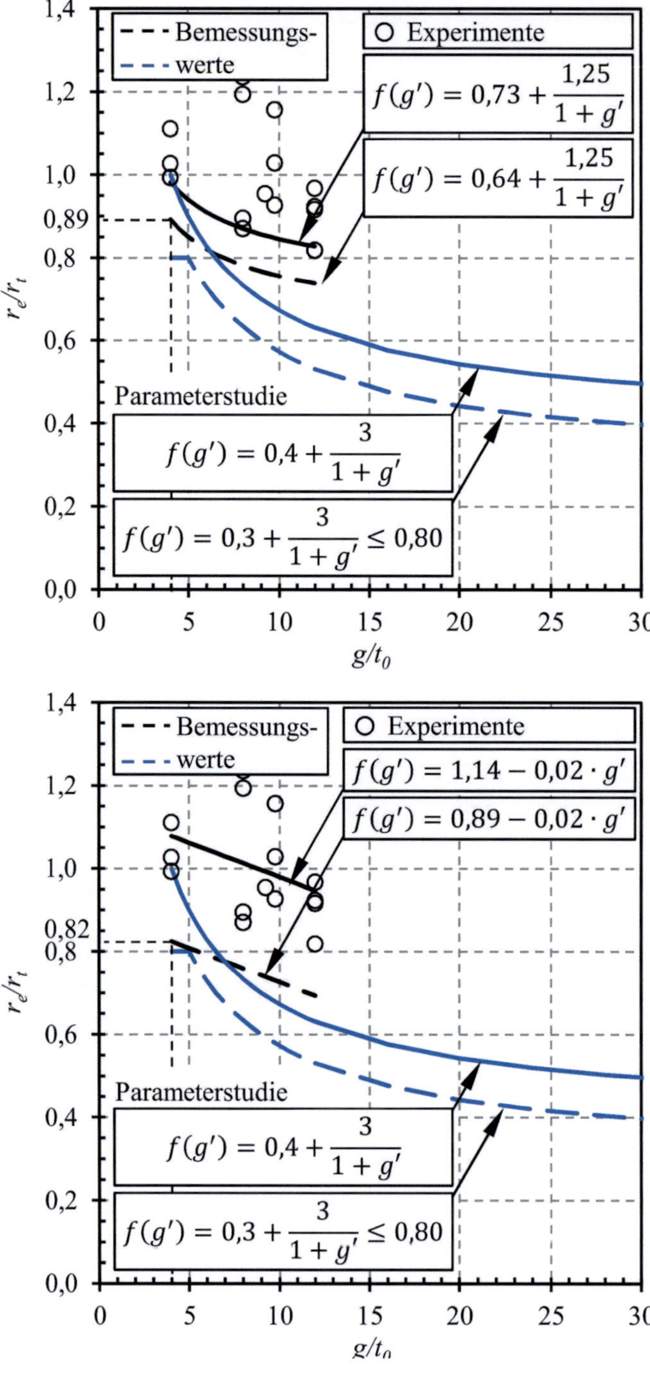

Abbildung 7.4. – Lineare und untere Grenze der Spaltfunktion sowie deren Bemessungswerte auf Grundlage der experimentellen Knotentragfähigkeiten r_e

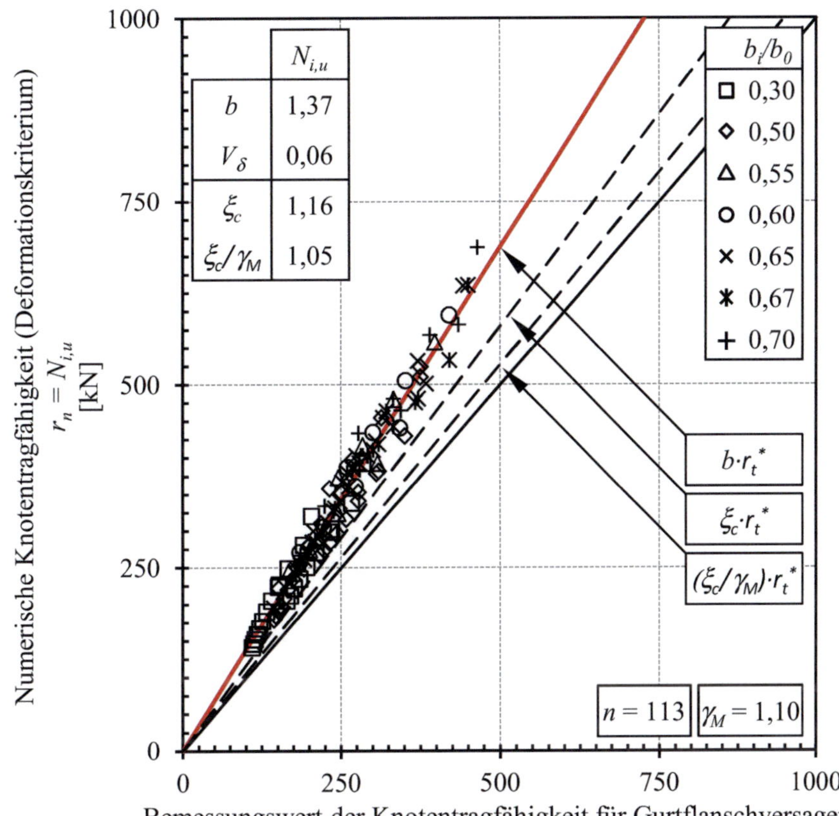

Bemessungswert der Knotentragfähigkeit für Gurtflanschversagen
(DIN EN 1993-1-8) unter Berücksichtigung der Spaltfunktion $f(g')$
$$r_t^* = r_t \cdot f(g')$$
[kN]

Abbildung 7.5. – Gegenüberstellung der Bemessungswerte der Knotentragfähigkeit für Gurt-flanschversagen und der numerisch ermittelten Knotentragfähigkeiten

8. Bemessungskonzept

Mit den vorgestellten Ergebnissen der experimentellen und numerischen Untersuchungen wird ein Konzept erarbeitet, mit dem die Ermittlung der Bemessungswerte der Knotentragfähigkeit von K-Knoten in einem im Vergleich zur DIN EN 1993-1-8 erweiterten Anwendungsbereich möglich ist. Dieses Konzept umfasst K-Knoten mit einer Gurtschlankheit $35 < 2\gamma \leq 55$ mit Spaltweiten $4 \cdot t_0 \leq g \leq g_{max}$.

Im Gurt und in den Streben von N- und K-Knoten treten auch bei axialer Strebenbeanspruchung Biegemomente auf. Neben primären Biegemomenten infolge der Knotenexzentrizität e sind sekundäre Biegemomente vorhanden, deren Ursachen die Rotationssteifigkeit des Knotens sowie die Steifigkeitsverteilung im Verbindungsbereich und dem daraus resultierenden Versatz zwischen der Lastresultierenden und der Systemlinie sind. Bei einer ausreichenden Rotationskapazität aller Querschnitte und Verformungskapazität des Knotens kann eine Lastumlagerung erfolgen, die zum Abbau der Biegemomente mit zunehmender Strebenbeanspruchung führt, so dass bei der Knotentragfähigkeit $N_{i,u}$ nur kleine oder keine Biegemomente mehr vorhanden sind. Mit anwachsender Querschnittsschlankheit b/t tritt eine Reduktion der Rotationskapazität und aufgrund der abnehmenden Verformungskapazität des Knotens auch der Fähigkeit zur Lastumlagerung auf. Ist eine Lastumlagerung nicht mehr möglich, können die Biegemomente nicht mehr vollständig abgebaut werden und ihr Einfluss auf die Knotentragfähigkeit ist zu berücksichtigen (*Wardenier 1982; Fleischer et al. 2009*).

Aufgrund fehlender Informationen aus den experimentellen Untersuchungen zum Verformungsverhalten der Knoten nach Erreichen der Knotentragfähigkeit $N_{i,u}$ sowie zur Größe der auftretenden sekundären Biegemomente ist dies hier jedoch nicht möglich. Vor Übernahme des im Folgenden dargestellten Bemessungskonzepts in die DIN EN 1993-1-8 ist daher zu überprüfen, ob die aufgetretenen sekundären Biegemomente ausreichend groß und in den modifizierten Bemessungsgleichungen für alle praxisrelevanten Fälle bereits berücksichtigt sind.

8.1. Anwendungsbereich des Bemessungskonzepts

Der in der DIN EN 1993-1-8 angegebene Anwendungsbereich der Gurtschlankheit $10 \leq 2\gamma \leq 35$ von K-Knoten kann auf Grundlage der experimentellen und der numerischen Untersuchungen bis zu einer maximalen Gurtschlankheit von $2\gamma \leq 55$ erhöht werden, wenn modifizierte Bemessungsgleichungen bei der Ermittlung des Bemessungswerts der Knotentragfähigkeit $N_{i,Rd}$ verwendet werden und der erweiterte Anwendungsbereich (Tab. 8.1) eingehalten ist.

Die Bemessungsgleichungen der DIN EN 1993-1-8 setzen eine annähernd gleiche Steifigkeit des Spalts und des zwischen den Streben und der Gurtseitenwand liegenden Teils des Gurtflanschs voraus (*Wardenier et al. 2010c*). Auf Grundlage von Ergebnissen experimenteller Untersuchungen kann diese Spaltweite auf die Mindestspaltweite g_{min} reduziert sowie auf die Maximalspaltweite g_{max} (Gl. 1.1) angehoben werden (IIW Doc. XV-491-81). Innerhalb dieses Spaltweitenbereichs und unter Einhaltung aller weiteren in Tabelle 2.2 aufgeführten Parametergrenzen können die Bemessungswerte der Knotentragfähigkeit mit den Bemessungsgleichungen der DIN EN 1993-1-8 ermittelt werden. Für große Breitenverhältnisse β ergeben sich sehr kleine Mindestspaltweiten g_{min}, so dass die Verbindungsherstellung eventuell behindert wird. Daher ist eine schweißtechnische Mindestspaltweite $g_{w,min}$ als unterste Schranke zu beachten. Kleine und mittlere Breitenverhältnisse hingegen resultieren in großen Mindestspaltweiten, so dass in den hier vorgestellten Untersuchungen Spaltweiten herab bis zu einer Spaltweite $g_{e,min} = 4 \cdot t_0$ betrachtet werden. Die Festlegung dieser Spaltweite, die von der schweißtechnischen Mindestspaltweite $g_{w,min}$ der DIN EN 1993-1-8 abweicht, erfolgt bei der Herstellung der Probekörper. Aufgrund der geringen Strebenwanddicken t_i, die insbesondere für Probekörper mit Wanddickenverhältnissen $\tau < 1,00$ und Gurtschlankheiten $2\gamma > 35$ vorhanden sind, ist die schweißtechnische Mindestspaltweite $g_{w,min} = t_1 + t_2$ der DIN EN 1993-1-8 eventuell zu klein, um eine fehlerfreie Verbindungsherstellung mittels Kehlnähten zu gewährleisten.

Auf Grundlage der, mit dem Deformationskriterium ermittelten Knotentragfähigkeiten der numerischen sowie der experimentellen Untersuchungen wird das Mindestbreitenverhältnis auf $\beta \geq 0,30$ abgesenkt. Auf die Einhaltung der in der DIN EN 1993-1-8 angegebenen Zusatzbedingung $\beta \geq 0,1 + 0,01 \cdot 2\gamma$ (Gl. 7.2) wird verzichtet. In den durchgeführten Untersuchungen wird das maximale Verhältnis der Streben- zu Gurtbreite durch die Forderung begrenzt, dass die Schweißnaht nicht innerhalb der Eckausrundung des Gurts verläuft, so dass $b_i/b_0 \lesssim 0,8$. Aufgrund des maximalen Breitenverhältnisses der experimentellen Untersuchungen ist das Breitenverhältnis jedoch auf $\beta \leq 0,67$ beschränkt.

Tabelle 8.1. – Erweiterter Anwendungsbereich für K-Knoten

Strebenprofile $i = 1, 2$ b_i/t_i und h_i/t_i		Gurtprofile b_0/t_0 und h_0/t_0	Gurt- und Strebenprofile h_0/b_0 und h_i/b_i	$b_i/b_0{}^{1)}$	Spaltweite $g^{2)}$	Strebenwinkel Θ_i
Druck	Zug					
≤ 35 und Klasse 2	≤ 35	> 35 und ≤ 55	$\geq 0,5$ und $\leq 2,0$	$\geq 0,30$ und $\leq 0,67$	$\geq 4 \cdot t_0$ und $\leq 1,5 \cdot (1 - b_i/b_0) \cdot b_0$	$\geq 30°$

Bemerkungen:

1) Breitenverhältnis $0,30 \leq \beta \leq 0,67$

2) Für $g > 1,5 \cdot (1 - b_i/b_0) \cdot b_0$ ergibt sich der Bemessungswert der Knotentragfähigkeit $N_{i,Rd}$ auf Grundlage zweier separater Y-Knoten und der zusätzlichen Berücksichtigung von Gurtschubversagen

Wie in DIN EN 1993-1-8 müssen druckbeanspruchte Streben mindestens den Anforderungen der Querschnittsklasse 2 entsprechen. Sowohl für Druck als auch zugbeanspruchte Streben beträgt das maximale Verhältnis der Strebenbreite oder -höhe zur -wanddicke $\max(b_i, h_i)/t_i \leq 35$. Außerdem werden die Anwendungsgrenzen der DIN EN 1993-1-8 des Breiten- zu Höhenverhältnisses der Gurt- h_0/b_0 und der Strebenquerschnitte h_i/b_i sowie des Strebenwinkels Θ_i übernommen.

Mit dem Bemessungskonzept ist die Bemessung von K-Knoten mit einer Gurtschlankheit $35 < 2\gamma \leq 55$ und Spaltweiten $g_{e,min} \leq g \leq g_{max}$ möglich. Die Bemessung von K-Knoten, deren geometrische Parameter sich innerhalb des Anwendungsbereichs der DIN EN 1993-1-8 befinden (Tab. 2.2), erfolgt weiterhin auf Grundlage der in der DIN EN 1993-1-8 angegebenen Bemessungsgleichungen (Tab. 2.1). In Abbildung 8.1 ist die Abgrenzung des Gültigkeitsbereichs der Bemessungsgleichungen der DIN EN 1993-1-8 und des Bemessungskonzepts in Bezug zur Gurtschlankheit 2γ und dem Streben- zu Gurtbreitenverhältnis b_i/b_0 dargestellt.

Der Bemessungswert der Knotentragfähigkeiten $N_{i,Rd}$ wird durch den kleinsten Bemessungswert aller Versagensmodi ermittelt. Dieser entspricht eventuell nicht dem tatsäch-

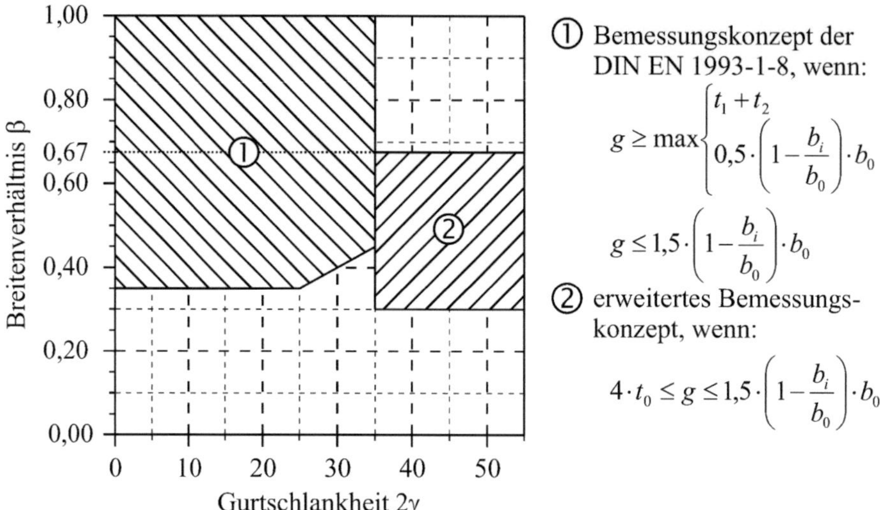

Abbildung 8.1. – Abgrenzung der Parameterbereiche des Bemessungsmodells der DIN EN 1993-1-8 und des erweiterten Bemessungsmodells

lich auftretenden Versagensmodus, da bei der Ermittlung der Bemessungsgleichungen unterschiedliche Teilsicherheitsfaktoren ξ_c/γ_M berücksichtigt sind.

8.1.1. Gurtflanschversagen

Der Bemessungswert der Knotentragfähigkeit für Gurtflanschversagen wird auf Grundlage der um eine Spaltfunktion $f(g')$ erweiterten Bemessungsgleichung der DIN EN 1993-1-8 für Gurtflanschversagen ermittelt (Abschnitt 7.4.2). In Abbildung 8.2 ist die Vorgehensweise für die Ermittlung des Bemessungswerts der Knotentragfähigkeit für Gurtflanschversagen zusammenfassend dargestellt.

Die zur Ermittlung von Bemessungswerten der Knotentragfähigkeit erforderliche Reduktion des Modells für Gurtflanschversagen ist in die Spaltfunktion integriert, so dass $\xi_c/\gamma_M = 1,00$. Bemessungswerte der Knotentragfähigkeit können daher direkt mit der Bemessungsgleichung der DIN EN 1993-1-8 für Gurtflanschversagen und der Spaltfunktion ermittelt werden.

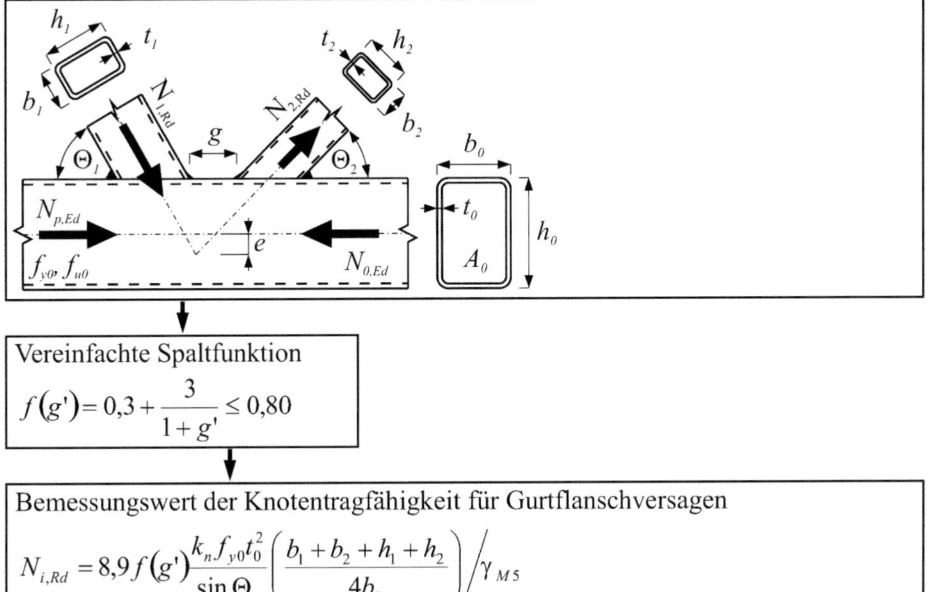

Abbildung 8.2. – Ermittlung des Bemessungswerts der Knotentragfähigkeit für Gurtflanschversagen im erweiterten Anwendungsbereich (Tab. 8.1)

8.1.2. Durchstanzversagen

Die mit abnehmender Spaltweite ansteigende Steifigkeit des Spaltbereichs resultiert in einer Reduktion der mitwirkenden Länge $l_{e,p}$ für Durchstanzversagen, die bei der Ermittlung des Bemessungswerts der Knotentragfähigkeit berücksichtigt werden muss. Die Knotentragfähigkeit kann mit der Bemessungsgleichung der DIN EN 1993-1-8 berechnet werden, wenn die reduzierte mitwirkende Länge $l_{e,p,red}$ in dieser Gleichung berücksichtigt wird. Die Vorgehensweise bei der Ermittlung des Bemessungswerts für Durchstanzversagen ist in Abbildung 8.3 dargestellt.

Die reduzierte mitwirkende Länge $l_{e,p,red}$ berücksichtigt eine effektive Höhe $h_{e,p}$, deren Aufbau der effektiven Breite $b_{e,p}$ bei Durchstanzversagen von Knoten mit Parametern innerhalb des Anwendungsbereichs der DIN EN 1993-1-8 ähnelt. In Übereinstimmung mit dem von Wardenier verwendeten Faktor c (*Wardenier et al. 2010c*) wird aus den Ergebnissen der experimentellen Untersuchungen ein Faktor von $f_{h_{e,p}} = 0,62 \approx 0,6$ für die effektive Höhe $h_{e,p}$ bestimmt, so dass sich die Reduktion des Modells auf Bemes-

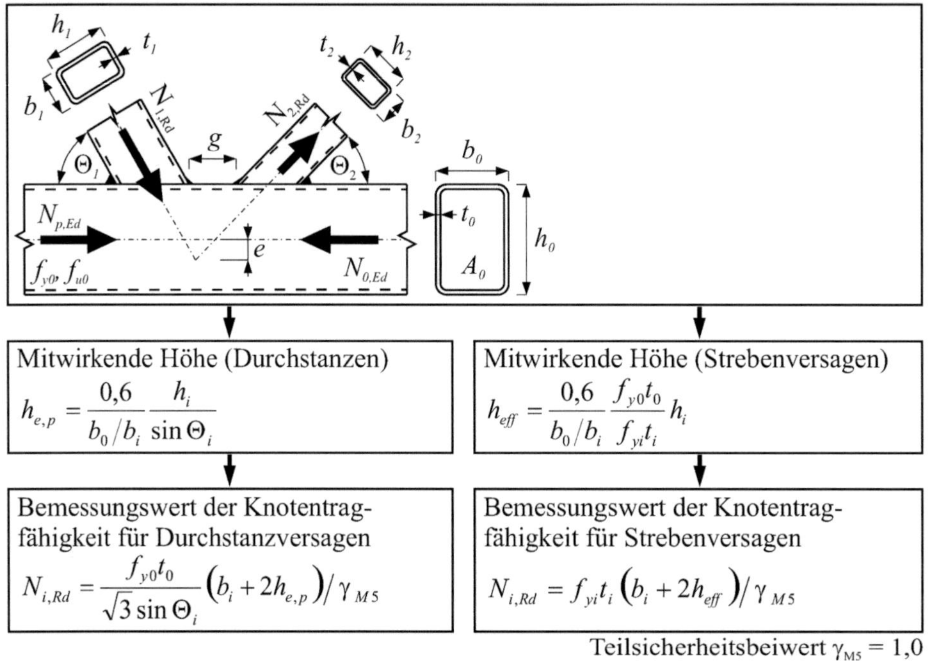

Mitwirkende Höhe (Durchstanzen)	Mitwirkende Höhe (Strebenversagen)
$h_{e,p} = \dfrac{0{,}6}{b_0/b_i} \dfrac{h_i}{\sin\Theta_i}$	$h_{\mathit{eff}} = \dfrac{0{,}6}{b_0/b_i} \dfrac{f_{y0}t_0}{f_{yi}t_i} h_i$
Bemessungswert der Knotentragfähigkeit für Durchstanzversagen	Bemessungswert der Knotentragfähigkeit für Strebenversagen
$N_{i,Rd} = \dfrac{f_{y0}t_0}{\sqrt{3}\sin\Theta_i}\left(b_i + 2h_{e,p}\right)\big/\gamma_{M5}$	$N_{i,Rd} = f_{yi}t_i\left(b_i + 2h_{\mathit{eff}}\right)\big/\gamma_{M5}$

Teilsicherheitsbeiwert $\gamma_{M5} = 1{,}0$

Abbildung 8.3. – Ermittlung des Bemessungswerts der Knotentragfähigkeit für Durchstanz- und Strebenversagen im erweiterten Anwendungsbereich (Tab. 8.1)

sungsniveau mit $\xi_c/\gamma_M = 1{,}0$ ergibt. Bemessungstragfähigkeiten für Durchstanzversagen können dann direkt mit Gleichung 5.17 ermittelt werden.

Die in der Realität auftretenden mitwirkenden Längen weisen im Gegensatz zu den Bemessungsgleichungen keine sprunghafte Änderung für Knoten mit Spaltweiten inner- und außerhalb des Anwendungsbereichs der DIN EN 1993-1-8 auf. Die Berücksichtigung dieser Tatsache ist für Knoten mit kleinen Spaltweiten aufgrund der wenigen experimentellen Ergebnisse nicht möglich. Auch für Knoten mit großen Spaltweiten sind keine experimentellen Ergebnisse vorhanden, so dass die sprunghafte Änderung der mitwirkenden Länge der DIN EN 1993-1-8 ebenfalls nicht angepasst wird.

8.1.3. Strebenversagen

Wie bereits beim Durchstanzversagen beschrieben, resultiert die hohe Steifigkeit des Spalts auch in einer Reduktion der mitwirkenden Länge l_{eff}. Für Strebenversagen kann die Bemessungsgleichung der DIN EN 1993-1-8 für die Berechnung der Knotentragfähigkeit ebenfalls verwendet werden, wenn die Reduktion der mitwirkenden Länge $l_{eff,red}$ berücksichtigt wird (Abb. 8.3).

Die reduzierte mitwirkende Länge $l_{eff,red}$ berücksichtigt eine effektive Höhe h_{eff}, deren Aufbau der effektiven Breite b_{eff} bei Strebenversagen von Knoten mit Parametern innerhalb des Anwendungsbereichs ähnelt. In der statistischen Auswertung der experimentellen Untersuchungen für Strebenversagen wird ein Faktor $f_{h_{eff}} = 0,59 \approx 0,6$ ermittelt, so dass sich mit der Gleichung 5.20 direkt Bemessungswerte der Knotentragfähigkeit für Strebenversagen berechnen lassen. Die Vorgehensweise bei der Ermittlung des Bemessungswerts für Strebenversagen ist in Abbildung 8.3 wiedergegeben.

8.1.4. Gurtschubversagen

Für K-Knoten aus RHP mit $h_0 < b_0$ oder bei Knoten mit großen Breitenverhältnissen kann Schubversagen der Gurtstege auftreten. Dieser Versagensmodus wird durch die vertikale Kraftkomponente $N_i \cdot \sin \Theta_i$ der Strebenbeanspruchung N_i hervorgerufen.

Für kleine Spaltweiten werden die Beanspruchungen neben den Gurtstegen über den Spalt abgeleitet. Mit ansteigender Spaltweite erfolgt jedoch eine zunehmende Lastübertragung über die Gurtstege, so dass die Wahrscheinlichkeit des Auftretens von Schubversagen der Gurtstege zunimmt. In den experimentellen Untersuchungen werden jedoch lediglich Knoten mit verhältnismäßig kleinen Spaltweiten und kleinen Breitenverhältnissen untersucht. Gurtschubversagen kann daher in diesen Untersuchungen nicht beobachtet werden, obwohl die Knoten teilweise kleinere Gurthöhen h_0 als -breiten b_0 besitzen. Eine Überprüfung der Bemessungsgleichung der DIN EN 1993-1-8 (Gl. 8.3) ist somit nicht möglich. Daher sollte bei der Bemessung von K-Knoten Gurtschubversagen mit den Bemessungsgleichungen der DIN EN 1993-1-8 (Gl. 8.3 und Gl. 8.4) berücksichtigt werden. Die in der DIN EN 1993-1-8 enthaltene Vorgehensweise zur Berücksichtigung von Gurtschubversagen ist in Abbildung 8.4 wiedergegeben.

In diesen Bemessungsgleichungen ist der Einfluss der Spaltweite auf die mitwirkende Schubfläche A_v enthalten (A_v siehe Tabelle 2.1) und kann mit Hilfe des Faktors α (siehe Tabelle 2.1), mit dem der mitwirkende Anteil des Gurtflanschs ermittelt wird, berechnet werden.

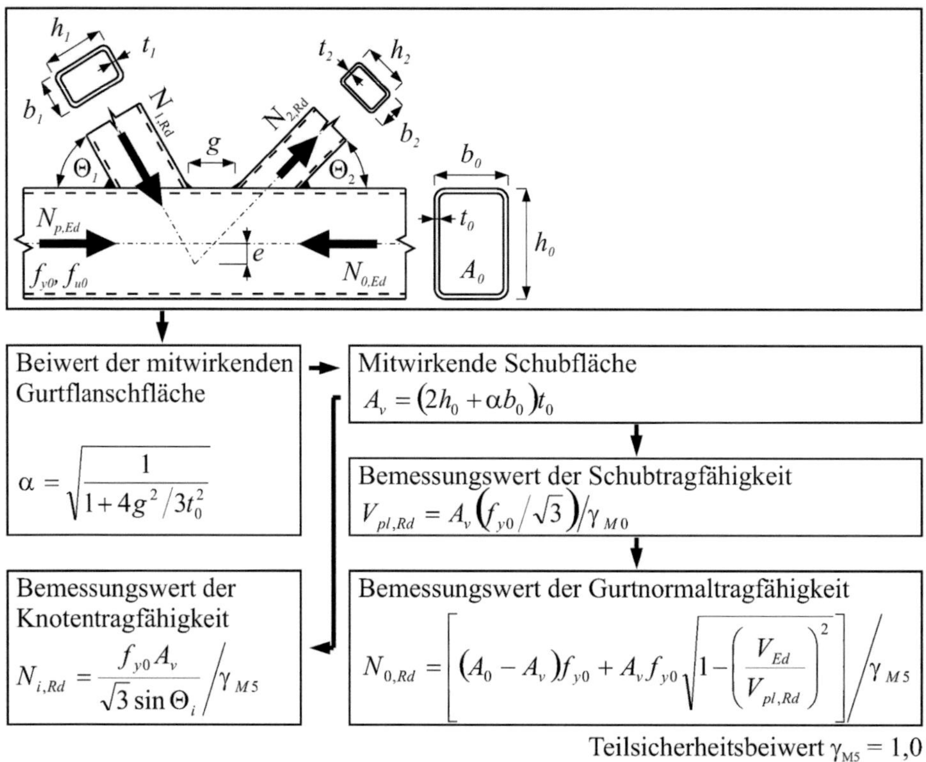

Abbildung 8.4. – Ermittlung des Bemessungswerts der Knotentragfähigkeit im erweiterten Anwendungsbereich (Tab. 8.1) und im Anwendungsbereich der DIN EN 1993-1-8 (Tab. 2.2)

8.1.5. Einfluss der Gurtspannung

Bei querbeanspruchten Fließlinien tritt unabhängig von der Beanspruchungsrichtung (Druck/Zug) eine Abminderung der plastischen Momententragfähigkeit auf, die eventuell zu einer reduzierten Knotentragfähigkeit führt (*Mouty 1978; Packer 1978*). Dies ist im erweiterten und mit dem Deformationskriterium vereinfachten Fließlinienmodell für die infolge der Membranwirkung querbeanspruchten Fließlinien des Spalts berücksichtigt (Abschnitt 5.9.3). Bei der Auswertung der auf einem Fließlinienmodell basierenden und mit experimentellen Untersuchungen kalibrierten Bemessungsgleichungen der DIN EN 1993-1-8 für Gurtflanschversagen (Abschnitt 5.9.1 und 7.4.2) wird diese Abminderung ebenfalls berücksichtigt. Eine Abminderung der Knotentragfähigkeit bei zugbeanspruchten Gurten ist in der DIN EN 1993-1-8 jedoch nicht vorgesehen.

Ergebnisse neuer numerischer Untersuchungen (z.B. in *Liu et al. 2004; Wardenier et al. 2007; Wardenier et al. 2010a; Ummenhofer et al. 2013*) bestätigen die Notwendigkeit der Reduzierung der Knotentragfähigkeit für Gurtflanschversagen bei zugbeanspruchten Gurten, insbesondere bei Ausnutzungsgraden $n = \sigma_{0,Ed}/f_{y0} \geq 0,6$. Es wird daher empfohlen, die Ergebnisse dieser Untersuchungen, die bereits in den neuen Bemessungsempfehlungen von CIDECT (*Packer et al. 2010a*) sowie in der ISO 14346 enthalten sind, anzuwenden und für die Abminderung Gleichung 8.1 zu verwenden.

$$Q_f = (1 - |n|)^{C_1} \quad \text{mit:} \quad C_1 = \begin{cases} 0,5 - 0,5 \cdot \beta \geq 0,1 & \text{(Druck)} \\ 0,10 & \text{(Zug)} \end{cases} \tag{8.1}$$

mit der Gurtausnutzung $n = \sigma_{0,Ed}/f_{y0}$, dem Beitwert C_1, dem Bemessungswert der Spannung im angeschlossenen Flansch des Gurts $\sigma_{0,Ed}$ sowie dem Breitenverhältnis β

Da die Ausnutzung n zugbeanspruchter Gurtstäbe nicht wie bei druckbeanspruchten Gurtstäben durch eventuelles Stabilitätsversagen begrenzt wird und daher Ausnutzungsgrade bis $n = 1,00$ auftreten können, ist diese Vorgehensweise aus sicherheitsrelevanten Aspekten notwendig.

8.2. Tabellarische Zusammenfassung des Bemessungskonzepts

In Tabelle 8.2 sind die im Bemessungsgleichungen des erweiterten Anwendungsbereichs zusammenfassend wiedergegeben.

Tabelle 8.2. – Tabellarische Zusammenfassung des Bemessungskonzepts für den erweiterten Anwendungsbereich (Tab. 8.1)

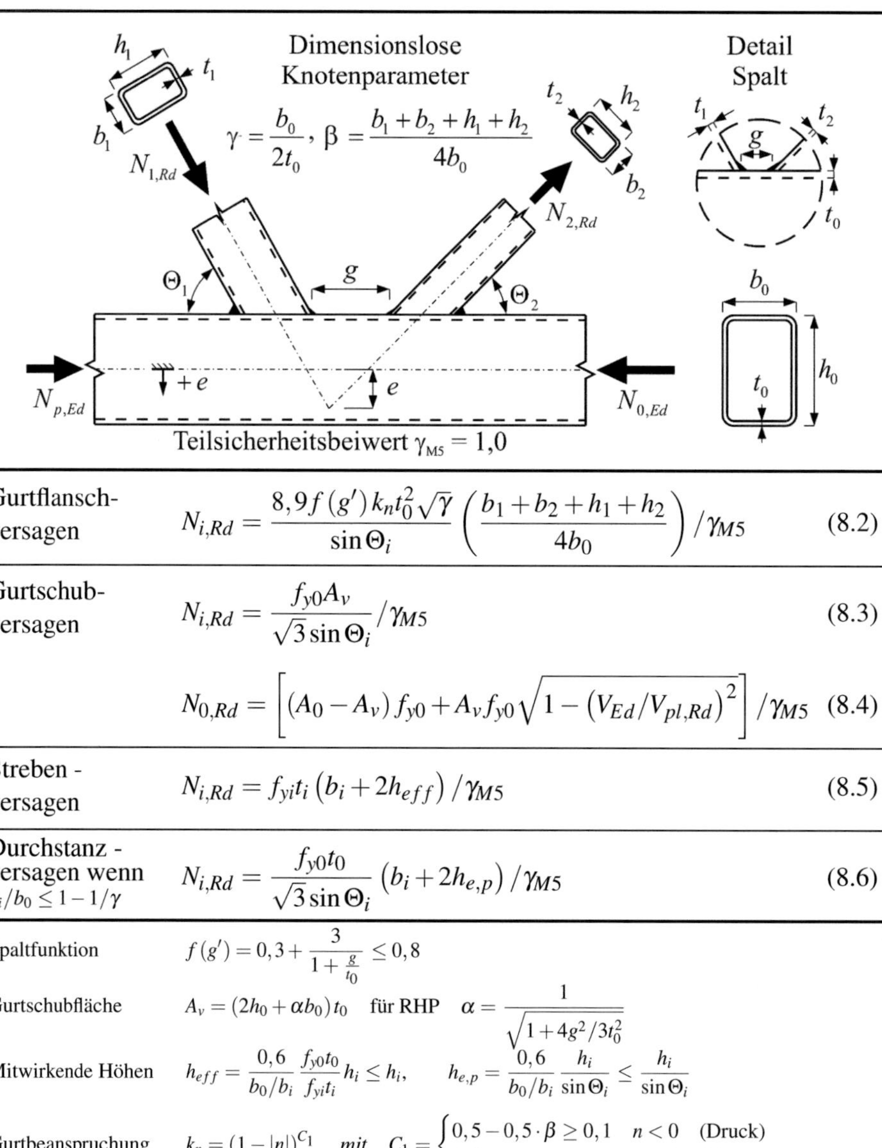

Gurtflansch-versagen	$N_{i,Rd} = \dfrac{8{,}9 f(g') k_n t_0^2 \sqrt{\gamma}}{\sin\Theta_i}\left(\dfrac{b_1 + b_2 + h_1 + h_2}{4b_0}\right) / \gamma_{M5}$	(8.2)
Gurtschub-versagen	$N_{i,Rd} = \dfrac{f_{y0} A_v}{\sqrt{3}\sin\Theta_i} / \gamma_{M5}$	(8.3)
	$N_{0,Rd} = \left[(A_0 - A_v)f_{y0} + A_v f_{y0}\sqrt{1 - (V_{Ed}/V_{pl,Rd})^2}\right] / \gamma_{M5}$	(8.4)
Streben -versagen	$N_{i,Rd} = f_{yi} t_i \left(b_i + 2h_{eff}\right) / \gamma_{M5}$	(8.5)
Durchstanz -versagen wenn $b_i/b_0 \leq 1 - 1/\gamma$	$N_{i,Rd} = \dfrac{f_{y0} t_0}{\sqrt{3}\sin\Theta_i}\left(b_i + 2h_{e,p}\right) / \gamma_{M5}$	(8.6)

Spaltfunktion	$f(g') = 0{,}3 + \dfrac{3}{1 + \frac{g}{t_0}} \leq 0{,}8$
Gurtschubfläche	$A_v = (2h_0 + \alpha b_0)t_0$ für RHP $\alpha = \dfrac{1}{\sqrt{1 + 4g^2/3t_0^2}}$
Mitwirkende Höhen	$h_{eff} = \dfrac{0{,}6}{b_0/b_i}\dfrac{f_{y0} t_0}{f_{yi} t_i} h_i \leq h_i$, $h_{e,p} = \dfrac{0{,}6}{b_0/b_i}\dfrac{h_i}{\sin\Theta_i} \leq \dfrac{h_i}{\sin\Theta_i}$
Gurtbeanspruchung	$k_n = (1 - \lvert n\rvert)^{C_1}$ mit $C_1 = \begin{cases} 0{,}5 - 0{,}5\cdot\beta \geq 0{,}1 & n < 0 \quad \text{(Druck)} \\ 0{,}1 & n \geq 0 \quad \text{(Zug)} \end{cases}$
Gurtausnutzung	$n = \sigma_{0,Ed}/f_{y0}$ $\sigma_{0,Ed}$: Bemessungswert der max. Gurtspannung

Tragsicherheitsnachweis $N_{i,Ed} \leq N_{i,Rd}$

Bemerkungen:	1)	$4t_0 \leq g \leq 1{,}5 b_0 \left(1 - b_i/b_0\right)$

126

9. Zusammenfassung und Ausblick

In den technischen Lieferbedingungen warm- DIN EN 10210-2 und insbesondere kaltgefertigter Rechteckhohlprofile DIN EN 10219-2 sind viele Querschnitte enthalten, deren Verhältnis von Breite oder Höhe zu Wanddicke, auch mit Querschnittsschlankheit
bezeichnet, größer als das für Rechteckhohlprofilknoten maximal zulässige Verhältnis
$b/t \geq 35$ ist. Bei Gurt- oder druckbeanspruchten Strebenquerschnitten kann die zusätzliche Einschränkung auf Querschnitte, die in die Querschnittsklasse 1 und 2 eingeordnet
werden können, die maximal zulässige Schlankheit sogar noch weiter reduzieren. Neben der Beschränkung der Querschnittsgeometrie ist entsprechend DIN EN 1993-1-8
bei K-Knoten aus Rechteckhohlprofilen die Einhaltung der zulässigen Spaltweite zu
beachten, was insbesondere bei kleinen und mittleren Breitenverhältnissen zu großen
Mindestspaltweiten führt. Aufgrund der dadurch verursachten Exzentrizität ist bei der
Ermittlung der Knotentragfähigkeit eventuell die Berücksichtigung der primären Biegemomente erforderlich. Für K-Knoten existieren jedoch keine Bemessungsgleichungen
biegebeanspruchter Knoten, so dass eine Interaktion zwischen axialer und Biegebean-
spruchung nicht berücksichtigt werden kann und die Ermittlung von Bemessungswerten
der Knotentragfähigkeit daher nicht möglich ist. Für große Breitenverhältnisses hingegen wird die kleinste zulässige Spaltweite durch die Anforderungen an eine korrekte
Verbindungsherstellung vorgegeben.

Der Anwendungsbereich der DIN EN 1993-1-8 für K-Knoten aus Rechteckhohlprofilen
basiert auf Ergebnissen experimenteller Untersuchungen, mit denen analytische Modelle durch empirische Parameter kalibriert werden. Die mit statistischen Auswertungen
ermittelten Bemessungsgleichungen sind daher nur in diesem Anwendungsbereich gül-
tig. Die Verwendung von Querschnitten in Tragwerken aus Rechteckhohlprofilen mit
einer Schlankheit außerhalb des Anwendungsbereichs der DIN EN 1993-1-8 oder die
Ausführung von K-Knoten mit Spaltweiten kleiner als die Mindestspaltweite ist zwar
prinzipiell möglich, für den Nachweis der ausreichenden Knotentragfähigkeit sind je-

doch Zusatzuntersuchungen und gutachterliche Stellungnahmen zur Erlangung einer Zustimmung im Einzelfall (ZiE) notwendig.

Um den Anwendungsbereich der DIN EN 1993-1-8 von Knoten aus rechteckigen Hohlprofilen zu erweitern und Querschnitte mit größerer Gurtschlankheit bis zu $2\gamma \leq 55$ sowie Spaltweiten, deren Mindestweite auch bei kleinen und mittleren Breitenverhältnissen durch die Anforderungen der Schweißtechnik begrenzt sind, werden im Rahmen eines deutschen (*Puthli 2002*) sowie eines europäischen Forschungsprojekts (*Salmi et al. 2006*) sowohl experimentelle als auch numerische Untersuchungen durchgeführt.

In den experimentellen Untersuchungen können Durchstanz-, Streben- und Gurtstegversagen direkt beobachtet werden. Da bei diesen Versagensmodi die maximale Strebenbeanspruchung ermittelt werden kann, wird diese als Knotentragfähigkeit $N_{i,max}$ in den Auswertungen dieser Versagensmodi verwendet. Gurtflanschversagen hingegen ist in den experimentellen Untersuchungen visuell nur schwer feststellbar und kann bereits vor dem beobachteten Versagensmodus auftreten und so zu einer geringeren Knotentragfähigkeit führen. Mit dem Deformationskriterium, welches die Eindrückung der Strebe in den Gurtflansch begrenzt, wird Gurtflanschversagen als vorherrschender Versagensmodus identifiziert und die Knotentragfähigkeit $N_{i,u}$ für diesen Versagensmodus ermittelt. Diese Eindrückung wird auf 3% der Gurtwandbreite b_0 begrenzt, was bei Hohlprofilknoten allgemein als Versagenskriterium für Gurtflanschversagen akzeptiert ist (*Lu et al. 1994*).

Die statistischen Auswertungen der experimentell ermittelten Knotentragfähigkeiten erfolgen durch Anwendung der standardisierten Vorgehensweise der DIN EN 1990. Dadurch werden die Streuungen der Knotentragfähigkeiten und der Basisvariablen der analytischen Modelle durch deren Variationskoeffizienten sowie die statistische Unsicherheit infolge einer geringen Versuchsanzahl durch eine zentrale Student-t-Verteilung berücksichtigt. Die mit diesen Auswertungen ermittelten Beiwerte der theoretischen Modelle basieren auf der Verwendung von Nennwerten, so dass die Bemessungswerte der Knotentragfähigkeit unter Verwendung nomineller Abmessungen und der Mindestwerte der charakteristischen Materialfestigkeit ermittelt werden können. Da in dem Beiwert, wie auch in den Bemessungsgleichungen der DIN EN 1993-1-8, die erforderliche Sicherheit bereits enthalten ist, ist ein zusätzlicher partieller Sicherheitsbeiwert nicht notwendig.

Aufgrund der erhöhten Steifigkeit von Knoten mit kleinen Spaltweiten $g < g_{min}$ können die Bemessungsgleichungen der DIN EN 1993-1-8 für Durchstanz- und Strebenversagen zwar übernommen werden, die in diesen Gleichungen enthaltenen empirisch ermittelten mitwirkenden Längen für Durchstanzversagen $l_{e,p}$ und für Strebenversagen l_{eff} müssen jedoch modifiziert werden. Auf Grundlage der beim Durchstanz- und Strebenversagen beobachteten Rissbilder werden die mitwirkenden Breiten $b_{e,p}$ und b_{eff} durch effektive Höhen $h_{e,p}$ und h_{eff} ersetzt.

Die Verformung der Gurtstege erfolgt gemeinsam mit der Verformung des Gurtflanschs. Die maximalen Tragfähigkeiten der Probekörper, deren Versagensmodus Gurtstegversagen ist, können daher mit der Bemessungsgleichung der DIN EN 1993-1-8 zugrunde liegenden mittleren Knotentragfähigkeit für Gurtflanschversagen ermittelt werden. Bei der Ermittlung des Bemessungswerts der Knotentragfähigkeit von K-Knoten im erweiterten Anwendungsbereich wird, wie auch in der DIN EN 1993-1-8, auf eine zusätzliche Berücksichtigung von Gurtstegversagen verzichtet.

Für Gurtflanschversagen werden sowohl mit der Bemessungsgleichung der DIN EN 1993-1-8 als auch mit dem grundlegenden Fließlinienmodell (z.B. *Wardenier et al. 1976a*) keine befriedigenden Übereinstimmungen zu den experimentell ermittelten Knotentragfähigkeiten erzielt. Insbesondere ist mit abnehmender Spaltweite ein ausgeprägter Einfluss der Membranwirkung und der Materialverfestigung vorhanden, der von beiden Modellen nicht berücksichtigt wird. Um diese Einflüsse bei der Ermittlung der Knotentragfähigkeit mit einzubeziehen, wird das erweiterte Fließlinienmodell von Packer (*Packer 1978*) durch Anwendung des Deformationskriteriums vereinfacht. Diese Vereinfachung erfolgt, da die Tragfähigkeit mit dem erweiterten Fließlinienmodell nur inkrementell mit Hilfe von Computern berechnet werden kann und daher für die praktische Anwendung weniger geeignet ist. Die statistische Auswertung dieses vereinfachten Modells weist jedoch keine verbesserte Übereinstimmung mit den experimentell ermittelten Tragfähigkeiten auf.

Neben den experimentellen Untersuchungen werden zusätzlich Parameterstudien mit Hilfe der Methode der finiten Elemente durchgeführt. Die Parameterstudien basieren auf einem numerischen Modell, das mit Ergebnissen eigener experimenteller Untersuchungen sowie mit Ergebnissen eines von Soininen an der Universität Lappeenranta durchgeführten Versuchs validiert ist. Mit dem numerischen Modell ist es jedoch nicht möglich, eine Rissbildung zu simulieren, so dass nur Gurtflanschversagen untersucht wird. Dieses wird, wie bereits in den experimentellen Untersuchungen, mit Hilfe des

Deformationskriteriums als vorherrschender Versagensmodus identifiziert und damit die Tragfähigkeit der Knoten ermittelt. Bei allen numerischen Untersuchungen tritt das Deformationskriterium vor dem Erreichen der maximalen Strebenbeanspruchung auf. In den Parameterstudien wird der Einfluss der Spaltweite für unterschiedliche Kombinationen des Breitenverhältnisses und der Gurtschlankheit untersucht. Die in diesen Untersuchungen berücksichtigte kleine Schrittweite der Spaltweite resultiert in einer großen Anzahl von numerischen Berechnungen, so dass mit zusätzlichen Parameterstudien nur die kleinste, für die hier untersuchten Knoten ausführbare Spaltweite, die Mindest- sowie die Maximalspaltweite der DIN EN 1993-1-8 untersucht werden.

Mit den Ergebnissen der numerischen und der experimentellen Untersuchungen wird eine Erweiterung der Bemessungsgleichung der DIN EN 1993-1-8 für Gurtflanschversagen abgeleitet, mit der die von der Spaltweite abhängigen Einflüsse aus der Membranwirkung sowie der Materialverfestigung bei der Ermittlung der Knotentragfähigkeit berücksichtigt werden. Durch die Integration der für die Ermittlung von Bemessungswerten erforderlichen Abminderung in der Spaltfunktion wird die Abänderung der Bemessungsgleichung der DIN EN 1993-1-8 für Gurtflanschversagen vermieden, so dass diese unverändert übernommen wird.

K-Knoten mit Spalt, deren Gurthöhen h_0 kleiner als die Gurtbreiten b_0 sind sowie Knoten mit großen Breitenverhältnissen können infolge der Schubbeanspruchung des Gurts versagen. Die Reduktion der mitwirkenden Schubfläche A_v mit zunehmender Spaltweite resultiert in einer Abnahme der Tragfähigkeit, so dass sich die Wahrscheinlichkeit des Auftretens dieses Versagens mit der Zunahme der Spaltweite erhöht. Diese Einflüsse sind in den Bemessungsgleichungen der DIN EN 1993-1-8 für Schubversagen enthalten. Die Probekörper der experimentellen Untersuchungen weisen jedoch so kleine Spaltweiten auf, dass aufgrund der erhöhten mitwirkenden Schubflächen Gurtschubversagen nicht beobachtet werden kann, obwohl die Gurtstäbe zum Teil kleinere Gurthöhen als -breiten besitzen. Eine Überprüfung der Bemessungsgleichungen der DIN EN 1993-1-8 für Gurtschubversagen ist daher nicht möglich, so dass die Anwendbarkeit der Bemessungsgleichungen der DIN EN 1993-1-8 für Schubversagen auch für den erweiterten Anwendungsbereich angenommen wird. In der Auswertung der numerischen Ergebnisse ist Gurtschubversagen aber als möglicher Versagensmodus berücksichtigt, indem zusätzlich zu den modifizierten Bemessungsgleichungen die Bemessungsgleichungen der DIN EN 1993-1-8 für Gurtschubversagen zur Begrenzung des Bemessungswerte der Knotentragfähigkeit verwendet werden.

Die Ergebnisse der experimentellen und der numerischen Untersuchungen bilden die Grundlage eines Bemessungskonzepts, mit dem K-Knoten aus Rechteckhohlprofilen mit Gurtschlankheiten $35 < 2\gamma \leq 55$ und Spaltweiten $4 \cdot t_0 \leq g \leq g_{max}$ der Bemessung zugänglich gemacht werden. Sind sowohl die Spaltweite als auch die Gurtschlankheit innerhalb des Anwendungsbereichs der DIN EN 1993-1-8, erfolgt die Ermittlung des Bemessungswerts der Knotentragfähigkeit wie bisher mit den Bemessungsgleichungen der DIN EN 1993-1-8.

Bei K-Knoten treten neben primären, durch die Knotenexzentrizität verursachten Biegemomente auch sekundäre Biegemomente auf, deren Ursache die ungleichmäßige Steifigkeitsverteilung im Anschlussbereich ist. Besitzen die Gurtquerschnitte eine ausreichende Rotationskapazität und die Knoten ein ausreichendes Verformungsvermögen, werden die sekundären Biegemomente mit steigender Knotenbeanspruchung abgebaut. Sie können daher vernachlässigt werden, wenn sich die Knotenparameter in einem definierten Bereich befinden. Aufgrund der hohen Schlankheit der Gurtquerschnitte ist deren Rotationskapazität jedoch eingeschränkt und es ist ein reduziertes Verformungsvermögen der Knoten anzunehmen. Ein vollständiger Abbau der Biegemomente ist dann nicht mehr möglich, so dass sowohl die primären als auch die sekundären Biegemomente bei der Ermittlung des Bemessungswerts der Knotentragfähigkeit berücksichtigt werden müssen. Eine Vernachlässigung der Biegemomente ist auch dann nicht möglich, wenn sich die Exzentrizität innerhalb des definierten Bereichs befindet. Für Knoten mit einer geringen Verformungskapazität empfiehlt CIDECT Monograph 6 (*Giddings et al. 1986*) zwar die Abminderung der charakteristischen Knotentragfähigkeiten zu Bemessungswerten der Knotentragfähigkeit von mindestens $\gamma_M = 1,25$, diese Empfehlung basiert jedoch auf einem abweichenden Anwendungsbereich und gilt zudem nicht für biegebeanspruchte Knoten. Die Übernahme der hier vorgestellten Ergebnisse in die DIN EN 1993-1-8 erfordert daher eine Überprüfung, ob die in den experimentellen und den numerischen Untersuchungen aufgetretenen sekundären Biegemomente ausreichend groß und in den modifizierten Bemessungsgleichungen für alle praxisrelevanten Fälle bereits ausreichend berücksichtigt sind.

Des Weiteren sind zusätzliche Untersuchungen zum Einfluss der Gurtspannung auf den Bemessungswert der Tragfähigkeit erforderlich. Im Gegensatz zu den Bemessungsgleichungen der DIN EN 1993-1-8 und der ISO 14346, in denen die gesamte Gurtbelastung $N_{0,Ed}$ bei der Abminderung der Knotentragfähigkeit für Gurtflanschversagen berücksichtigt ist, ist in den vorgestellten Bemessungsgleichungen für Gurtflanschversagen die Abminderung der Knotentragfähigkeit lediglich aufgrund der aus der Strebenbeanspruchung resultierenden Gurtspannung enthalten. Die Abminderung der Tragfähigkeit durch eine zusätzliche Einwirkung im Gurt $N_{p,Ed}$ wird in dieser Arbeit nicht untersucht. Außerdem ist zu überprüfen, ob die Ergebnisse aktueller Untersuchungen, die neben dem Einfluss des Breitenverhältnisses und der Gurtschlankheit auch die Notwendigkeit einer Abminderung der Knotentragfähigkeit bei zugbeanspruchten Gurten belegen (*Ummenhofer et al. 2013*), auf die hier vorgestellten Bemessungsgleichungen für Gurtflanschversagen und den erweiterten Anwendungsbereich übertragen werden können.

Schrifttum

Fachveröffentlichungen

Bauer, D. und R. G. Redwood (1984). *Tests of HSS Double T-joints: CIDECT Report Nr. 5W/2*. Hrsg. von MC Gill University. Montreal, Quebec.

Bettzieche, P. (1969). *Konstruktive Gestaltung von Knotenpunkten aus Vierkanthohlprofilen*. Bd. Nr. 12. Studienheft zum Fertigbau. Essen, Deutschland: Vulkan Verlag.

Brodka, J., A. Czechowski und J. Zycinski (1981). *Ultimate strength of K-type joints in rectangular hollow section trusses*. Mostostal,Polen.

Davies, G. und T. W. Giddings (1971). *Research into the strength of welded lattice girder joints in structural hollow sections: CIDECT Report 5EC-71/7E*. Hrsg. von British Steel Corporation, Tubes Division, Research &. Development. Corby, England.

Davies, G. und C. G. Roper (1977). „Gap joints with tubes – A yield line modified by shear approach". In: *Building and Environment* Vol. 12, Issue 1, S. 31–38.

Davies, G. (1990). „Summary: FEM Analysis". In: *Tubular structures*. Hrsg. von E. Niemi und P. Mäkeläinen. London: Elsevier Applied Science, 241 ff.

Davies, G., R. Kelly und P. Crockett (1996). „Effect of angle on the strength of overlapped RHS K- and X-Joints". In: *Tubular structures VII*. Hrsg. von J. Farkas und K. Jármai. Rotterdam: Balkema, S. 123–130.

Dilthey, U., S. Trube und M. Grave (1995). *Verhalten der Werkstoffe beim Schweissen: Band 2: Verhalten von Werkstoffen beim Schweißen*. 2. Aufl. Bd. 2. Studium und Praxis. Düsseldorf: VDI-Verl.

Dutta, D. (1999). *Hohlprofil-Konstruktionen*. Berlin, Deutschland: Ernst & Sohn und Ernst.

Eastwood, W. und A. A. Wood (1970). *Recent Research on joints in Tubular Structures: CIDECT Report Nr. 5C*. Hrsg. von University of Sheffield.

Fleischer, O. und R. Puthli (2006). „Evaluation of experimental results on slender RHS K-gap joints". In: *Tubular structures XI*. Hrsg. von J. A. Packer und 2006 Québec International Symposium on Tubular Structures 11. London u.a.: Taylor & Francis, S. 229–236.

Fleischer, O. und R. Puthli (2009). „Extending exisiting design rules in EN 1993-1-8 (2005) for gapped RHS K-joints for maximum chord slenderness (b_0/t_0) of 35 to 50 and gap size g to as low as $4t_0$". In: *Tubular structures XII*. Hrsg. von Z. Y. Shen, Y. Y. Chen und X. Z. Zhao. Boca Raton, Fla.: CRC Press/Balkema, S. 293–301.

Fleischer, O., R. Puthli und J. Wardenier (2010). „Evaluation of numerical investigations on static behaviour of slender RHS K-gap joints". In: *Tubular Structures XIII*. Hrsg. von B. Young. Leiden, The Netherlands: CRC Press/Balkema, S. 75–83.

Giddings, T. W. (1980). *The design in RHS Vierendeel girders: Report 78-139*. Hrsg. von British Steel Corporation, Tubes Division, Research &. Development. Corby, England.

Giddings, T. W. und J. Wardenier (1986). *The strength and behaviour of statically loaded welded connections in structural hollow sections: Monograph No. 6: CIDECT*. Corby, England.

Girkmann, K. (1986). *Flächentragwerke: Einführung in die Elastostatik der Scheiben, Platten, Schalen und Faltwerke*. 6. Aufl., unveränd. Nachdr. Wien: Springer.

Hibbit, Karlson und Sorensen Inc. (1998). *ABAQUS/Standard - Theory Maual, Version 5.8*. Hrsg. von Hibbit und Karlson & Sorensen Inc. Pawtucket, USA.

Johansen, K. W. (1962). *Yield-line formulae for slabs: English Edition*. London, England: Taylor & Francis.

Kanatani, H., K. Futjiwara, M. Tabuchi und T. Kamba (1980). *Bending tests on T-joints of RHS chord and RHS or H-shape branch: CIDECT Report Nr. 5AF2-82/2*. Hrsg. von Kobe University. Kobe, Japan.

Kato, B. und I. Nishiyama (1979). *The static strength of RR-joints with large b/B-ratio: Cidect Report 5Y*. Hrsg. von University of Tokio. Tokio, Japan.

Koning, C.H.M. de und J. Wardenier (1983). *The static strength of welded K-joints with rectangular chord: TNO-IBBC report BI-83-10/0063.55.470*. Hrsg. von Delft University. Delft, Niederlande.

Korol, R. M. (1977). „Unequal width connections of square hollow sections in Vierendeel trusses". In: *Canadian Journal of Civil Engineering* Vol. 4, Nr. 2.

Korol, R. M., F. A. Miraza und L. Elhifnawy (1981). *Elastic-plastic finite element analysis of rectangular hollow sections T-joints: CIDECT Report Nr. 5Jt-81/8*. Hamilton, Kanada.

Kosetimaeki, M. und E. Niemi (1990). „Finite Element Studies on the Behaviour of Rectangular Hollow Section K-Joints". In: *Tubular structures*. Hrsg. von E. Niemi und P. Mäkeläinen. London: Elsevier Applied Science, S. 28–37.

Krampen, J. (2001). „Bemessung von Fachwerken aus Hohlprofilen (MSH) – leicht gemacht". In: *Stahlbau* 70.3, S. 153–164.

Lagerquist, O., M. Clarin, J. Gozzi, B. Völling, D. Pak, J. Stötzel, H. P. Lieura-de, B. Depale, I. Huther, S. Herion, J. Bergers, R.-M. Martsch, M. Carlson, C. Samuelssen und C. Sonander (2007). *Efficient lifting equipment with extra high-strength steel (LIFTHIGH): Final Report EUR 22569*. Hrsg. von European Commission RFCS.

Liu, D. K., Y. Yu und J. Wardenier (1998a). „Effect of Boundary Conditions and Chord Preload on the Strength of RHS Multiplanar Gap KK-Joints". In: *Tubular structures VIII*. Hrsg. von Y. S. Choo und G. J. Vegte van der. Rotterdam: Balkema, S. 231–238.

Liu, D. K., Y. Yu und J. Wardenier (1998b). „Effect of Boundary Conditions and Chord Preload on the Strength of RHS Uniplanar Gap K-Joints". In: *Tubular structures VIII*. Hrsg. von Y. S. Choo und G. J. Vegte van der. Rotterdam: Balkema, S. 223–230.

Liu, D. K., J. Wardenier und G. J. van der Vegte (2004). „New chord stress functions for rectangular hollow section joints". In: *ISOPE-2004*. Hrsg. von R. Ayer, J. S. Chung und R. H. Knapp. Bd. Vol. 4. Cupertino, Calif.: International Society of Offshore und Polar Engineers, S. 178–185.

Lu, L. H., R. Puthli und J. Wardenier (1993a). „Semi-Rigid Connections between Plates and Rectangular Hollow Section Columns". In: *Tubular Structures V*. Hrsg. von M. G. Coutie und G. Davies. London: E & FN Spon, S. 723–731.

Lu, L. H., R. Puthli und J. Wardenier (1993b). „The Static Behaviour of Semi-Rigid Multiplanar Connections between I-Beams and Rectangular Hollow Section Columns". In: *The proceedings of the Third (1993) International Offshore and Polar Engineering Conference*. Hrsg. von R. Puthli, J. F. Dos Santos, S. Berg, C. P. Ellinas und Y. Ueda. Bd. Vol. 4. Golden, Colo.: ISOPE, 158 ff.

Lu, L. H., G. D. de Winkel, Y. Yu und J. Wardenier (1994). „Deformation limit for the ultimate strength of hollow section joints". In: *Tubular structures VI*. Hrsg. von P. Grundy, A. Holgate und B. Wong. Rotterdam: Balkema, S. 341–347.

Lu, L. H. (1997). „The static strength of I-beam to rectangular hollow section column connections". Diss. Delft, Niederlande: Delft University.

Mang, F. und A. Striebel (1976). *Models for theoretical calculation of strength and deformation of welded rectangular hollow sections: IIW Document XV-390-76*. Hrsg. von Universität Karlsruhe. Karlsruhe, Deutschland.

Mang, F., Ö. Bucak und A. Striebel (1978). *The load-carrying behaviour of unstiffened K-joints of large sized thin- walled rectangular hollow sections of steel grade St 42 and St 52: IIW Doc. XV-417-78, XIII-932-79*.

Mang, F. und Ö. Bucak (1982). „Hohlprofilkonstruktionen". In: *Stahlbau-Handbuch*. Bd. Band 1. Köln: Stahlbau-Verl., S. 673–707.

Mang, F., Ö. Bucak und G. Steidl (1984). *The Influence of Residual Stresses on the Ftigue Strength of Hollow Section Joints: IIW Doc. X-1073-84, XIII-1122-84, XV-559-84*. Hrsg. von Universität Karlsruhe. Karlsruhe, Deutschland.

Mee, B. L. (1969). „The structural behaviour of joints in rectangular hollow sections". Diss. Sheffield, England: University of Sheffield.

Mouty, J. (1978). *Behaviour of welded joints of square and rectangular tubular structures - a theoretical approach based on the method of yield lines: Part 1, Part 2: IIW Doc. XV-426-78*. Dublin, Irland.

Niemi, E. (1982). *The Effect of Gap Size on Static Strength of K-Joints in Rectangular Hollow Section Trusses – A Modified Yield Line Approch: IIW Doc. XV-82-011*. Universität Lappenranta, Finnland.

Niemi, E., J. Lehtinen und I. Sorsa (1988). *Bahaviour of Rectangular Hollow Section K-Joints at Low Temperatures: CIDECT Report No. 5AQ-88/13E*. Hrsg. von Lappeenranta University of Technology. Lappeenranta, Finnland.

N.N. (1977). *The behaviour of welded joints in complete lattice girders with RHS chords: CIDECT Report 5FC-77/31*. Hrsg. von British Steel Corporation, Tubes Division, Research &. Development. Corby, England.

Noordhoek, C. und A. Verheul (1998). *Static strength of high strength steel tubular joints: CIDECT Report No. 5BD-9/98*. Hrsg. von Delft University of Technology. Delft, Niederlande.

Packer, J. A. (1978). *Theoretical behaviour and analysis of welded steel joints with RHS chord sections: CIDECT Report Nr. 5U-78/19*. Hrsg. von University of Nottingham. Nottingham, England.

Packer, J. A., J. Wardenier, Y. Kurobane, D. Dutta und N. Yeomans (1993). *Knotenverbindungen aus rechteckigen Hohlprofilen unter vorwiegend ruhender Beanspruchung: Design Guide 3*. Bd. 3. Konstruieren mit Stahlhohlprofilen. Köln, Deutschland: Verlag TÜV Rheinland.

Packer, J. A. und J. E. Henderson (1997). *Hollow Structural Section – Connections and Trusses – A Design Guide*. Alliston, Ontario, Kanada: Universal Offset Limited.

Packer, J. A., J. Wardenier, X. L. Zhao und G. J. van der Vegte (2010a). *Design Guide 3: For rectangular hollow section (RHS) joints under predominantly static loading: 2nd edition*. Bd. 3. Construction with Hollow Steel Sections. LSS Verlag.

Packer, J. A. und S.P. Chiew (2010b). „Production standards for cold-formed hollow structural sections". In: *Tubular Structures XIII*. Hrsg. von B. Young. Leiden, The Netherlands: CRC Press/Balkema, S. 413–421.

Partanen, T. (1991). „On Convergence of Yield Line Theory and Nonlinear FEM Results in Plate Structures". In: *Tubular Structures IV*. Hrsg. von J. Wardenier und E. Punjeh Shahi. Delft, Niederlande: Delft University Press, S. 313–323.

Partanen, T. und T. Björk (1993). „On convergence of yield line theory and experimental test capacity of RHS K- and T-Joints". In: *Tubular Structures V*. Hrsg. von M. G. Coutie und G. Davies. London: E & FN Spon, S. 353–363.

Patel, N. M., W. J. Graff und A. White (1973). „Punching shear characteristics of RHS joints". In: *National structural engineering meeting*. Hrsg. von American Society of Civil Engineers. San Francisco, CA, USA.

Petersen, C. (2001). *Stahlbau: Grundlagen der Berechnung und baulichen Ausbildung von Stahlbauten*. 3., überarb. und erw. Aufl., 2., durchges. Nachdr., Nachdr. Juni 2001. Braunschweig: Vieweg.

Puthli, R. (1998). *Hohlprofilkonstruktionen aus Stahl nach DIN V ENV 1993 (EC3) und DIN 18800 (11.90)*. Düsseldorf, Deutschland: Werner Verlag GmbH & Co.KG.

Puthli, R., S. Herion und S. Willibald (2000). „Parametric Study and Validation of the Static Strength of Ring-Stiffened Tubular T- and Y- Joints". In: *The proceedings of the Tenth (2000) International Offshore and Polar Engineering Conference*. Hrsg. von J. S. Chung. Bd. Vol. 4. Cupertino, A: ISOPE.

Puthli, R. (2002). „Hohlprofile im Geschossbau - Ausblick auf die europäische Normung". In: *Stahlbau-Kalender 2002*. Hrsg. von U. Kuhlmann. Düsseldorf: Ernst & Sohn.

Puthli, R. und O. Fleischer (2002). *Tragverhalten von K-Verbindungen aus dünnwandigen kalt geformten Rechteckhohlprofilen mit b/t > 35: Abschlussbericht zum Forschungsprojekt Pu 142/10-1*.

Puthli, R., Ö. Bucak, S. Herion, O. Fleischer und A. Fischl (2010a). *Adaption and extension of the valid design formulae for joints made of high-strength steels up to S690 for cold-formed and hot-rolled sections: CIDECT Report 5BT-7/10*. Hrsg. von Karlsruher Institut für Technologie. Karlsruhe, Deutschland.

Puthli, R. und G. Nüsse (2010b). *Wirtschaftliches Bauen von Straßen- und Eisenbahnbrücken aus Stahlhohlprofilen: Economic use of structural hollow sections for highway and railway bridges*. Bd. 591. Forschung für die Praxis. Düsseldorf: Verl. und Vertriebsges. mbH.

Puthli, R., T. Ummenhofer, J. Wardenier und I. Pertermann (2011). „Anschlüsse mit Hohlprofilen nach DIN EN 1993-1-8. Hintergrund, Kommentare, Beispiele". In: *Stahlbau-Kalender 2011*. Hrsg. von U. Kuhlmann. Düsseldorf: Ernst & Sohn.

Ramberg, W. und W. R. Osgood (1943). *Description of stress-strain curves by three parameters. Technical Note No. 902*. Washington DC.

Rasmussen, K.J.R., F. Teng und B. Young (1993). „Tests of K-Joints in Stainless Steel Square Hollow Sections". In: *Tubular Structures V.* Hrsg. von M. G. Coutie und G. Davies. London: E & FN Spon, S. 373–381.

Redwood, R. G. (1965). „The behaviour of joints between rectangular hollow structural members". In: *Civil Engineering and Public works Review* 60.711, S. 1463–1469.

Rondal, J., K.-G. Würker, D. Dutta, J. Wardenier und N. Yeomans (1992). *Knick und Beulverhalten von Hohlprofilen (rund und rechteckig): CIDECT Design Guide 2.* Bd. 2. Konstruieren mit Stahlhohlprofilen. Köln, Deutschland: Verlag TÜV Rheinland.

Salmi, P., J. Kouhi, R. Puthli, S. Herion, O. Fleischer, F. Espiga, P. Croce, E. Bayo, R. Goñi, T. Björk, R. Illvonen und W. Suppan (2006). *Design rules for cold-formed structural hollow sections: Final report.* Bd. 21973. EUR Technical steel research - steel products and applications for buildings, construction and industry. Luxembourg: Office for Official Publications of the European Communities.

Sarada, S., O. Fleischer und R. Puthli (2002). „Initial Study on the Static Strength of Thin–Walled Rectangular Hollow Sections (RHS) K-Joints with Gap". In: *The proceedings of the Twelfth International Offshore and Polar Engineering Conference.* Hrsg. von J. Wardenier, T. Yao, R. Ayer, R. H. Knapp und J. S. Chung. Bd. Vol. 4. S.l.: International Society of Offshore & Polar Engineers, S. 26–33.

Soininen, R. (1996). „Fracture Behaviour and Assessment of Design Requirements against Fracture in Welded Steel Structures made of Cold Formed Rectangualr Hollow Sections". Diss. Lappeenranta, Finnland: Lappeenranta University of Technology.

Ummenhofer, T. und A. Lipp (2013). *New Chord Load Function. CIDECT Report Nr. 5CC-6/13.* Kalrsuhe, Deutschland.

Vainio, H. (1999). *Rautaruukki Handbuch für Stahlhohlprofile.* Kerava, Finnland: Otava.

Vegte, G. J. van der, R. Puthli und J. Wardenier (1991). „The Static Strength and Stiffness of Uniplanar Tubular Steel X-Joints". In: *Proceedings of the International Conference on Steel and Aluminium Structures.* Hrsg. von S. K. Lee. London: Elsevier Applied Science.

Vegte, G. J. van der, L. H. Lu, R. Puthli und J. Wardenier (1992). „The Ultimate Strength and Stiffness of Uniplanar Tubular Steel X-Joints loaded by In-Plane Bending". In: *Constructional steel design.* Hrsg. von Patrick J. Dowling. London, New York: Elsevier Applied Science, S. 694–706.

Vegte, G. J. van der (1995). „The static strength of uniplanar and multiplanar tubular T- and X-joints". Diss. Delft, Niederlande: Delft University.

Volz, M. (2009). „Die Rissentstehung in statisch beanspruchten Stahlkonstruktionen unter Berücksichtigung von Schweißeigenspannungen". Diss. Karlsruhe: Universität Karlsruhe, Deutschland.

Wardenier, J. und C.H.M. de Koning (1976a). *Investigations into the static strength of welded lattice girder joints in structural hollow sections: Part 1: Rectangular hollow sections: CIDECT Report Nr. 5Q 76-12*. Hrsg. von Institute TNO for Building Materials and Building Structures. Delft, Niederlande.

Wardenier, J. und C.H.M. de Koning (1976b). *Rig Comparison Tests: CIDECT Report Nr. 5S-76/33*. Hrsg. von Institute TNO for Building Materials and Building Structures. Delft, Niederlande.

Wardenier, J. und J.W.B. Stark (1978). *The static strength of welded lattice girder joints in structural hollow sections: CIDECT Report Nr. 5Q-78/4*. Hrsg. von Institute TNO for Building Materials and Building Structures. Delft, Niederlande.

Wardenier, J. (1982). *Hollow section joints*. Delft, Niederlande: Delft University Press.

Wardenier, J., Y. Kurobane, J. A. Packer, D. Dutta und N. Yeomans (1991). *Berechnung + Bemessung von Verbindungen aus Rundhohlprofilen unter vorwiegend ruhender Beanspruchung: Design Guide 1*. Bd. 1. Konstruieren mit Stahlhohlprofilen. Köln, Deutschland: Verlag TÜV Rheinland.

Wardenier, J., G. J. van der Vegte und D. K. Liu (2007). „Chord Stress Functions for K Gap Joints of Rectangular Hollow Sections". In: *ISOPE-2007, Lisbon*. Hrsg. von H. W. Jin, D. B. Lillig, T. Tsakalakos, Y.-Y. Wang und E. Tsuru. Cupertino, Calif.: Internat. Soc. of Offshore und Polar Engineers, S. 3371–3378.

Wardenier, J., G. J. van der Vegte, J. A. Packer und X. L. Zhao (2010a). „Background of the new RHS joint strength equations in the IIW (2009) recommendations". In: *Tubular Structures XIII*. Hrsg. von B. Young. Leiden, The Netherlands: CRC Press/Balkema, S. 403–412.

Wardenier, J., Y. Kurobane, J. A. Packer, G. J. van der Vegte und X. L. Zhao (2010b). *Berechung + Bemessung von Verbindungen unter vorwiegend ruhender Beanspruchung: Design Guide 1, 2nd edition*. Bd. 1. Konstruieren mit Stahlhohlprofilen. LSS Verlag.

Wardenier, J., J. A. Packer, X. L. Zhao und G. J. van der Vegte (2010c). *Hollow Sections in Structural Applications*. Zoetermeer: Bouwen met Staal.

Wardenier, J. und R. Puthli (2011). „Korrekturvorschläge für die DIN EN 1993-1-8 zum Thema Hohlprofilanschlüsse". In: *Stahlbau* 80.7, S. 470–482.

Wesche, K. (1985). *Baustoffe für tragende Bauteile: Stahl, Aluminium (metallische Werkstoffe): Herstellung, Eigenschaften, Verwendung, Korrosion*. 2., völlig neubearb. u. erw. Aufl. Bd. Band 3. Wiesbaden: Bauverl.

Weynand, K., J. Kuck, R. Oerder, S. Herion, O. Fleischer, O. Josat und M. Schneider (2010). „Design tools for hollow section joints". In: *Tubular Structures XIII*. Hrsg. von B. Young. Leiden, The Netherlands: CRC Press/Balkema, S. 423–428.

Willibald, S. (2003). „Bolted Connections for Rectangular Hollow Sections under Tensile Loading". Diss. Karlsruhe: Universität Karlsruhe.

Winkel, G. D. de, R. H. Rink, R. Puthli und J. Wardenier (1993a). „The Behaviour and the Static Strength of Plate to Circular Column Connections under Multiplanar Axial Loadings". In: *Tubular Structures V*. Hrsg. von M. G. Coutie und G. Davies. London: E & FN Spon, S. 703–711.

Winkel, G. D. de, R. H. Rink, R. Puthli und J. Wardenier (1993b). „The Behaviour and the Static Strength of Unstiffned I-beam to Circular Column Connections under Multiplanar In-Plane Bending Moments". In: *The proceedings of the Third (1993) International Offshore and Polar Engineering Conference*. Hrsg. von R. Puthli, J. F. Dos Santos, S. Berg, C. P. Ellinas und Y. Ueda. Bd. Vol. 4. Golden, Colo.: ISOPE, S. 167–174.

Winkel, G. D. de und J. Wardenier (1994). „Parametric Study on the Static Behaviour of I-Beam to Tubular Column Connections under In-Plane Bending Moments". In: *Tubular structures VI*. Hrsg. von P. Grundy, A. Holgate und B. Wong. Rotterdam: Balkema.

Yu, Y. und J. Wardenier (1994). „Influence of the types of welds on the static strength of RHS T- and X-Joints loaded in compression". In: *Tubular structures VI*. Hrsg. von P. Grundy, A. Holgate und B. Wong. Rotterdam: Balkema, S. 597–606.

Yu, Y. (1997). „The static strength of uniplanar and multiplanar connections in rectangular hollow sections". Diss. Delft, Niederlande: Delft University.

Zhang, Z. und E. Niemi (1993). „Studies of the behaviour of RHS Gap K-Joints by Non-Linear FEM". In: *Tubular Structures V*. Hrsg. von M. G. Coutie und G. Davies. London: E & FN Spon, S. 364–372.

Zhao, X. L. (1992). „The behaviour of cold formed RHS beams under combined actions". Diss. Sidney, Australien: The University of Sedney.

Zhao, X. L. (2000). „Deformation limit and ultimate strength of welded T-joints in cold-formed RHS sections". In: *Journal of Constructional Steel Research* Vol. 53, Issue 2, S. 149–165.

Zienkiewicz, O. C. (1987). *Methode der finiten Elemente*. 2., erw. und völlig neubearb. Aufl., unveränd. Nachdr. Leipzig: Fachbuchverl.

Normen und Richtlinien

AISC (2005). *Specification for Structural Steel Buildings.* Chicago, IL: American Institute of Steel Construction.

AISC (2010). *Specification for Structural Steel Buildings: ANSI/AISC 360-10.* Chicago, IL: American Institute of Steel Construction.

CISC (2006). *Handbook of steel construction.* 9th. Ed. Toronto, ON, Canada: Canadian Institute of Steel Construction.

DIN (1984). *Stahlbauten: Tragwerke aus Hohlprofilen unter vorwiegend ruhender Beanspruchung: DIN 18808.* Berlin: Beuth Verlag GmbH.

DIN (1990). *Stahlbauten Bemessung und Konstruktion: DIN 18800.* Berlin: Beuth Verlag GmbH.

DIN (1991). *Metallische Werkstoffe; Kerbschlagbiegeversuch nach Charpy; Teil 1: Prüfverfahren. Deutsche Fassung EN 10045-1:1990.* Berlin: Beuth Verlag GmbH.

DIN (2001). *Metallische Werkstoffe; Zugversuch; Teil 1: Prüfverfahren bei Raumtemperatur: Deutsche Fassung EN 10002-1:2001.* Berlin: Beuth Verlag GmbH.

DIN (2002). *Eurocode: Grundlagen der Tragwerksplanung: Deutsche Fassung EN 1990:2002.* Berlin: Beuth Verlag GmbH.

DIN (2005a). *Bezeichnungssystem für Stähle - Teil 1: Kurznamen: Deutsche Fassung EN 10027-1:2005.* Berlin: Beuth Verlag GmbH.

DIN (2005b). *Eurocode 3: Bemessung und Konstruktion von Stahlbauten - Teil 1-1: Allgemeine Bemessungsregeln und Regeln für den Hochbau: Deutsche Fassung EN 1993-1-1:2005.* Berlin: Beuth Verlag GmbH.

DIN (2005c). *Eurocode 3: Bemessung und Konstruktion von Stahlbauten - Teil 1-8: Bemessung von Anschlüssen: Deutsche Fassung EN 1993-1-8:2005.* Berlin: Beuth Verlag GmbH.

DIN (2005d). *Metallische Erzeugnisse – Arten von Prüfbescheinigungen: Deutsche Fassung EN 10204:2004.* Berlin: Beuth Verlag GmbH.

DIN (2005e). *Warmgewalzte Erzeugnisse aus Baustählen – Teil 1: Allgemeine technische Lieferbedingungen; Deutsche Fassung EN 10025-1:2004.* Berlin: Beuth Verlag GmbH.

DIN (2006a). *Kaltgefertigte geschweißte Hohlprofile für den Stahlbau aus unlegierten Baustählen und aus Feinkornbaustählen – Teil 1: Technische Lieferbedingungen: Deutsche Fassung EN 10219-1:2006.* Berlin: Beuth Verlag GmbH.

DIN (2006b). *Kaltgefertigte geschweißte Hohlprofile für den Stahlbau aus unlegierten Baustählen und aus Feinkornbaustählen – Teil 2: Grenzabmaße, Maße und statische Werte: Deutsche Fassung EN 10219-2:2006*. Berlin: Beuth Verlag GmbH.

DIN (2006c). *Warmgefertigte Hohlprofile für den Stahlbau aus unlegierten Baustählen und aus Feinkornbaustählen – Teil 1: Technische Lieferbedingungen: Deutsche Fassung EN 10210-1:2006*. Berlin: Beuth Verlag GmbH.

DIN (2006d). *Warmgefertigte Hohlprofile für den Stahlbau aus unlegierten Baustählen und aus Feinkornbaustählen – Teil 2: Grenzabmaße, Maße und statische Werte: Deutsche Fassung EN 10210-2:2006*. Berlin: Beuth Verlag GmbH.

DIN (2007). *Eurocode 3: Bemessung und Konstruktion von Stahlbauten – Teil 1-12: Zusätzliche Regeln zur Erweiterung von EN 1993 auf Stahlsorten bis S700: Deutsche Fassung EN 1993-1-12:2007*. Berlin: Beuth Verlag GmbH.

DIN (2009). *Eurocode 3: Bemessung und Konstruktion von Stahlbauten – Teil 1-8: Bemessung von Anschlüssen: Deutsche Fassung EN 1993-1-8:2005, Berichtigung zu DIN EN 1993-1-8:2005-07; Deutsche Fassung EN 1993-1-8:2005/AC:2009*. Berlin: Beuth Verlag GmbH.

DIN (2010a). *Eurocode 3: Bemessung und Konstruktion von Stahlbauten – Teil 1-8: Bemessung von Anschlüssen: Deutsche Fassung EN 1993-1-8:2005 + AC:2009*. Berlin: Beuth Verlag GmbH.

DIN (2010b). *Nationaler Anhang – National festgelegte Parameter – Eurocode 3: Bemessung und Konstruktion von Stahlbauten – Teil 1-1: Allgemeine Bemessungsregeln und Regeln für den Hochbau: DIN EN 1993-1-1/NA*. Berlin: Beuth Verlag GmbH.

DIN (2010c). *Nationaler Anhang – National festgelegte Parameter – Eurocode 3: Bemessung und Konstruktion von Stahlbauten – Teil 1-8: Bemessung von Anschlüssen: DIN EN 1993-1-8/NA*. Berlin: Beuth Verlag GmbH.

IIW (1982). *Design recommendations for hollow section joints - Predominantly statically loaded: 1st Edition, IIW Doc. XV-491-81: IIW Annual Assembly*. Lisbon, Portugal.

IIW (1989). *Design recommendations for hollow section joints - Predominantly statically loaded: 2nd Edition, IIW Doc. XV-701-89: IIW Annual Assembly*. Helsinki, Finland.

IIW (2005). *Static Design Procedure for Welded Hollow Section Joints: ISO/WD 15.3: IIW Doc. XV-E-05-303*. Genf, Schweiz: International Organization for Standardization.

IIW (2008). *IIW static design procedure for welded hollow section joints - Recommendations: IIW Doc. XV-1281-08: IIW Annual Assembly*. Graz, Österreich.

IIW (2009). *Static Design Procedure for Welded Hollow Section Joints - Recomendations: ISO/WD 15.3: IIW Doc. XV-1329-09 und XV-E-09-400.* Genf, Schweiz: International Organization for Standardization.

ISO (2013). *Static Design Procedure for Welded Hollow Section Joints: ISO 14346.* Genf, Schweiz: International Organization for Standardization.

Anhang

A. Beispiel zur Auswertung experimenteller Ergebnisse nach DIN EN 1990

Mit der im Folgenden dargestellten statistischen Auswertung wird die Anwendung der DIN EN 1990 zur versuchsgestützten Bemessung erläutert.

Für die Auswertung der experimentell und auf Grundlage des Deformationskriteriums ermittelten Knotentragfähigkeiten für Gurtflanschversagen r_{ei} wird das Bemessungsmodell der DIN EN 1993-1-8 $g_{rt}(\underline{X})$ in der Form der theoretischen Widerstandsfunktion r_t für Gurtflanschversagen (Gl. A.1) verwendet. In diesem Modell sind für Knoten mit Parametern innerhalb des Anwendungsbereichs der DIN EN 1993-1-8 alle maßgebenden Basisvariablen $\underline{X}$ berücksichtigt, die Einfluss auf die Knotentragfähigkeit haben.

$$r_t = g_{rt}(\underline{X}) = \frac{8{,}9 \cdot k_n \cdot f_{y0} \cdot t_0^{1,5} \cdot b_0^{0,5}}{\sin\Theta_i} \cdot \left(\frac{b_1 + b_2 + h_1 + h_2}{4 \cdot b_0} \right) \tag{A.1}$$

mit der Breite b_0 und Wanddicke t_0 des Gurts, der Breite b_i und Höhe h_i der Streben, der Reduktion k_n der Knotentragfähigkeit aufgrund der Gurtspannung $\sigma_{0,Ed}$, der Streckgrenze des Gurtmaterials f_{y0} sowie dem Strebenwinkel Θ_i

A.1. Schätzung der Mittelwertkorrektur b

Mit Gleichung A.1 und unter Verwendung gemessener Abmessungen und Materialkennwerten (Tab. 5.2) werden für jeden der betrachteten Versuche die Bemessungswerte der Knotentragfähigkeit r_{ti} berechnet (Tab. A.1). Die Abminderung der Knotentragfähigkeit k_n aufgrund der aus der Strebenbeanspruchung resultierenden Gurtbeanspruchung σ_0 ist in den Knotentragfähigkeiten r_{ti} enthalten. Mit Hilfe des Minimums der Abweichungsquadrate ergibt sich die Schätzung der Mittelwertkorrektur b (Gl. A.2).

Die Mittelwertkorrektur b gibt die mittlere Abweichung der theoretischen r_{ti} zu den experimentellen Tragfähigkeiten r_{ei} an. Die für die Ermittlung der Mittelwertkorrektur notwendigen Angaben sind in Tabelle A.1 enthalten.

$$b = \frac{\sum\limits_{i=1}^{n} r_{ti} \cdot r_{ei}}{\sum\limits_{i=1}^{n} r_{ti}^2} = \frac{2508793}{2553027} = 0,98 \tag{A.2}$$

mit den experimentellen r_{ei} und den modellbasierenden Knotentragfähigkeiten r_{ti} sowie der Versuchsanzahl n

A.2. Schätzung des Variationskoeffizienten der Streugröße δ

Mit der Mittelwertkorrektur b können die Streugrößen $\delta_i = r_{ei}/(b \cdot r_{ti})$ sowie deren logarithmische Streumaße $\Delta_i = ln(\delta_i)$ für jeden Versuchswert r_{ei} bestimmt (Tab. A.1) und daraus der Schätzwert $\overline{\Delta}$ für den Mittelwert der logarithmischen Streumaße $E(\Delta)$ ermittelt werden (Gl. A.3).

$$\overline{\Delta} = \frac{1}{n} \cdot \sum_{i=1}^{15} \Delta_i = \frac{1}{15} \cdot 0,18 = 0,012 \tag{A.3}$$

mit der Versuchsanzahl n und den logarithmischen Streugrößen Δ_i

Die Varianz der logarithmischen Streumaße s_Δ^2 (Gl. A.4) darf als Schätzung für die Varianz der Grundgesamtheit σ_Δ^2 verwendet werden.

$$s_\Delta^2 = \frac{1}{n-1} \cdot \sum_{i=1}^{n} \left(\Delta_i - \overline{\Delta}\right) = \frac{1}{15} \cdot 0,20 = 0,015 \tag{A.4}$$

mit der Versuchsanzahl n, den logarithmischen Streugrößen Δ_i sowie deren Mittelwert $\overline{\Delta}$

Der Variationskoeffizient V_δ der Streugröße δ darf mit Gleichung A.5 ermittelt werden.

$$V_\delta = \sqrt{e^{s_\Delta^2} - 1} = \sqrt{e^{0,015} - 1} = 0,12 \tag{A.5}$$

mit der Varianz der logarithmischen Streugrößen s_Δ^2

A.3. Bestimmung der Variationskoeffizienten V_{Xi} der Basisvariablen

Da nicht nachgewiesen werden kann, dass der Gesamtumfang der Versuche repräsentativ für die wirklichen Streuungsverhältnisse ist, können die Variationskoeffizienten V_{Xi} der Basisvariablen nicht aus den Versuchsdaten bestimmt werden. Daher werden die Variationskoeffizienten V_{Xi} aufgrund von Vorinformationen bestimmt (z.B. *Wardenier 1982; Petersen 2001; Wardenier et al. 2010*) oder sinnvoll abgeschätzt.

$$V_t = 0,05, \ V_{f_y} = 0,059, \ V_n = 0,05$$

mit den Variationskoeffizienten der Wanddicke V_t, der Streckgrenze f_y und der Gurtspannung V_n

Effekte aus den Variationskoeffizienten für die Außenabmessungen von Rechteckhohlprofilen V_b und V_h, des Strebenwinkels V_Θ sowie des Breitenverhältnisses V_β auf den charakteristischen und den Bemessungswert der Knotentragfähigkeit sind gering und werden vernachlässigt (Tab. 4.1).

A.4. Ermittlung des charakteristischen Werts r_c der Widerstandsfunktion

Die Widerstandsfunktion für Gurtflanschversagen (Gl. A.1) hat eine komplexe Form mit j Basisvariablen.

$$r = b r_t \delta = b \left(k_n, f_{y0}, t_0, b_0, \beta, \Theta_i \right) \delta \qquad \text{(A.6)}$$

mit der Breite b_0 und Wanddicke t_0 des Gurts, dem Breitenverhältnis β, der Reduktion k_n der Knotentragfähigkeit aufgrund der Gurtspannung $\sigma_{0,Ed}$, der Streckgrenze des Gurtmaterials f_{y0} sowie dem Strebenwinkel Θ_i

Der Mittelwert der Widerstandsfunktion $E(r)$ lässt sich daher mit Gleichung A.7 berechnen.

$$E(r) = b g_{rt} \left(E(k_n), E(f_{y0}), E(t_0), E(b_0), E(\beta), E(\Theta_i) \right) = b g_{rt} \left(\underline{X}_m \right) \qquad \text{(A.7)}$$

mit der Breite b_0 und Wanddicke t_0 des Gurts, dem Breitenverhältnis β, der Reduktion k_n der Knotentragfähigkeit aufgrund der Gurtspannung $\sigma_{0,Ed}$, der Streckgrenze des Gurtmaterials f_{y0} sowie dem Strebenwinkel Θ_i

Der Variationskoeffizient aller Basisvariablen V_{rt}^2 ergibt sich nach Gleichung A.8.

$$V_{rt}^2 = \frac{1}{g_{rt}^2(\underline{X}_m)} \times \sum_{i=1}^{j} \left(\frac{\partial g_{rt}}{\partial X_i} \times \sigma_i \right)^2 \tag{A.8}$$

$$= \left(\frac{\sigma_{k_n}}{k_n} \right)^2 + \left(1,5 \cdot \frac{\sigma_{t_0}}{t_0} \right)^2 + \left(1,5 \cdot \frac{\sigma_{t_0}}{t_0} \right)^2 + \left(\frac{\sigma_{f_{y0}}}{f_{y0}} \right)^2$$

$$= V_{k_n}^2 + 2,25 V_{t_0}^2 + V_{f_{y0}}^2 = 0,05^2 + 2,25 \cdot 0,05^2 + 0,059^2 = 0,012$$

mit den Standardabweichungen σ_i, Mittelwerten sowie den Variationskoeffizienten V_{X_i} der Basisvariablen

Für kleine Variationskoeffizienten der Streugröße V_δ und kleine Variationskoeffizienten aller Basisvariablen V_{rt} darf für die Ermittlung des Variationskoeffizienten der Widerstandsfunktion V_r Gleichung A.9 als Näherung verwendet werden.

$$V_r^2 = V_\delta^2 + V_{rt}^2 = 0,16^2 + 0,009 = 0,025 \tag{A.9}$$

mit dem Variationskoeffizienten der Streugröße V_δ und dem aller Basisvariablen V_{rt}

Zusätzlich werden die Standardabweichungen Q_{rt} (Gl. A.10) der Basisvariablen , der Streugröße Q_δ (Gl. A.11) und der Widerstandsfunktion Q (Gl. A.12) sowie deren Wichtungsfaktoren α_{rt} (Gl. A.13) und α_δ (Gl. A.14) berechnet.

$$Q_{rt} = \sigma_{\ln(rt)} = \sqrt{\ln\left(V_{rt}^2 + 1\right)} = \sqrt{\ln\left(0,012 + 1\right)} = 0,107 \tag{A.10}$$

$$Q_\delta = \sigma_{\ln(\delta)} = \sqrt{\ln\left(V_\delta^2 + 1\right)} = \sqrt{\ln\left(0,12^2 + 1\right)} = 0,121 \tag{A.11}$$

$$Q = \sigma_{\ln(r)} = \sqrt{\ln\left(V_r^2 + 1\right)} = \sqrt{\ln\left(0,026 + 1\right)} = 0,161 \tag{A.12}$$

$$\alpha_{rt} = \frac{Q_{rt}}{Q} = \frac{0,107}{0,161} = 0,667 \tag{A.13}$$

$$\alpha_\delta = \frac{Q_\delta}{Q} = \frac{0,121}{0,161} = 0,750 \tag{A.14}$$

mit den Variationskoeffizienten aller Basisvariablen V_{rt}, der Streugröße V_δ und dem Widerstandsmodell V_r

Die Versuchsanzahl ist $n = 15 < 100$, so dass die Verteilung Δ für die statistischen Unsicherheiten zu berücksichtigen ist. Die Verteilung wird als zentrale Student-t-Verteilung mit den Parametern $\overline{\Delta}$, $V_{\Delta(r)}$ und n angenommen. Der charakteristische Wert der Widerstandsfunktion r_c wird dann entsprechend Gleichung A.15 ermittelt. Die Fraktilenfaktoren $k_\infty = 1,64$ und $k_{15} = 1,70$ können Tabelle 4.2 entnommen werden.

$$r_c = b \cdot g_{rt}\left(\underline{X}_m\right) \cdot e^{-k_\infty \cdot \alpha_{rt} \cdot Q_{rt} - k_n \cdot \alpha_\delta \cdot Q_\delta - 0,5 \cdot Q^2} \qquad\qquad (A.15)$$

$$= 0,98 \cdot g_{rt}\left(\underline{X}_m\right) \cdot e^{1,64 \cdot 0,667 \cdot 0,107 - 1,70 \cdot 0,750 \cdot 0,121 - 0,5 \cdot 0,161^2}$$

$$= 0,74 \cdot g_{rt}\left(\underline{X}_m\right)$$

mit der Mittelwertabweichung b, der Widerstandsfunktion $g_{rt}\left(\underline{X}_m\right)$, den Standardabweichungen Q_{rt}, Q_δ, Q, den Wichtungsfaktoren α_{rt}, α_δ, den Fraktilenfaktoren $k_\infty = 1,64$ und $k_{15} = 1,70$

A.5. Ermittlung des Bemessungswerts r_d der Widerstandsfunktion

A.5.1. Aus dem charakteristischen Wert

Der Bemessungswert der Widerstandsfunktion kann bei bekanntem Teilsicherheitsbeiwert $\gamma_M = 1,10$ aus dem charakteristischen Wert der Widerstandsfunktion r_c berechnet werden.

$$\frac{r_c}{\gamma_M} = \frac{0,74}{1,10} \cdot g_{rt}\left(\underline{X}_m\right) = 0,67 \cdot g_{rt}\left(\underline{X}_m\right)$$

$$(A.16)$$

mit dem charakterisitischen Wert der Widerstandsfunktion r_c sowie dem Teilsicherheitsbeiwert für eine Bauteileigenschaft unter Berücksichtigung von Modellunsicherheiten und Größenabweichungen γ_M

A.5.2. Direkte Ermittlung

Ist der Teilsicherheitsbeiwert nicht bekannt, wird der Bemessungswert der Widerstandsfunktion r_d direkt mit Gleichung A.17 ermittelt. Die Fraktilenfaktoren $k_{d,\infty} = 3,04$ und $k_{d,15} = 3,20$ sind in Tabelle 4.3 enthalten.

$$r_d = b \cdot g_{rt}\left(\underline{X}_m\right) \cdot e^{-k_{d,\infty} \cdot \alpha_{rt} \cdot Q_{rt} - k_{d,n} \cdot \alpha_\delta \cdot Q_\delta - 0,5 \cdot Q^2} \qquad\qquad (A.17)$$

$$= 0,98 \cdot g_{rt}\left(\underline{X}_m\right) \cdot e^{3,04 \cdot 0,667 \cdot 0,107 - 3,20 \cdot 0,750 \cdot 0,121 - 0,5 \cdot 0,161^2}$$

$$= 0,58 \cdot g_{rt}\left(\underline{X}_m\right)$$

$$(A.18)$$

mit der Mittelwertabweichung b, der Widerstandsfunktion $g_{rt}\left(\underline{X}_m\right)$, den Standardabweichungen Q_{rt}, Q_δ, Q, den Wichtungsfaktoren α_{rt}, α_δ, den Fraktilenfaktoren $k_{d,\infty} = 3,04$ sowie $k_{d,29} = 3,20$

A.6. Umrechnung auf nominelle Abmessungen und Materialkennwerte

Die Widerstandsfunktion $g_{rt}(\underline{X}_m)$ ist noch auf die Verwendung von Mittelwerten umzurechnen. Für die Mittelwerte der Abmessungen die Annahme getroffen, dass diese gleich den Nennwerten sind (*Wardenier 1982*). Die Umrechnung der gemessenen Streckgrenzen in die charakteristischen Mindestwerte erfolgt mit dem Fraktilenfaktor $k = 2$, so dass der charakteristische Wert ξ_c und der Bemessungswert ξ_c/γ_M der Widerstandsfunktion $g_{rt}(\underline{X})$ mit Gleichung A.19 ermittelt werden.

$$\xi_c = \frac{r_c}{0,882} = \frac{0,74}{0,882} = 0,84 \tag{A.19}$$

$$\frac{\xi_c}{\gamma_M} = \frac{0,84}{1,10} = 0,76 \tag{A.20}$$

mit dem charateristischen Wert der Widerstandsfunktion r_c sowie dem Teilsicherheitsbeiwert für eine Bauteileigenschaft unter Berücksichtigung von Modellunsicherheiten und Größenabweichungen γ_M

Für den direkt ermittelten Bemessungswert der Widerstandsfunktion erfolgt dies entsprechend Gleichung A.21

$$\xi_d = \frac{r_d}{0,882} = \frac{0,66}{0,882} = 0,75 \tag{A.21}$$

mit dem Bemessungswert der Widerstandsfunktion r_c sowie dem Teilsicherheitsbeiwert für eine Bauteileigenschaft unter Berücksichtigung von Modellunsicherheiten und Größenabweichungen γ_M

Tabelle A.1. – Auswertung der Versuchsergebnisse ($n = 15$) für Gurtflanschversagen (DIN EN 1993-1-8)

KJ	FM	Tragfähigkeiten			Hilfswerte der stat. Auswertung				
		Versuch	Modell	Norm.					
		$r_{ei}{}^{1)}$	$r_{ti}{}^{2)}$	$\frac{r_{ei}}{r_{ti}}$	$r_{ei}\cdot r_{ti}$	r_{ti}^2	$\frac{r_{ei}}{b\cdot r_{ti}}$	$\ln(\delta_i)$	$(\Delta_i - \overline{\Delta})^2$
		kN	kN		kN^2	kN^2			
01	N.a.	285	307	0,93	87595	94464	0,94	-0,06	0,00
02	CW	394	383	1,03	150906	146698	1,05	0,05	0,00
03	CW	532	460	1,16	244571	211343	1,18	0,16	0,02
06	N.a.	305	315	0,97	96095	99266	0,99	-0,01	0,00
08	CW	450	364	1,24	163810	132511	1,26	0,23	0,05
09	CW	363	393	0,92	142595	154310	0,94	-0,06	0,01
12	N.a.	443	483	0,92	214138	233657	0,93	-0,07	0,01
22	CW	163	171	0,95	27841	29175	0,97	-0,03	0,00
32	N.a.	460	448	1,03	206145	200830	1,04	0,04	0,00
33	N.a.	384	429	0,90	164607	183754	0,91	-0,09	0,01
35	N.a.	356	320	1,11	114031	102599	1,13	0,12	0,01
36	N.a.	392	328	1,19	128662	107728	1,22	0,20	0,03
38	N.a.	543	547	0,99	296771	298705	1,01	0,01	0,00
39	N.a.	455	523	0,87	237781	273105	0,89	-0,12	0,02
40	N.a.	437	534	0,82	233245	284881	0,83	-0,18	0,04
Σ					2508793	2553027		0,182	0,204

Bemerkungen:

[1)] Einwirkung bei einer Eindrückung der Strebe in den Gurtflansch von $3\,\% \cdot b_0$

[2)] Tragfähigkeit für Gurtflanschversagen nach DIN EN 1993-1-8 ermittelt mit gemessenen Abmessungen und Materialkennwerten sowie unter Berücksichtigung der Abminderung k_n infolge der Gurtbeanspruchung

B. Analytische Modelle

B.1. Grundlegendes Fließlinienmodell

Das grundlegende Prinzip von Fließlinienmodellen ist, dass die durch eine Verschiebung δ einer äußeren Einwirkung N verrichtete äußere Arbeit E_a im Gleichgewicht zur inneren virtuellen Arbeit E_i steht. Diese innere Arbeit wird durch die Summe der virtuellen Rotationen ϕ_i der Fließlinien im Gurtflansch und deren plastische Momententragfähigkeit $m_{p0} \cdot l_i$ verrichtet.

Für symmetrische K-Knoten, die als druck- und zugbeanspruchte Doppel-T-Knoten idealisiert werden, entspricht die Einwirkung dem vertikalen Anteil der Strebennormalkraft $N_1 \cdot \sin\Theta_1$ des K-Knotens. Die äußere Arbeit E_a, die durch diese Einwirkung und deren Verschiebung δ verrichtet wird, kann mit Gleichung B.1 angegeben werden.

$$E_a = N_1 \cdot \sin\Theta_1 \cdot \delta \tag{B.1}$$

mit der Strebenbeanspruchung N_1, der Verschiebung δ sowie dem Strebenwinkel Θ_1

Die von den virtuellen Rotationen ϕ_i der Fließlinien im Gurtflansch und deren Momententragfähigkeiten $m_{p0} \cdot l_i$ verrichtete innere virtuelle Arbeit E_i ergibt sich aus Gleichung B.2.

$$E_i = \sum_{i=1}^{n} m_{p0} \cdot l_i \cdot \phi_i \tag{B.2}$$

mit der Anzahl von Fließlinien n, der plastischen Momententragfähigkeit des Gurtflanschs m_{p0} sowie der Länge l_i und der Rotation ϕ_i der Fließlinie i

Aus der Bedingung, dass die äußere und die innere virtuelle Arbeit sich Gleichgewicht befinden $E_a = E_i$, ergibt sich die Beanspruchung N_1 der Strebe aus Gleichung B.3.

Beim grundlegenden Fließlinienmodelle wird eine u.a. bereits von Mouty und Wardenier (*Mouty 1978; Wardenier et al. 1976*) verwendete Fließlinienanordnung eines, als Doppel-T-Knoten idealisierten symmetrischen K-Knotens (siehe Bild in Tab. B.2)

$$N_1 = \frac{m_{p0}}{\sin\Theta_1 \cdot \delta} \cdot \sum_{i=1}^{n} \cdot l_i \cdot \phi_i \qquad\qquad\qquad (B.3)$$

mit der plastischen Momententragfähigkeit des Gurtflanschs m_{p0}, dem Strebenwinkel Θ_1, der Verschiebung δ, der Fließlinienanzahl n sowie der Länge l_i und der Rotation ϕ_i der Fließlinie i

verwendet. Die für diese Fließlinienanordnung ermittelten Fließlinienlängen l_i und die virtuellen Rotationen der Fließlinien ϕ_i sind in Tabelle B.2 zusammengestellt.

Da die Fließlinientheorie stets eine obere Abschätzung der Tragfähigkeit ergibt, ist die Fließlinienkonfiguration zu ermitteln, für die diese Tragfähigkeit minimal ist. Diese erfolgt durch Differenzieren und Auffinden der Nullstellen $dN1/N\alpha = 0$ (Gl. B.4).

$$\frac{dN_1}{d\alpha} = \frac{m_{p0}}{\sin\Theta_1} \cdot \frac{d}{d\alpha} \sum_{i=1}^{n} \cdot \frac{n_i \cdot l_i \cdot \phi_i}{\delta} = 0 \qquad\qquad\qquad (B.4)$$

mit der plastischen Momententragfähigkeit des Gurtflanschs m_{p0}, dem Strebenwinkel Θ_1, der Fließlinienanzahl n, der Länge l_i und der Rotation ϕ_i der Fließlinie i, der Verschiebung δ sowie dem Winkel α

Für einen symmetrischen K-Knoten mit quadratischen Streben, d.h. $\Theta_1 = \Theta_2$ sowie $b_1 = b_2 = h_1 = h_2$ sind die Ableitungen $d/d\alpha$ der einzelnen Fließlinien ebenfalls in Tabelle B.2 aufgeführt. Die Nullstellen in Gleichung B.4 ergeben sich damit zu (Gl. B.5):

$$\frac{d}{d\alpha} \sum_{i=1}^{n} \cdot \frac{n_i \cdot l_i \cdot \phi_i}{\delta} = \frac{2(1+\beta)}{1-\beta}\left(\tan^2\alpha + 1\right) + 2\tan^2\alpha - \frac{4}{\tan^2\alpha} - 2 \qquad (B.5)$$

$$= 4\left(\frac{\tan^2\alpha}{1-\beta} - \frac{1}{\tan^2\alpha} + \frac{\beta}{1-\beta}\right) = 0$$

mit der plastischen Momententragfähigkeit des Gurtflanschs m_{p0}, der Fließlinienanzahl n, der Länge l_i und der Rotation ϕ_i der Fließlinie i, der Verschiebung δ, dem Verhältnis $\beta = b_1/b_0$ sowie dem Winkel α

Gleichung B.5 besitzt als kleinste positive Lösung $\tan\alpha = \sqrt{1-\beta}$, die damit ermittelten Ergebnisse der einzelnen Fließlinien können Tabelle B.3 entnommen werden. Unter Berücksichtigung dieser Fließlinienanordnung und der Beanspruchung N_1 der Strebe (Gl. B.3) ergibt die minimalen Knotentragfähigkeit $N_{1,u}$ (Gl. B.6).

Durch Zusammenfassen und Umformen ergibt sich schließlich die Knotentragfähigkeit $N_{1,u}$ symmetrischer K-Knoten (Gl. B.7):

$$N_{1,u} = \frac{f_{y0}t_0^2}{4\sin\Theta_1\,(1-\beta)}\left[\frac{8\eta}{\sin\Theta_i} + \frac{4g}{b_0} + \frac{2\beta b_0\,(1-\beta)}{g} + \frac{2b_0\,(1-\beta)^2}{g} + \right.$$

$$\left. + 2\sqrt{1-\beta} + 2\beta\sqrt{1-\beta} + 2\sqrt{1-\beta}\,(2-\beta) + \frac{2\,(1-\beta)}{\sqrt{1-\beta}}\right] \tag{B.6}$$

mit der Streckgrenze des Gurtmaterials f_{y0}, der Breite b_0 und der Wanddicke t_0 des Gurts, dem Strebenwinkel Θ_1, den Verhältnissen $\beta = b_1/b_0$ und $\eta = b_1/h_0$ sowie der Spaltweite g

$$N_{1,u} = \frac{f_{y0}t_0^2}{\sin\Theta_1\,(1-\beta)}\left[\frac{2\cdot\eta}{\sin\Theta_1} + \frac{g}{b_0} + \frac{b_0}{2\cdot g}\cdot(1-\beta) + 2\cdot\sqrt{1-\beta}\right] \tag{B.7}$$

mit der Streckgrenze des Gurtmaterials f_{y0}, der Breite b_0 und der Wanddicke t_0 des Gurts, dem Strebenwinkel Θ_1, den Verhältnissen $\beta = b_1/b_0$ und $\eta = b_1/h_0$ sowie der Spaltweite g

Tabelle B.1. – Ergebnisse für das grundlegende Fließlinienmodell

Anz. $\times$ Nr. . i	Anz. $\cdot$ Länge $\cdot$ Rotation $n_i \cdot l_i \cdot \phi_i/\delta$
$1 \times ①$	$2\dfrac{\sqrt{1-\beta}}{1-\beta}$
$1 \times ②$	$2\beta\dfrac{\sqrt{1-\beta}}{1-\beta}$
$1 \times ③$	$2\beta\dfrac{b_0}{g}$
$4 \times ④$	$\dfrac{2}{\sqrt{1-\beta}} + \dfrac{4\eta}{\sin\Theta_1\,(1-\beta)} + \dfrac{2g}{b_0\,(1-\beta)}$
$2 \times ⑤$	$\dfrac{4\eta}{\sin\Theta_1\,(1-\beta)}$
$2 \times ⑥$	$\dfrac{4\beta}{1-\beta}\sqrt{1-\beta}$
$2 \times ⑦$	$\dfrac{2b_0\,(1-\beta)}{g} + \dfrac{2g}{b_0\,(1-\beta)}$

Tabelle B.2. – Grundlegendes Fließlinienmodell

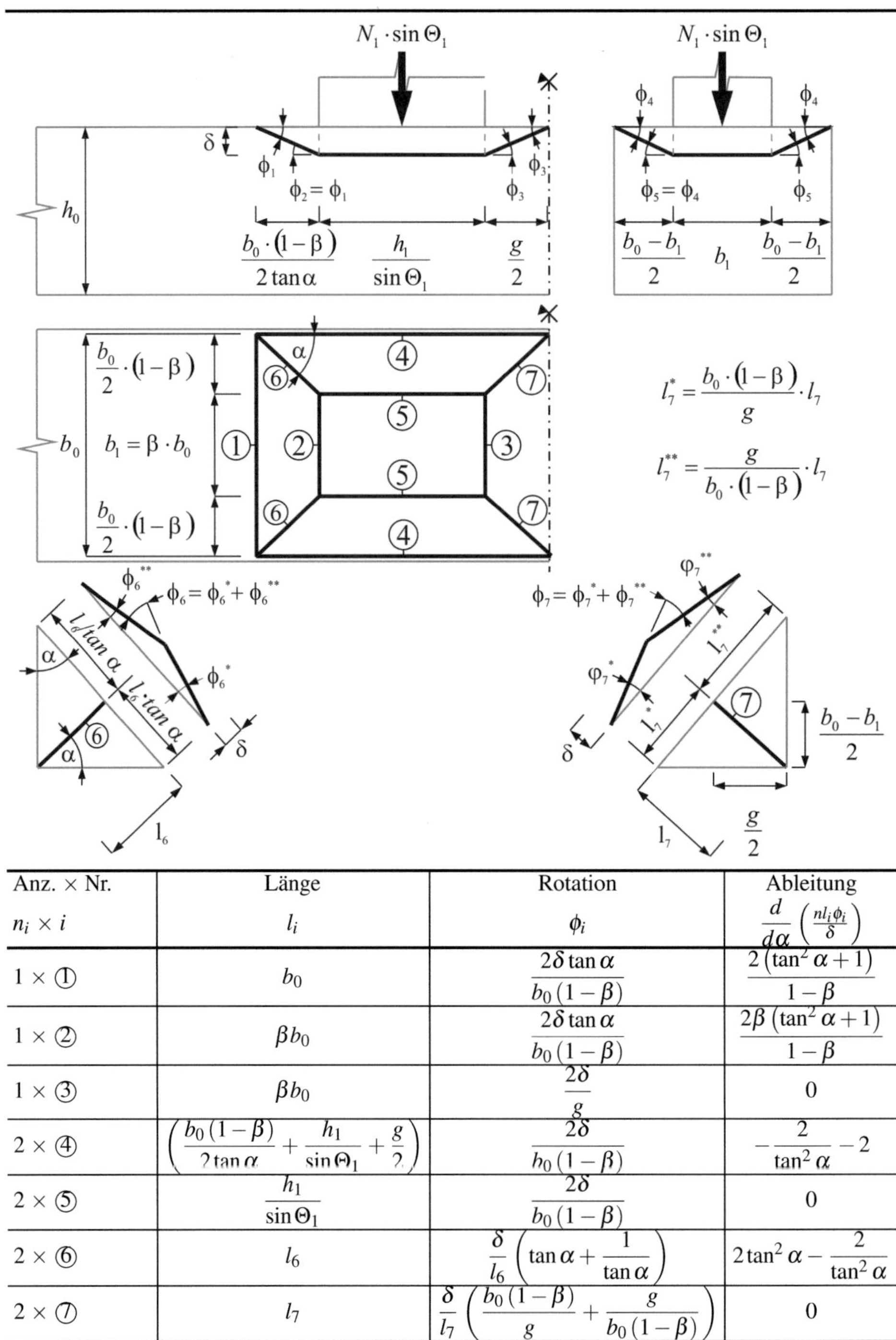

Anz. × Nr. $n_i \times i$	Länge l_i	Rotation ϕ_i	Ableitung $\dfrac{d}{d\alpha}\left(\dfrac{nl_i\phi_i}{\delta}\right)$
$1 \times ①$	b_0	$\dfrac{2\delta\tan\alpha}{b_0(1-\beta)}$	$\dfrac{2\left(\tan^2\alpha+1\right)}{1-\beta}$
$1 \times ②$	βb_0	$\dfrac{2\delta\tan\alpha}{b_0(1-\beta)}$	$\dfrac{2\beta\left(\tan^2\alpha+1\right)}{1-\beta}$
$1 \times ③$	βb_0	$\dfrac{2\delta}{g}$	0
$2 \times ④$	$\left(\dfrac{b_0(1-\beta)}{2\tan\alpha}+\dfrac{h_1}{\sin\Theta_1}+\dfrac{g}{2}\right)$	$\dfrac{2\delta}{h_0(1-\beta)}$	$-\dfrac{2}{\tan^2\alpha}-2$
$2 \times ⑤$	$\dfrac{h_1}{\sin\Theta_1}$	$\dfrac{2\delta}{b_0(1-\beta)}$	0
$2 \times ⑥$	l_6	$\dfrac{\delta}{l_6}\left(\tan\alpha+\dfrac{1}{\tan\alpha}\right)$	$2\tan^2\alpha-\dfrac{2}{\tan^2\alpha}$
$2 \times ⑦$	l_7	$\dfrac{\delta}{l_7}\left(\dfrac{b_0(1-\beta)}{g}+\dfrac{g}{b_0(1-\beta)}\right)$	0

B.2. Erweitertes Fließlinienmodell

Für das erweiterte Fließlinienmodell gelten die gleichen und bereits beim grundlegenden Fließlinienmodell dargelegten Grundsätze bezüglich der äußeren und der inneren virtuellen Arbeit. Die äußere Arbeit E_a des erweiterten Fließlinienmodells entspricht der des grundlegenden Fließlinienmodells (Gl. B.1). Bei der Ermittlung der inneren virtuellen Arbeit E_i ist ein zusätzlicher Anteil ΔE_i zu berücksichtigen. Dieser resultiert aus der Verlängerung des Spalts Δl infolge der Membrankraft S. Zusätzlich sind Reduktionen χ_i der plastischen Momententragfähigkeiten m_{p0}, die durch Membrankräfte S hervorgerufen werden zu berücksichtigten (Gl. B.8).

$$E_i = \sum_{i=1}^{n} \cdot \chi_i \cdot m_{p0} \cdot l_i \cdot \phi_i + \Delta E_i = m_{p0} \cdot \sum_{i=1}^{n} \cdot \chi_i \cdot l_i \cdot \phi_i + S \cdot \Delta l \tag{B.8}$$

mit der Anzahl von Fließlinien n, der plastischen Momententragfähigkeit des Gurtflanschs m_{p0}, der Länge l_i und der Rotation ϕ_i der Fließlinie i sowie der Reduktion χ_i

Da auch beim erweiterten Fließlinienmodell die innere virtuelle E_i und die äußere Arbeit E_a im Gleichgewicht stehen, kann die resultierende Strebenbeanspruchung N_1 mit Gleichung B.9 angegeben werden.

$$N_1 = \frac{m_{p0}}{\sin\Theta_1 \cdot \delta} \cdot \sum_{i=1}^{n} \cdot \chi_i \cdot l_i \cdot \phi_i + \frac{S \cdot \Delta l}{\sin\Theta_1 \cdot \delta} \tag{B.9}$$

mit der Anzahl der Fließlinien n, der plastischen Momententragfähigkeit des Gurtflanschs m_{p0}, der Länge l_i und der Rotation ϕ_i der Fließlinie i, der Verlängerung des Spalts Δl, der Reduktion χ_i sowie dem Strebenwinkel Θ_1

Die minimale Tragfähigkeit $N_{1,u}$ ergibt sich wiederum durch Differenzieren und Auffinden der kleinsten positiven Nullstelle $dN1/N\alpha = 0$ (Gl. B.10). Die für das erweiterte Fließlinienmodell ermittelten Fließlinienlängen l_i und die virtuellen Rotationen der Fließlinien ϕ_i sind in Tabelle B.4 zusammengestellt. Dort sind ebenfalls die Ableitungen $d/d\alpha$ der einzelnen Fließlinien aufgeführt.

$$\frac{dN_1}{d\alpha} = \frac{m_{p0}}{\sin\Theta_1} \cdot \sum_{i=1}^{n} \cdot \frac{n_i \cdot \chi_i \cdot l_i \cdot \phi_i}{\delta} = 0 \tag{B.10}$$

mit der Anzahl der Fließlinien n, der plastischen Momententragfähigkeit des Gurtflanschs m_{p0}, der Länge l_i und der Rotation ϕ_i der Fließlinie i, der Reduktion χ_i sowie dem Strebenwinkel Θ_1

Zwar ist die Reduktion χ_i der plastischen Momententragfähigkeit m_{p0} infolge der Membrankraft S bei der Ermittlung der minimalen Tragfähigkeit zu berücksichtigen, dies ist jedoch nur bei den Fließlinien des Spalts (Tab. B.4, Fließlinie Nr. ③) notwendig. Auf die Nullstellen hat die Reduktion χ_i keinen Einfluss, so dass die Fließlinienanordnung mit der des grundlegenden Fließlinienmodells übereinstimmt und $\tan\alpha = \sqrt{1-\beta}$ ist. Die Ergebnisse der Fließlinien des erweiterten Fließlinienmodells unter Berücksichtigung der aufgefundenen Fließlinienanordnung sind in Tabelle B.3 wiedergegeben. Die Tragfähigkeit $N_{1,u}$ ergibt sich daraus mit Gleichung B.9 (Gl. B.11).

$$N_{1,u} = \frac{f_{y0}t_0^2}{4\sin\Theta_1\,(1-\beta)} \left[\frac{8\eta}{\sin\Theta_i} + \frac{4g}{b_0} + \frac{2\chi\beta b_0\,(1-\beta)}{g} + \frac{2b_0\,(1-\beta)^2}{g} + \right.$$

$$\left. +2\sqrt{1-\beta} + 2\beta\sqrt{1-\beta} + 2\sqrt{1-\beta}\,(2-\beta) + \frac{2\,(1-\beta)}{\sqrt{1-\beta}} \right] +$$

$$+ \frac{S\cdot\Delta l}{2\cdot\delta\sin\Theta_i} \tag{B.11}$$

mit der Streckgrenze des Gurts f_{y0}, der Wanddicke t_0 und der Breite b_0 des Gurts, dem Strebenwinkel Θ_1, den Verhältnissen $\beta = b_1/b_0$ und $\eta = b_1/h_0$, der Spaltweite g sowie der Reduktion χ_i

Durch Zusammenfassen und Umformen ergibt sich schließlich die in Gleichung B.12 angegebene Knotentragfähigkeit $N_{1,u}$ symmetrischer K-Knoten unter Berücksichtigung der Membranwirkung und der Materialverfestigung.

$$N_{1,u} = \frac{f_{y0}t_0^2}{\sin\Theta_1\,(1-\beta)} \left[\frac{2\cdot\eta}{\sin\Theta_1} + \frac{g}{b_0} + \frac{b_0}{2\cdot g}\cdot(1-\beta)\cdot(\beta\cdot(\chi-1)+1) + 2\cdot\sqrt{1-\beta} \right]$$

$$+ \frac{S\cdot\Delta l}{2\cdot\delta\sin\Theta_i} \tag{B.12}$$

mit der Streckgrenze des Gurts f_{y0}, der Wanddicke t_0 und der Breite b_0 des Gurts, dem Strebenwinkel Θ_1, den Verhältnissen $\beta = b_1/b_0$ und $\eta = b_1/h_0$, der Spaltweite g sowie der Reduktion χ_i

Zur übersichtlicheren Darstellung von Gleichung B.12 wird die Spaltdefinition f_g (Gl. B.13) eingeführt.

$$f_g = (1-\beta)\cdot(\beta\cdot(\chi-1)+1) \tag{B.13}$$

mit dem Breitenverhältnis $\beta = b_1/b_0$ und der Reduktion χ_i

Unter Verwendung der Spaltfunktion f_g (Gl. B.13) ergibt sich die Tragfähigkeit $N_{1,u}$ eines K-Knotens unter Berücksichtigung der Membranwirkung und der Materialverfestigung (Gl. B.14).

$$N_{1,u} = \frac{f_{y0}t_0^2}{\sin\Theta_1\,(1-\beta)}\left[\frac{2\cdot\eta}{\sin\Theta_1} + \frac{g}{b_0} + \frac{b_0}{2\cdot g}\cdot f_g + 2\cdot\sqrt{1-\beta}\right] + \frac{S\cdot\Delta l}{2\cdot\delta\sin\Theta_i} \qquad \text{(B.14)}$$

mit der Streckgrenze des Gurts f_{y0}, der Wanddicke t_0 und der Breite b_0 des Gurts, dem Strebenwinkel Θ_1, den Verhältnissen $\beta = b_1/b_0$ und $\eta = b_1/h_0$, der Spaltweite g sowie der Spaltfunktion f_g

Tabelle B.3. – Ergebnisse für das erweiterte Fließlinienmodell

Anz. $\times$ Nr. . i	Anz.$\cdot$ Reduktion $\cdot$ Länge $\cdot$ Rotation $n_i\cdot\chi_i\cdot l_i\cdot\phi_i/\delta$
$1\times\textcircled{1}$	$2\dfrac{\sqrt{1-\beta}}{1-\beta}$
$1\times\textcircled{2}$	$2\beta\dfrac{\sqrt{1-\beta}}{1-\beta}$
$1\times\textcircled{3}$	$\chi\beta\dfrac{b_0}{g}$
$4\times\textcircled{4}$	$\dfrac{2}{\sqrt{1-\beta}} + \dfrac{4\eta}{\sin\Theta_1\,(1-\beta)} + \dfrac{2g}{b_0\,(1-\beta)}$
$2\times\textcircled{5}$	$\dfrac{4\eta}{\sin\Theta_1\,(1-\beta)}$
$2\times\textcircled{6}$	$\dfrac{4\beta}{1-\beta}\sqrt{1-\beta}$
$2\times\textcircled{7}$	$\dfrac{2b_0\,(1-\beta)}{g} + \dfrac{2g}{b_0\,(1-\beta)}$

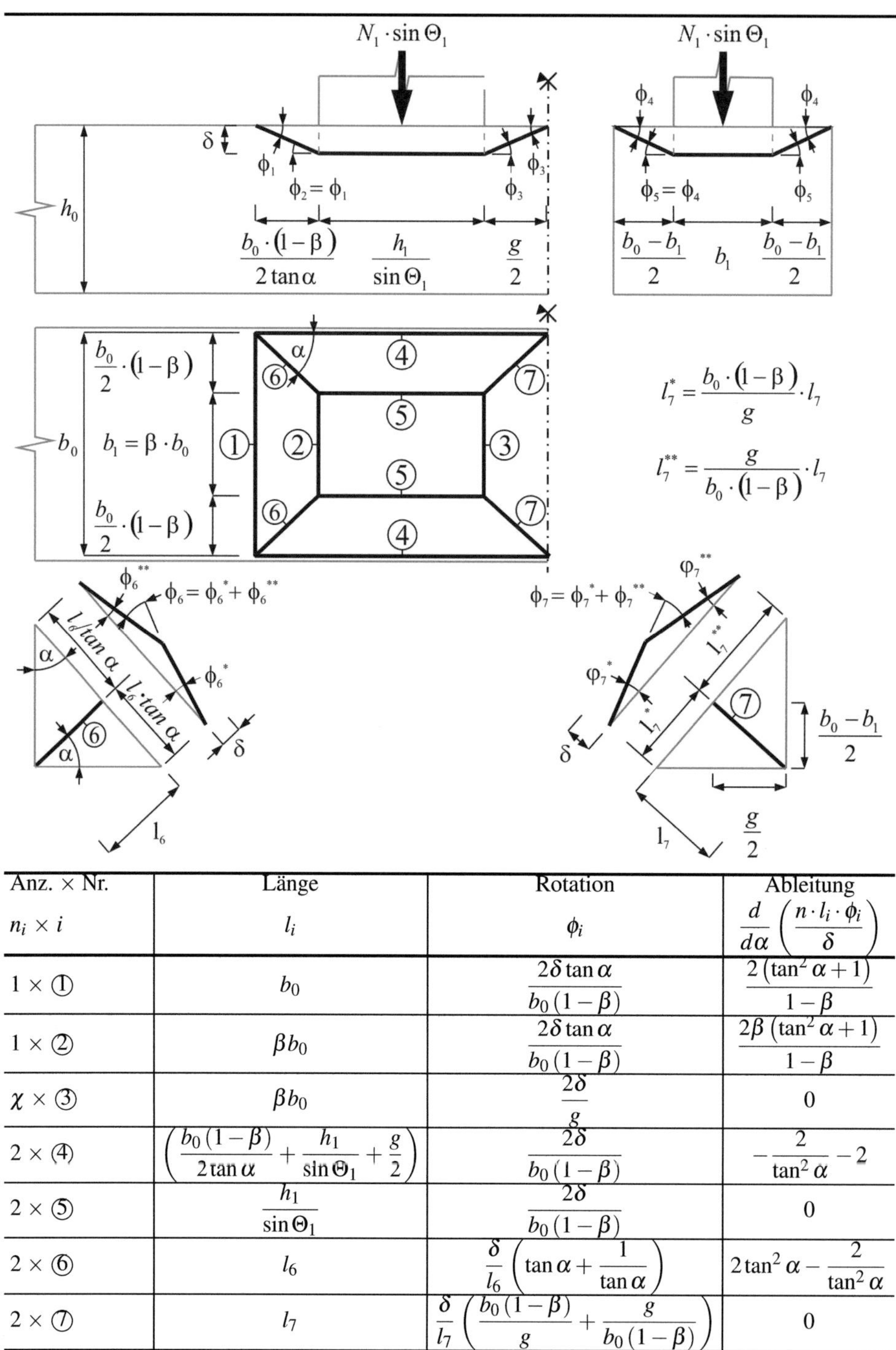

Anz. × Nr. $n_i \times i$	Länge l_i	Rotation ϕ_i	Ableitung $\dfrac{d}{d\alpha}\left(\dfrac{n \cdot l_i \cdot \phi_i}{\delta}\right)$
$1 \times ①$	b_0	$\dfrac{2\delta\tan\alpha}{b_0(1-\beta)}$	$\dfrac{2\left(\tan^2\alpha+1\right)}{1-\beta}$
$1 \times ②$	βb_0	$\dfrac{2\delta\tan\alpha}{b_0(1-\beta)}$	$\dfrac{2\beta\left(\tan^2\alpha+1\right)}{1-\beta}$
$\chi \times ③$	βb_0	$\dfrac{2\delta}{g}$	0
$2 \times ④$	$\left(\dfrac{b_0(1-\beta)}{2\tan\alpha}+\dfrac{h_1}{\sin\Theta_1}+\dfrac{g}{2}\right)$	$\dfrac{2\delta}{b_0(1-\beta)}$	$-\dfrac{2}{\tan^2\alpha}-2$
$2 \times ⑤$	$\dfrac{h_1}{\sin\Theta_1}$	$\dfrac{2\delta}{b_0(1-\beta)}$	0
$2 \times ⑥$	l_6	$\dfrac{\delta}{l_6}\left(\tan\alpha+\dfrac{1}{\tan\alpha}\right)$	$2\tan^2\alpha-\dfrac{2}{\tan^2\alpha}$
$2 \times ⑦$	l_7	$\dfrac{\delta}{l_7}\left(\dfrac{b_0(1-\beta)}{g}+\dfrac{g}{b_0(1-\beta)}\right)$	0

162

C. Dokumentation der experimentellen Untersuchungen

C.1. Materialkennwerte und Versuchsergebnisse

Die Ergebnisse der chemischen Analysen können dem Schlussbericht des europäischen Forschungsprojektes „Design Rules for Cold-Formed Structural Hollow Sections" entnommen werden (*Salmi et al. 2006*).

Abmessungen b x h x t mm	Chargen- nummern	Techn. Streckgrenze R_{p02} [N/mm^2]	Zugfestig- keit R_m [N/mm^2]	Bruch- dehnung A_5 %
300 x 200 x 6[1]	54539021114	451	531	25
200 x 100 x 4[2]	214806	402	521	31,4
200 x 100 x 5[2]	210602	485	546	25,8
200 x 100 x 6[2]	210600	480	546	26,3
150 x 150 x 4[2]	210589	459	540	29,9
150 x 100 x 6[2]	213326	509	586	26,4
120 x 120 x 3[2]	216557	425	551	30
100 x 100 x 6[2]	210555	396	526	30,5
80 x 80 x 3[2]	210507	427	517	29
80 x 80 x 4[2]	210510	433	532	28,3
80 x 80 x 5[2]	210512	474	548	35
80 x 80 x 6[2]	210302	418	523	31,7
200 x 100 x 4[3]	215543	506	592	25,6
200 x 100 x 5[3]	215162	539	614	21,4
200 x 100 x 6[3]	215160	526	588	25,9
80 x 80 x 3[3]	213541	522	600	31,4
80 x 80 x 4[3]	213544	495	579	29,8
80 x 80 x 5[3]	213547	550	634	21,7
80 x 80 x 6[3]	215109	526	600	25,4

Bemerkungen:
[1] S 355 – Rautaruukki Metform, Finnland
[2] S 355 – voestalpine Krems, Österreich
[3] S 460 – voestalpine Krems, Österreich

Auf den folgenden Seiten sind die Ergebnisse der durchgeführten Traglastversuche angegeben.

<table>
<tr><td>Gurtprofil [$b_0 \times h_0 \times t_0$]:</td><td>$300 \times 200 \times 6$</td><td>Charge: 54539021114 (01G)</td><td rowspan="2">KJ-01
Datum der Prüfung: 03.12.2002</td></tr>
<tr><td>Strebenprofile [$b_i \times h_i \times t_i$]:</td><td>$100 \times 100 \times 6$</td><td>Charge: 210555</td></tr>
</table>

Gemessene Querschnittsabmessungen						Geometrische Parameter (ermittelt mit nominellen Werten)							
b_0 [mm]	h_0 [mm]	t_0 [mm]	b_i [mm]	h_i [mm]	t_i [mm]	β	2γ	τ	ξ	g'	g'_{min} (EC3)	e/h_0	Θ_i [°]
299,6	200,6	6,0	100,2	100,2	5,7	0,33	50,0	1,0	0,59	9,76	16,67	0,00	45

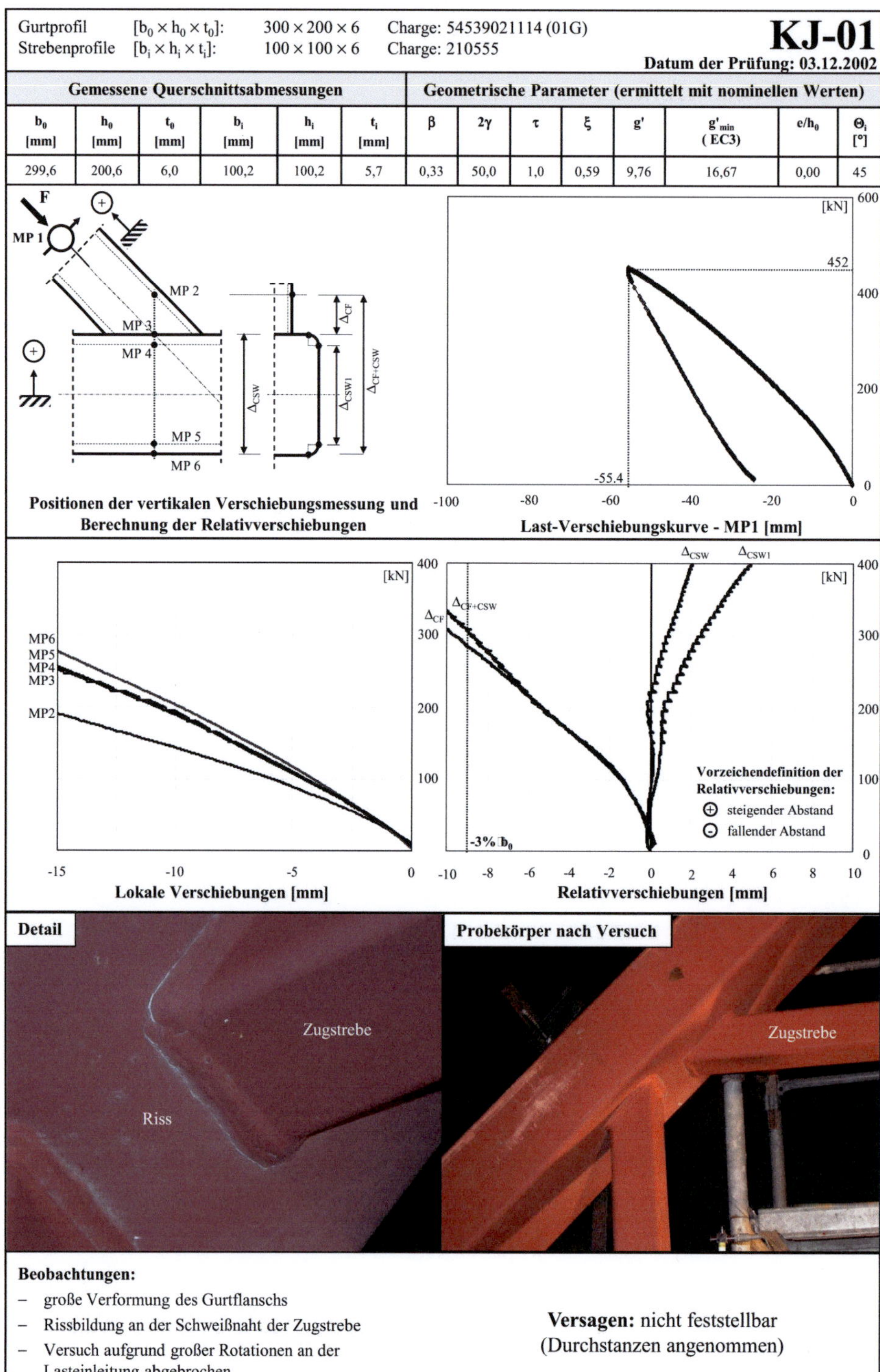

Beobachtungen:

- große Verformung des Gurtflanschs
- Rissbildung an der Schweißnaht der Zugstrebe
- Versuch aufgrund großer Rotationen an der Lasteinleitung abgebrochen

Versagen: nicht feststellbar
(Durchstanzen angenommen)

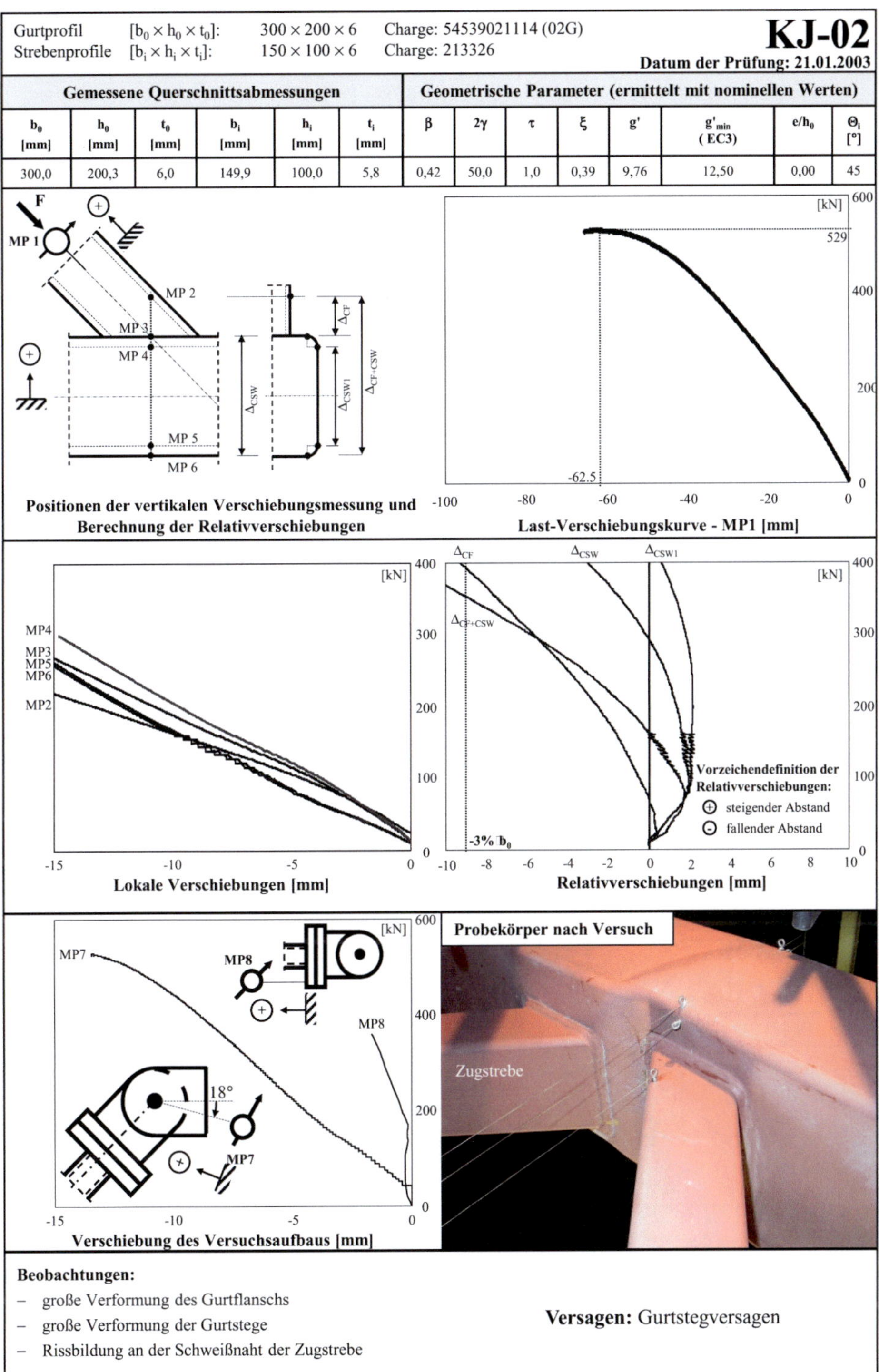

KJ-02

Datum der Prüfung: 21.01.2003

Gemessene Querschnittsabmessungen						Geometrische Parameter (ermittelt mit nominellen Werten)							
b_0 [mm]	h_0 [mm]	t_0 [mm]	b_i [mm]	h_i [mm]	t_i [mm]	β	2γ	τ	ξ	g'	g'_{min} (EC3)	e/h_0	Θ_i [°]
300,0	200,3	6,0	149,9	100,0	5,8	0,42	50,0	1,0	0,39	9,76	12,50	0,00	45

Positionen der vertikalen Verschiebungsmessung und Berechnung der Relativverschiebungen

Last-Verschiebungskurve - MP1 [mm]

Lokale Verschiebungen [mm]

Relativverschiebungen [mm]

Verschiebung des Versuchsaufbaus [mm]

Beobachtungen:

- große Verformung des Gurtflanschs
- große Verformung der Gurtstege
- Rissbildung an der Schweißnaht der Zugstrebe

Versagen: Gurtstegversagen

| Gurtprofil | $[b_0 \times h_0 \times t_0]$: | $300 \times 200 \times 6$ | Charge: 54539021114 (03G) |
| Strebenprofile | $[b_i \times h_i \times t_i]$: | $200 \times 100 \times 6$ | Charge: 210600 |

KJ-03

Datum der Prüfung: 25.01.2003

Gemessene Querschnittsabmessungen						Geometrische Parameter (ermittelt mit nominellen Werten)							
b_0 [mm]	h_0 [mm]	t_0 [mm]	b_i [mm]	h_i [mm]	t_i [mm]	β	2γ	τ	ξ	g'	g'_{min} (EC3)	e/h_0	Θ_i [°]
300,1	200,2	6,0	199,9	100,1	5,7	0,50	50,0	1,0	0,29	9,76	8,33	0,00	45

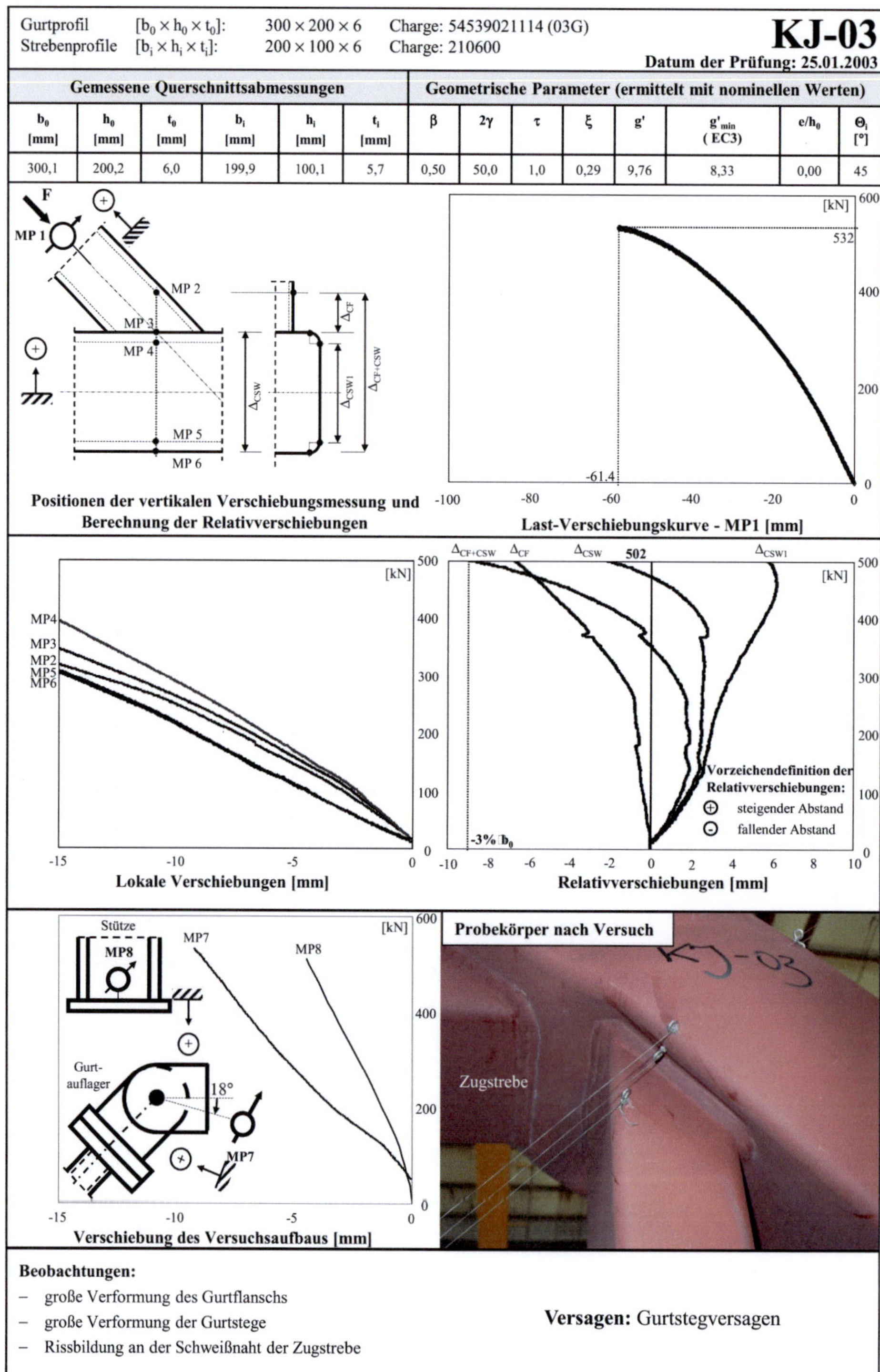

Beobachtungen:

- große Verformung des Gurtflanschs
- große Verformung der Gurtstege
- Rissbildung an der Schweißnaht der Zugstrebe

Versagen: Gurtstegversagen

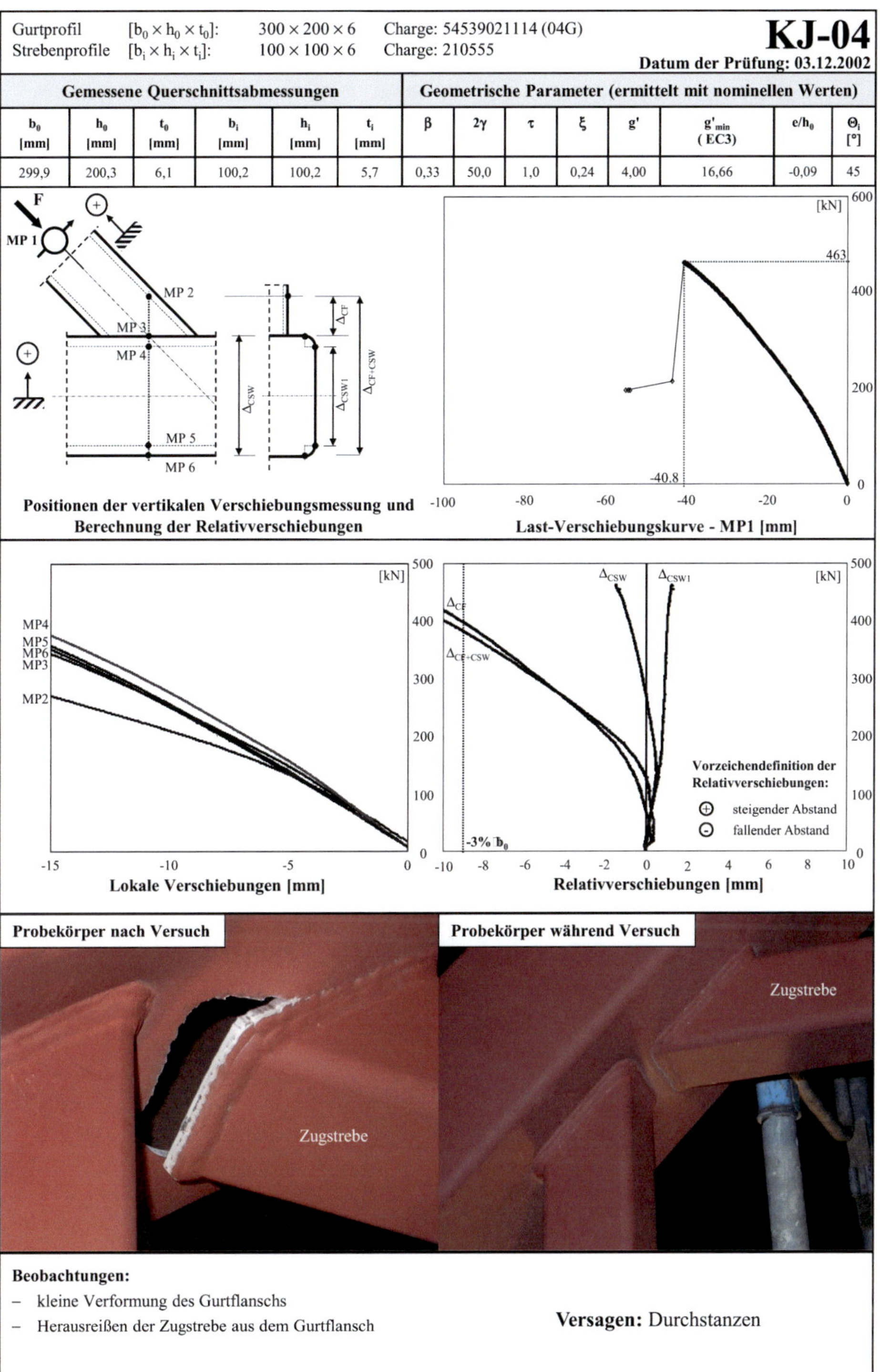

Gurtprofil	$[b_0 \times h_0 \times t_0]$:	$300 \times 200 \times 6$	Charge: 54539021114 (04G)
Strebenprofile	$[b_i \times h_i \times t_i]$:	$100 \times 100 \times 6$	Charge: 210555

KJ-04

Datum der Prüfung: 03.12.2002

Gemessene Querschnittsabmessungen						Geometrische Parameter (ermittelt mit nominellen Werten)							
b_0 [mm]	h_0 [mm]	t_0 [mm]	b_i [mm]	h_i [mm]	t_i [mm]	β	2γ	τ	ξ	g'	g'_{min} (EC3)	e/h_0	Θ_i [°]
299,9	200,3	6,1	100,2	100,2	5,7	0,33	50,0	1,0	0,24	4,00	16,66	-0,09	45

Positionen der vertikalen Verschiebungsmessung und Berechnung der Relativverschiebungen

Last-Verschiebungskurve - MP1 [mm]

Lokale Verschiebungen [mm]

Relativverschiebungen [mm]

Probekörper nach Versuch

Probekörper während Versuch

Beobachtungen:
- kleine Verformung des Gurtflanschs
- Herausreißen der Zugstrebe aus dem Gurtflansch

Versagen: Durchstanzen

167

| Gurtprofil | $[b_0 \times h_0 \times t_0]$: | $300 \times 200 \times 6$ | Charge: 54539021114 (05G) |
| Strebenprofile | $[b_i \times h_i \times t_i]$: | $100 \times 100 \times 6$ | Charge: 210555 |

Datum der Prüfung: 30.11.2002

Gemessene Querschnittsabmessungen						Geometrische Parameter (ermittelt mit nominellen Werten)							
b_0 [mm]	h_0 [mm]	t_0 [mm]	b_i [mm]	h_i [mm]	t_i [mm]	β	2γ	τ	ξ	g'	g'_{min} (EC3)	e/h_0	Θ_i [°]
299,9	200,4	5,9	100,2	100,2	5,7	0,33	50,0	1,0	0,48	8,00	16,66	-0,03	45

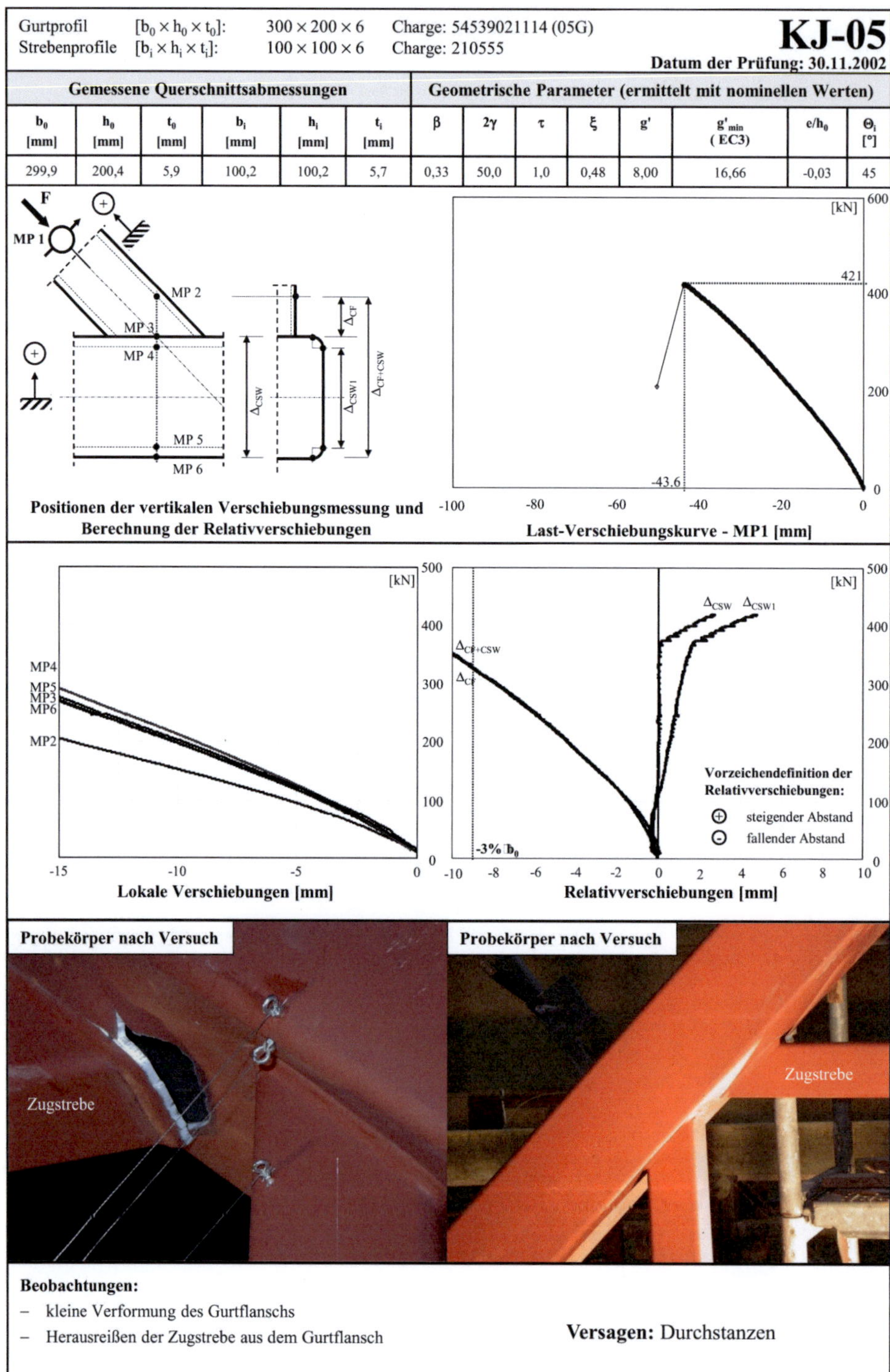

Beobachtungen:

- kleine Verformung des Gurtflanschs
- Herausreißen der Zugstrebe aus dem Gurtflansch

Versagen: Durchstanzen

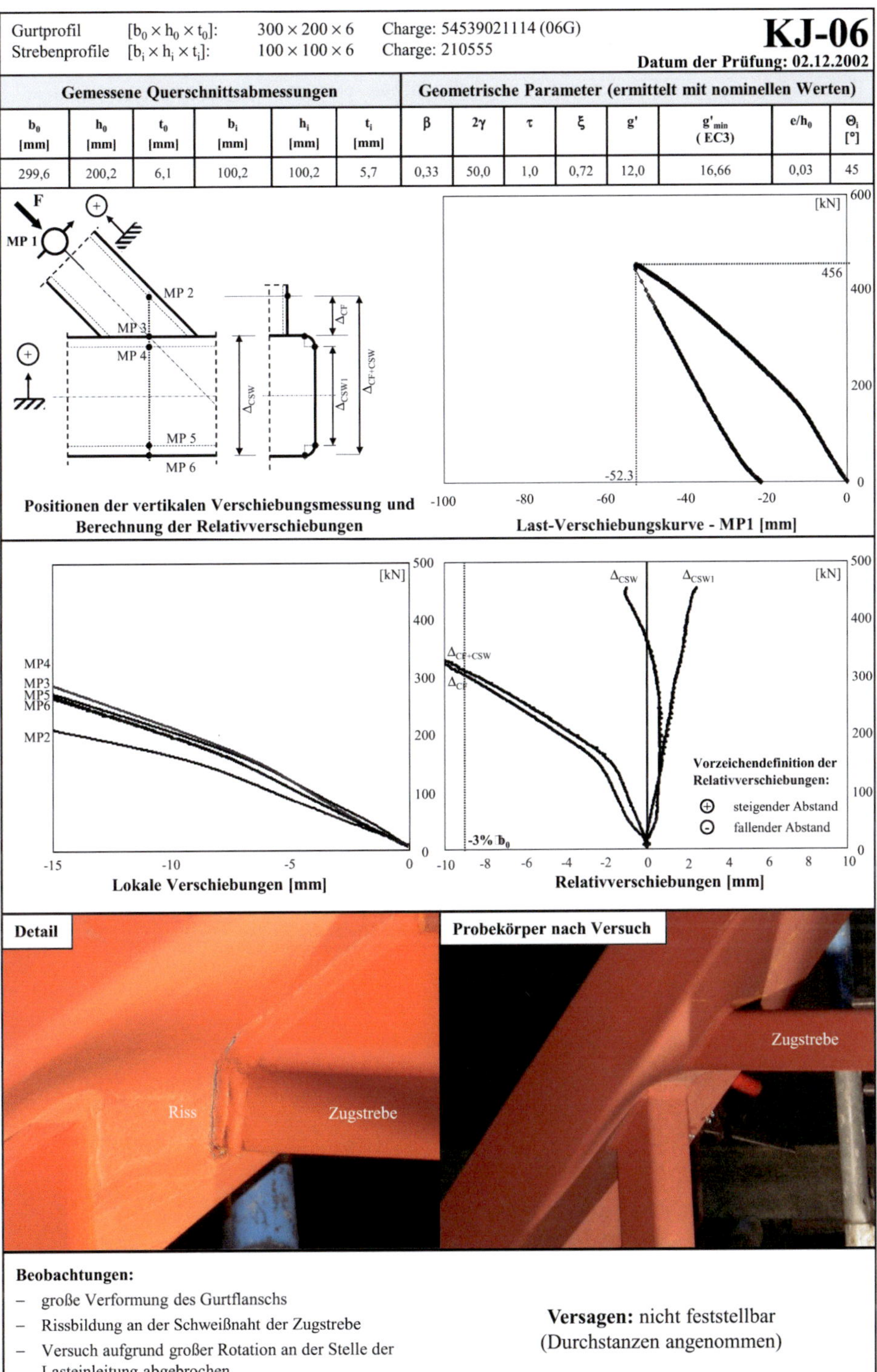

Gemessene Querschnittsabmessungen						Geometrische Parameter (ermittelt mit nominellen Werten)							
b_0 [mm]	h_0 [mm]	t_0 [mm]	b_i [mm]	h_i [mm]	t_i [mm]	β	2γ	τ	ξ	g'	g'_{min} (EC3)	e/h_0	Θ_i [°]
299,6	200,2	6,1	100,2	100,2	5,7	0,33	50,0	1,0	0,72	12,0	16,66	0,03	45

Beobachtungen:
- große Verformung des Gurtflanschs
- Rissbildung an der Schweißnaht der Zugstrebe
- Versuch aufgrund großer Rotation an der Stelle der Lasteinleitung abgebrochen

Versagen: nicht feststellbar
(Durchstanzen angenommen)

| Gurtprofil | $[b_0 \times h_0 \times t_0]$: | $300 \times 200 \times 6$ | Charge: 54539021114 (07G) | **KJ-07** |
| Strebenprofile | $[b_i \times h_i \times t_i]$: | $150 \times 100 \times 6$ | Charge: 213326 | |

Datum der Prüfung: 23.01.2003

Gemessene Querschnittsabmessungen						Geometrische Parameter (ermittelt mit nominellen Werten)							
b_0 [mm]	h_0 [mm]	t_0 [mm]	b_i [mm]	h_i [mm]	t_i [mm]	β	2γ	τ	ξ	g'	g'_{min} (EC3)	e/h_0	Θ_i [°]
300,1	200,3	5,8	149,9	100,0	5,8	0,42	50,0	1,0	0,16	4,00	12,50	-0,09	45

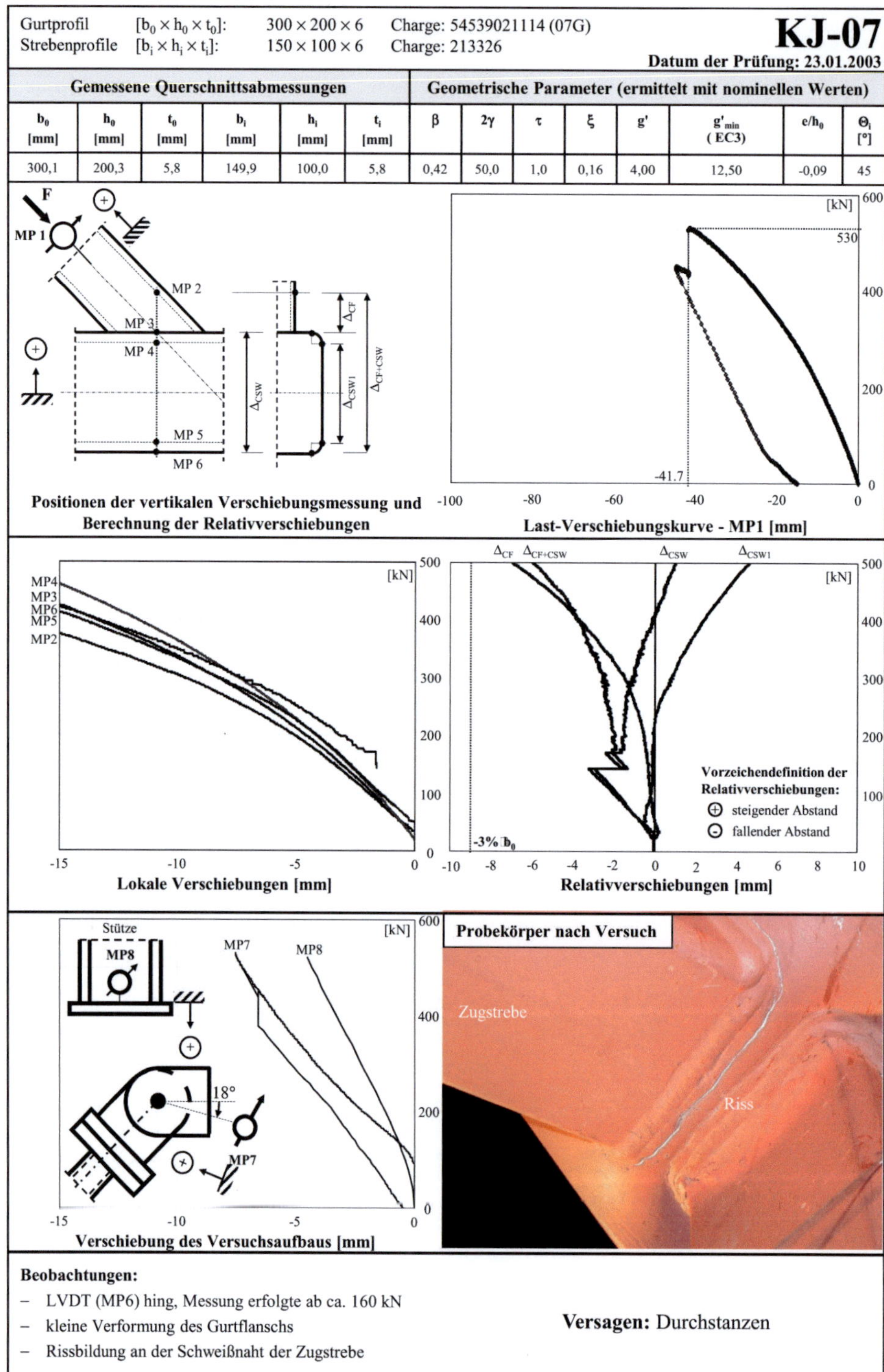

Beobachtungen:

- LVDT (MP6) hing, Messung erfolgte ab ca. 160 kN
- kleine Verformung des Gurtflanschs
- Rissbildung an der Schweißnaht der Zugstrebe

Versagen: Durchstanzen

| Gurtprofil $[b_0 \times h_0 \times t_0]$: | $300 \times 200 \times 6$ | Charge: 54539021114 (08G) | **KJ-08** |
| Strebenprofile $[b_i \times h_i \times t_i]$: | $150 \times 100 \times 6$ | Charge: 213326 | **Datum der Prüfung: 25.01.2003** |

Gemessene Querschnittsabmessungen						Geometrische Parameter (ermittelt mit nominellen Werten)							
b_0 [mm]	h_0 [mm]	t_0 [mm]	b_i [mm]	h_i [mm]	t_i [mm]	β	2γ	τ	ξ	g'	g'_{min} (EC3)	e/h_0	Θ_i [°]
300,0	200,4	5,8	149,9	100,0	5,9	0,42	50,0	1,0	0,32	8,00	12,50	-0,03	45

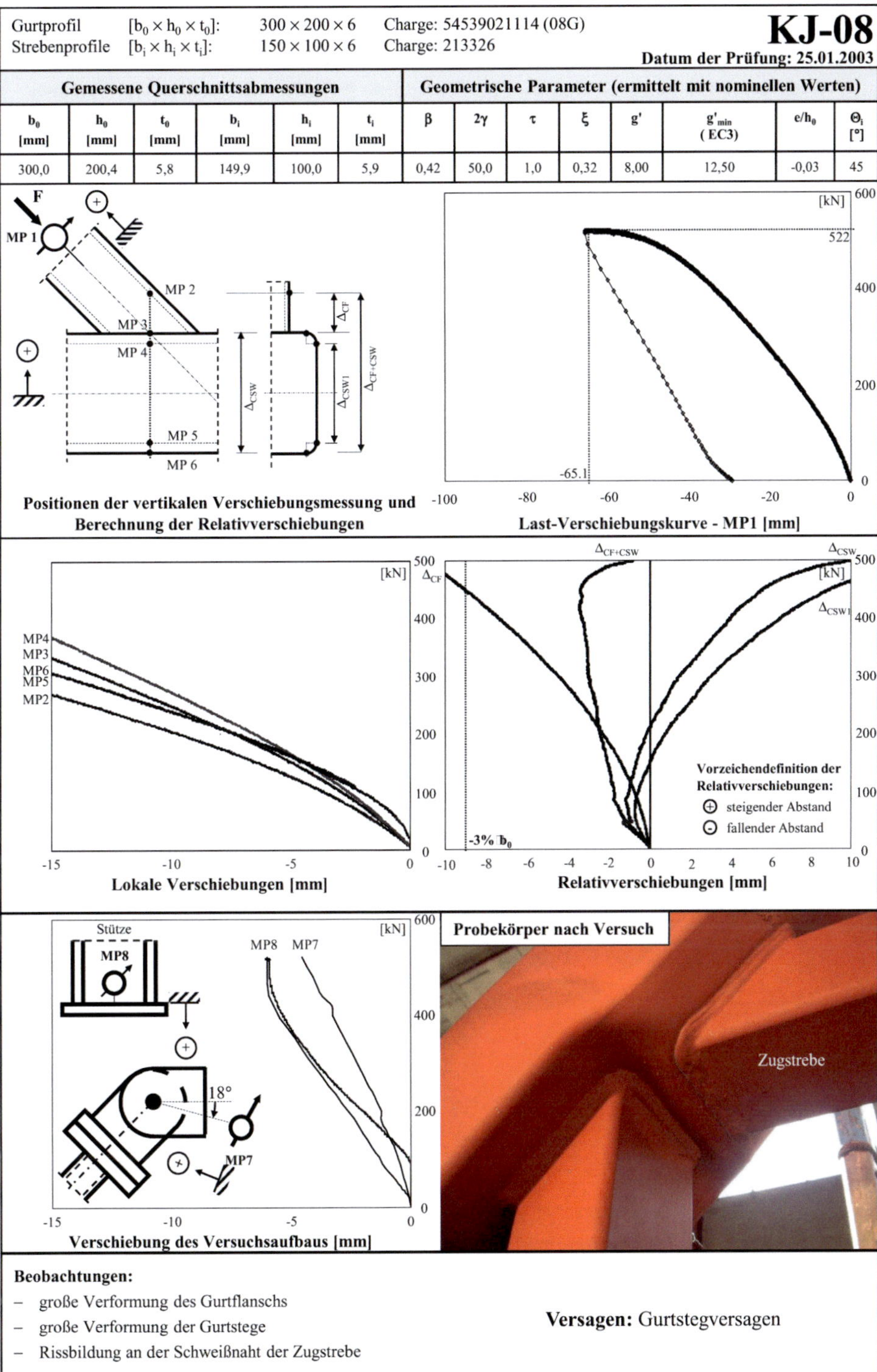

Beobachtungen:

- große Verformung des Gurtflanschs
- große Verformung der Gurtstege
- Rissbildung an der Schweißnaht der Zugstrebe

Versagen: Gurtstegversagen

<table>
<tr><td>Gurtprofil $[b_0 \times h_0 \times t_0]$:</td><td>$300 \times 200 \times 6$</td><td>Charge: 54539021114 (09G)</td><td rowspan="2">KJ-09
Datum der Prüfung: 22.01.2003</td></tr>
<tr><td>Strebenprofile $[b_i \times h_i \times t_i]$:</td><td>$150 \times 100 \times 6$</td><td>Charge: 213326</td></tr>
</table>

Gemessene Querschnittsabmessungen						Geometrische Parameter (ermittelt mit nominellen Werten)							
b_0 [mm]	h_0 [mm]	t_0 [mm]	b_i [mm]	h_i [mm]	t_i [mm]	β	2γ	τ	ξ	g'	g'_{min} (EC3)	e/h_0	Θ_i [°]
299,7	200,3	6,1	149,9	100,0	5,8	0,42	50,0	1,0	0,48	12,0	12,50	0,03	45

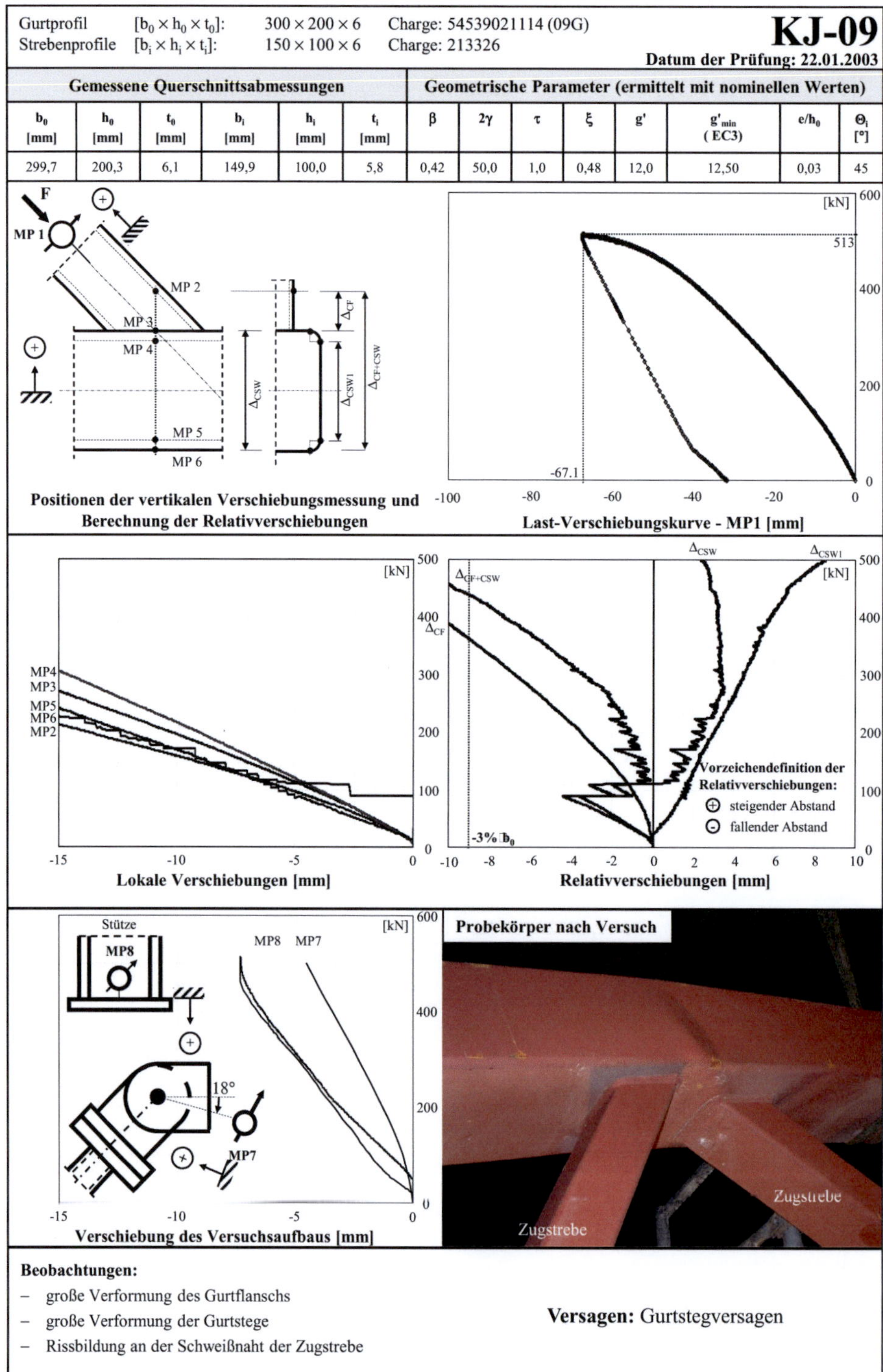

Positionen der vertikalen Verschiebungsmessung und
Berechnung der Relativverschiebungen

Last-Verschiebungskurve - MP1 [mm]

Lokale Verschiebungen [mm]

Relativverschiebungen [mm]

Verschiebung des Versuchsaufbaus [mm]

Beobachtungen:

- große Verformung des Gurtflanschs
- große Verformung der Gurtstege
- Rissbildung an der Schweißnaht der Zugstrebe

Versagen: Gurtstegversagen

| Gurtprofil | $[b_0 \times h_0\times t_0]$: | $300\times200\times6$ | Charge: 54539021114 (10G) | |
| Strebenprofile | $[b_i\times h_i\times t_i]$: | $200\times100\times6$ | Charge: 210600 | |

KJ-10

Datum der Prüfung: 27.01.2003

Gemessene Querschnittsabmessungen						Geometrische Parameter (ermittelt mit nominellen Werten)							
b_0 [mm]	h_0 [mm]	t_0 [mm]	b_i [mm]	h_i [mm]	t_i [mm]	β	2γ	τ	ξ	g'	g'_{min} (EC3)	e/h_0	Θ_i [°]
299,6	200,1	6,2	199,9	100,1	5,8	0,50	50,0	1,0	0,12	4,0	8,33	-0,09	45

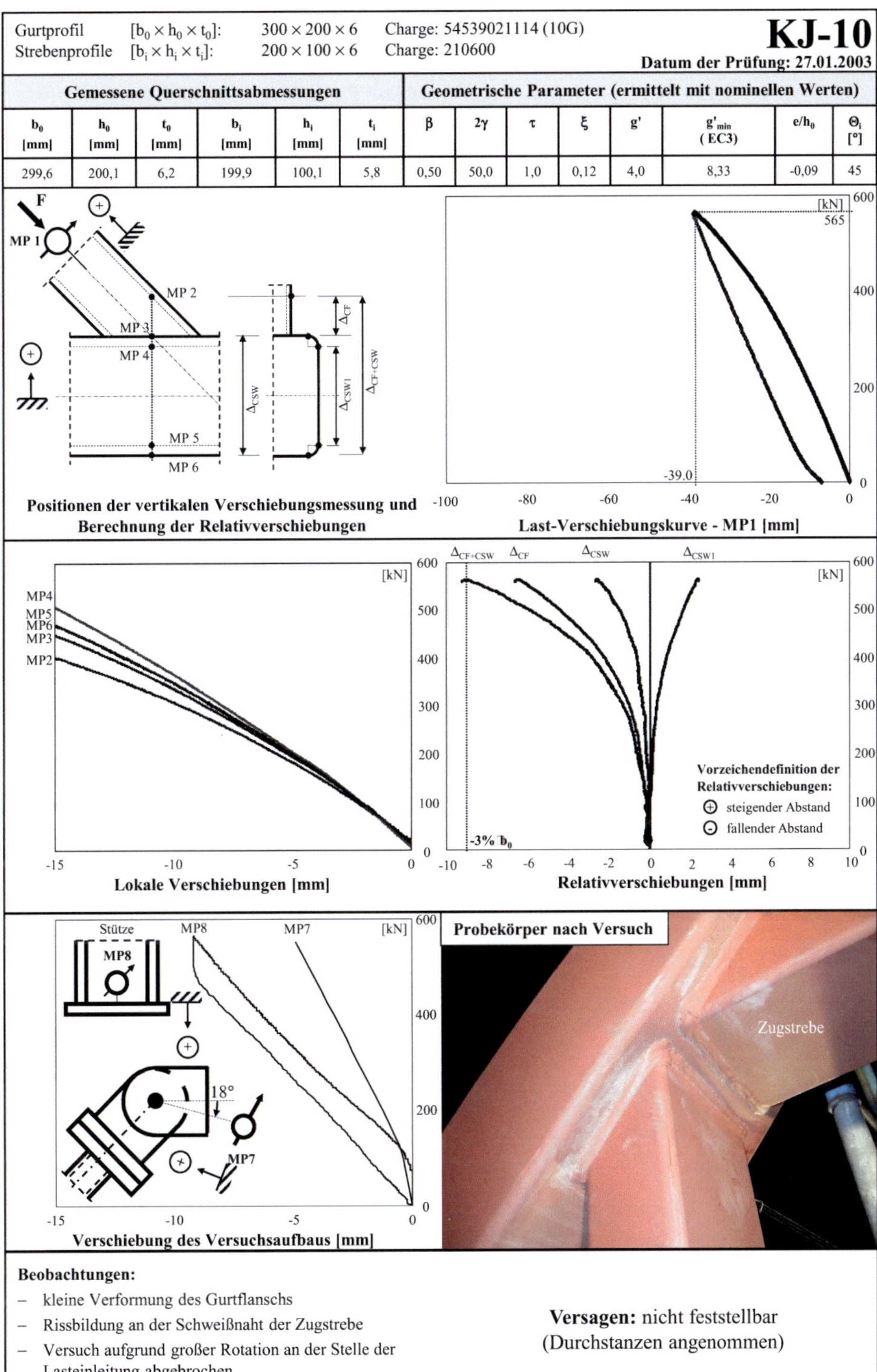

Positionen der vertikalen Verschiebungsmessung und Berechnung der Relativverschiebungen

Last-Verschiebungskurve - MP1 [mm]

Lokale Verschiebungen [mm]

Relativverschiebungen [mm]

Verschiebung des Versuchsaufbaus [mm]

Beobachtungen:

- kleine Verformung des Gurtflanschs
- Rissbildung an der Schweißnaht der Zugstrebe
- Versuch aufgrund großer Rotation an der Stelle der Lasteinleitung abgebrochen

Versagen: nicht feststellbar
(Durchstanzen angenommen)

173

Gurtprofil	$[b_0 \times h_0 \times t_0]$:	$300 \times 200 \times 6$	Charge: 54539021114 (11G)
Strebenprofile	$[b_i \times h_i \times t_i]$:	$200 \times 100 \times 6$	Charge: 210600

KJ-11

Datum der Prüfung: 25.01.2003

Gemessene Querschnittsabmessungen						Geometrische Parameter (ermittelt mit nominellen Werten)							
b_0 [mm]	h_0 [mm]	t_0 [mm]	b_i [mm]	h_i [mm]	t_i [mm]	β	2γ	τ	ξ	g'	g'_{min} (EC3)	e/h_0	Θ_i [°]
299,7	200,3	6,1	199,9	100,1	5,8	0,50	50,0	1,0	0,24	8,00	8,33	-0,03	45

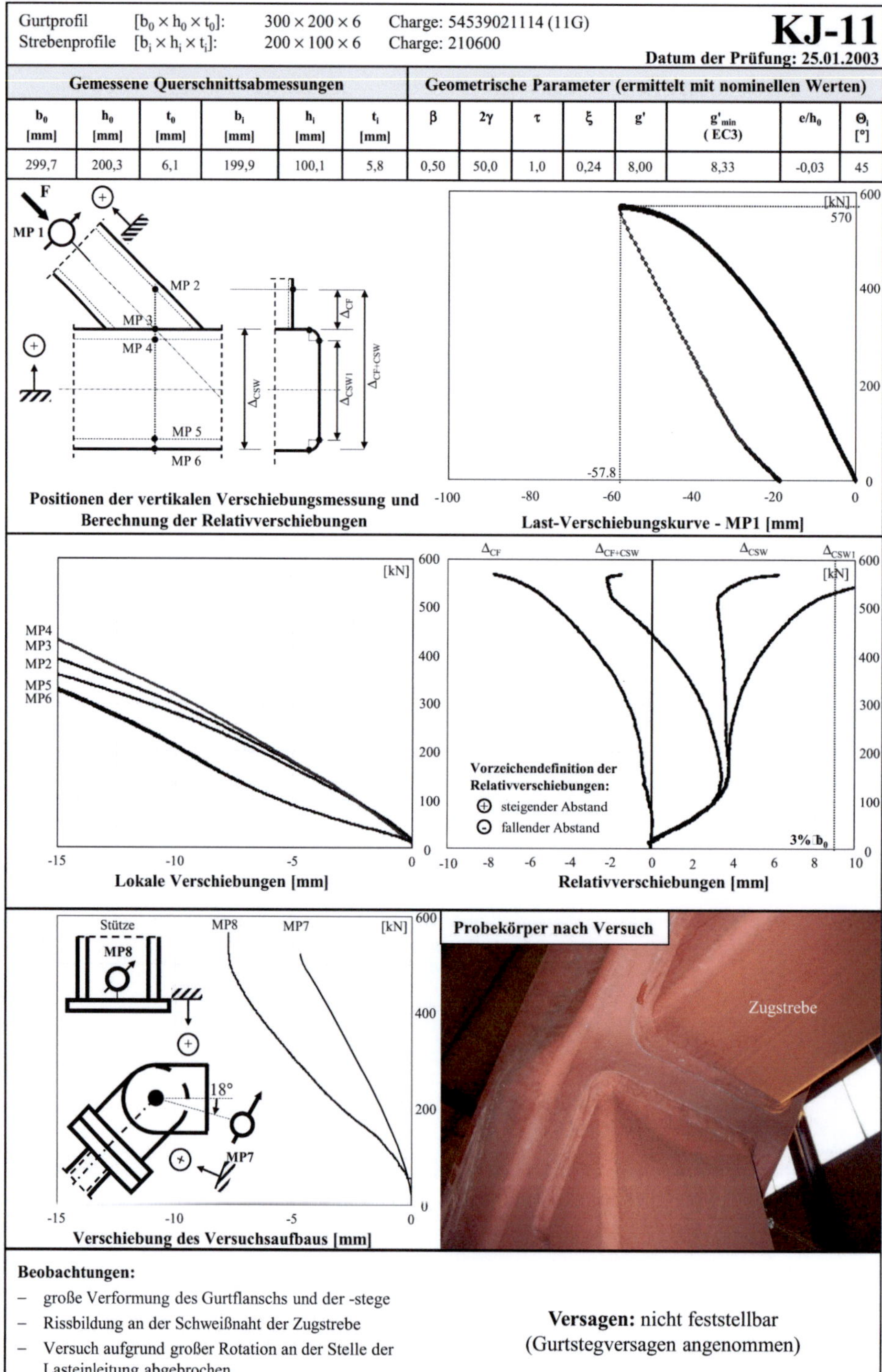

Positionen der vertikalen Verschiebungsmessung und Berechnung der Relativverschiebungen

Last-Verschiebungskurve - MP1 [mm]

Lokale Verschiebungen [mm]

Relativverschiebungen [mm]

Verschiebung des Versuchsaufbaus [mm]

Beobachtungen:

- große Verformung des Gurtflanschs und der -stege
- Rissbildung an der Schweißnaht der Zugstrebe
- Versuch aufgrund großer Rotation an der Stelle der Lasteinleitung abgebrochen

Versagen: nicht feststellbar (Gurtstegversagen angenommen)

174

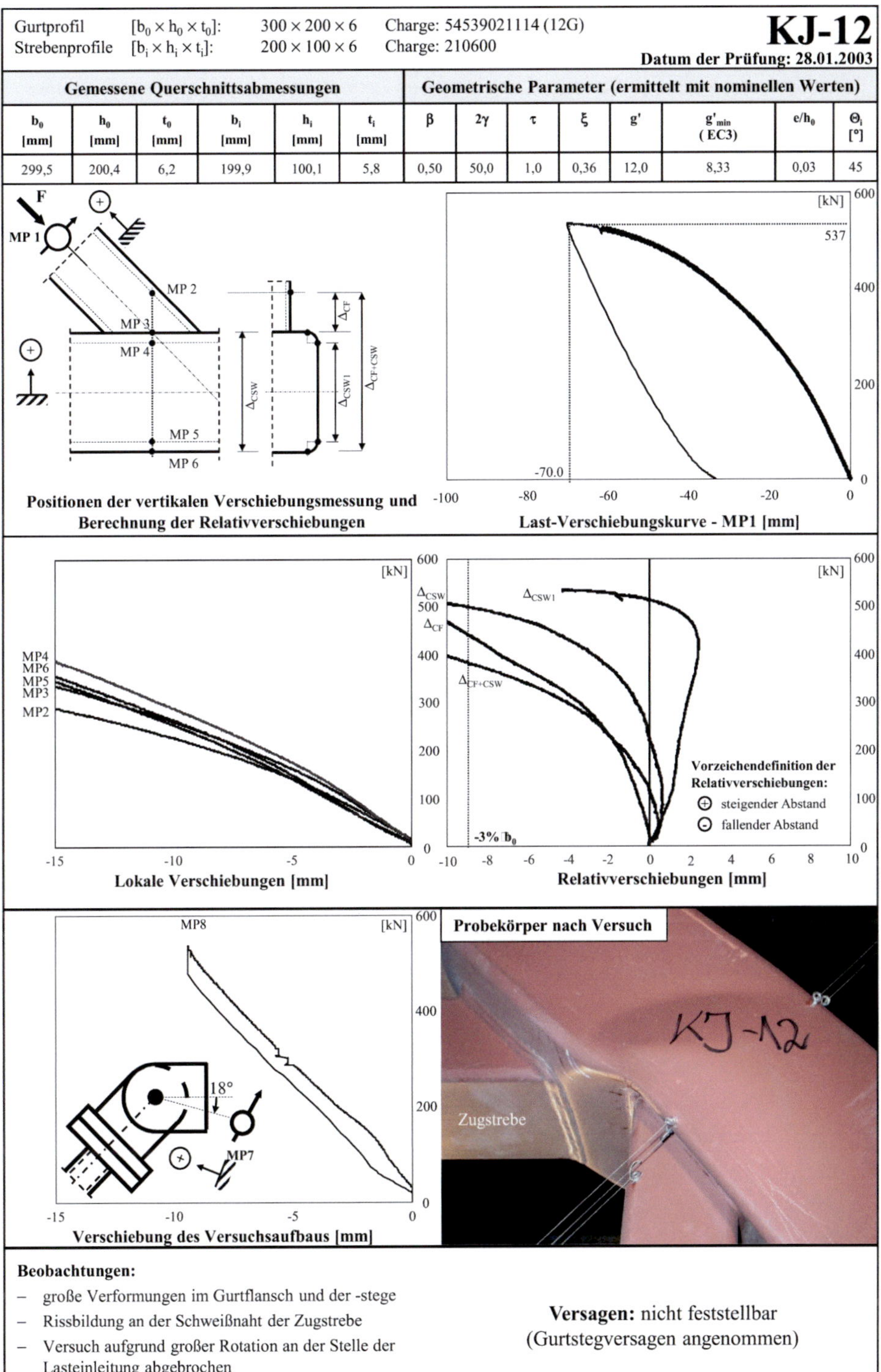

| Gurtprofil $[b_0 \times h_0 \times t_0]$: | $300 \times 200 \times 6$ | Charge: 54539021114 (12G) |
| Strebenprofile $[b_i \times h_i \times t_i]$: | $200 \times 100 \times 6$ | Charge: 210600 |

KJ-12

Datum der Prüfung: 28.01.2003

Gemessene Querschnittsabmessungen						Geometrische Parameter (ermittelt mit nominellen Werten)							
b_0 [mm]	h_0 [mm]	t_0 [mm]	b_i [mm]	h_i [mm]	t_i [mm]	β	2γ	τ	ξ	g'	g'_{min} (EC3)	e/h_0	Θ_i [°]
299,5	200,4	6,2	199,9	100,1	5,8	0,50	50,0	1,0	0,36	12,0	8,33	0,03	45

Positionen der vertikalen Verschiebungsmessung und Berechnung der Relativverschiebungen

Last-Verschiebungskurve - MP1 [mm]

Lokale Verschiebungen [mm]

Relativverschiebungen [mm]

Vorzeichendefinition der Relativverschiebungen:
⊕ steigender Abstand
⊖ fallender Abstand

Verschiebung des Versuchsaufbaus [mm]

Probekörper nach Versuch

Beobachtungen:
- große Verformungen im Gurtflansch und der -stege
- Rissbildung an der Schweißnaht der Zugstrebe
- Versuch aufgrund großer Rotation an der Stelle der Lasteinleitung abgebrochen

Versagen: nicht feststellbar
(Gurtstegversagen angenommen)

175

| Gurtprofil | $[b_0 \times h_0 \times t_0]$: | $200 \times 300 \times 6$ | Charge: 54539021114 (13G) | **KJ-13** |
| Strebenprofile | $[b_i \times h_i \times t_i]$: | $100 \times 100 \times 6$ | Charge: 210555 | **Datum der Prüfung: 30.11.2002** |

Gemessene Querschnittsabmessungen						Geometrische Parameter (ermittelt mit nominellen Werten)							
b_0 [mm]	h_0 [mm]	t_0 [mm]	b_i [mm]	h_i [mm]	t_i [mm]	β	2γ	τ	ξ	g'	g'_{min} (EC3)	e/h_0	Θ_i [°]
200,1	299,6	6,1	100,2	100,2	5,8	0,50	33,3	1,0	0,24	4,00	8,83	-0,22	45

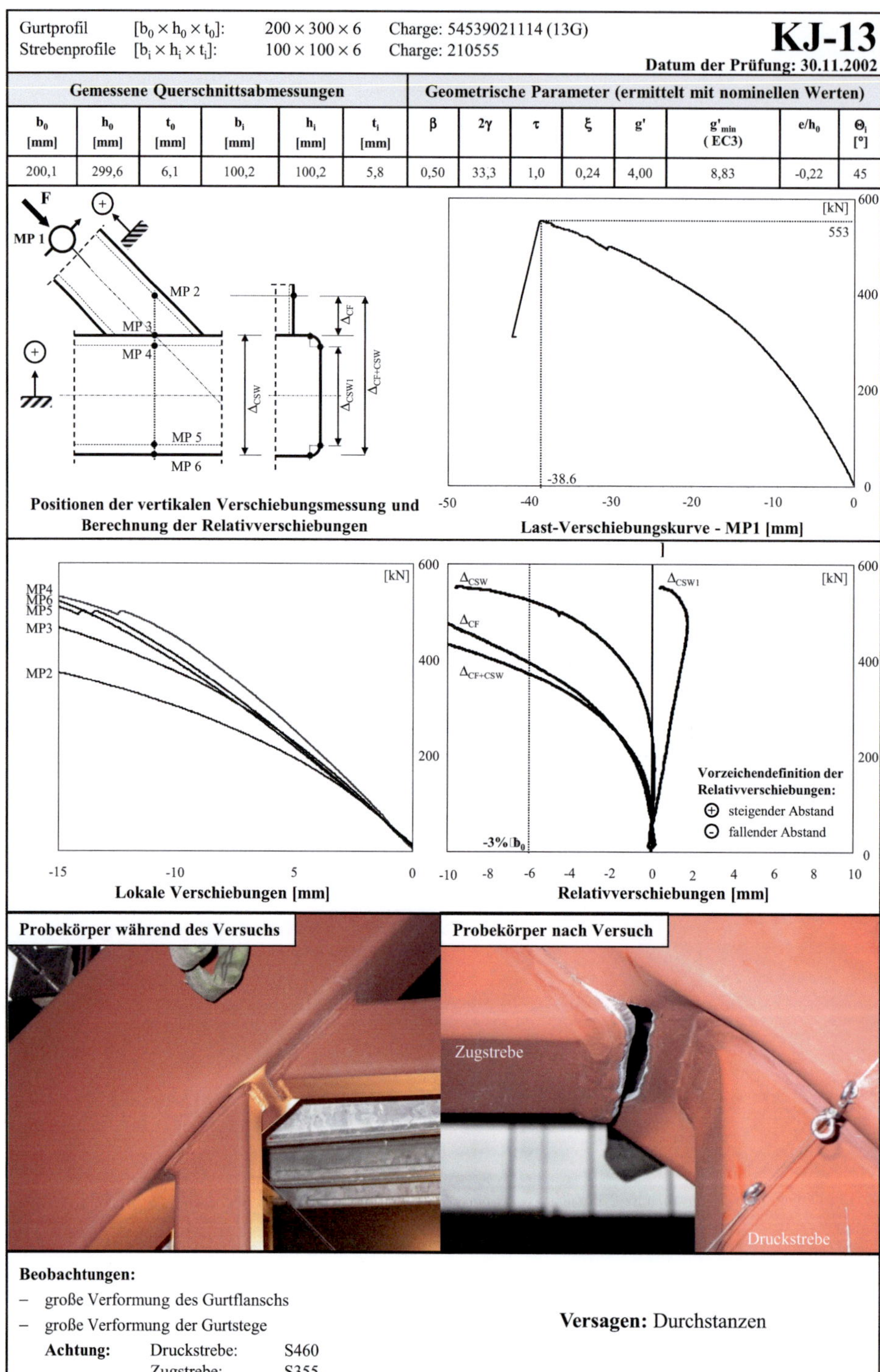

Positionen der vertikalen Verschiebungsmessung und Berechnung der Relativverschiebungen

Beobachtungen:

– große Verformung des Gurtflanschs

– große Verformung der Gurtstege

Achtung: Druckstrebe: S460

Zugstrebe: S355

Versagen: Durchstanzen

176

KJ-14

Datum der Prüfung: 01.02.2003

Gemessene Querschnittsabmessungen						Geometrische Parameter (ermittelt mit nominellen Werten)							
b_0 [mm]	h_0 [mm]	t_0 [mm]	b_i [mm]	h_i [mm]	t_i [mm]	β	2γ	τ	ξ	g'	g'_{min} (EC3)	e/h_0	Θ_i [°]
199,7	299,5	6,2	149,9	100,0	6,0	0,63	33,3	1,00	0,16	4,00	4,16	-0,22	45

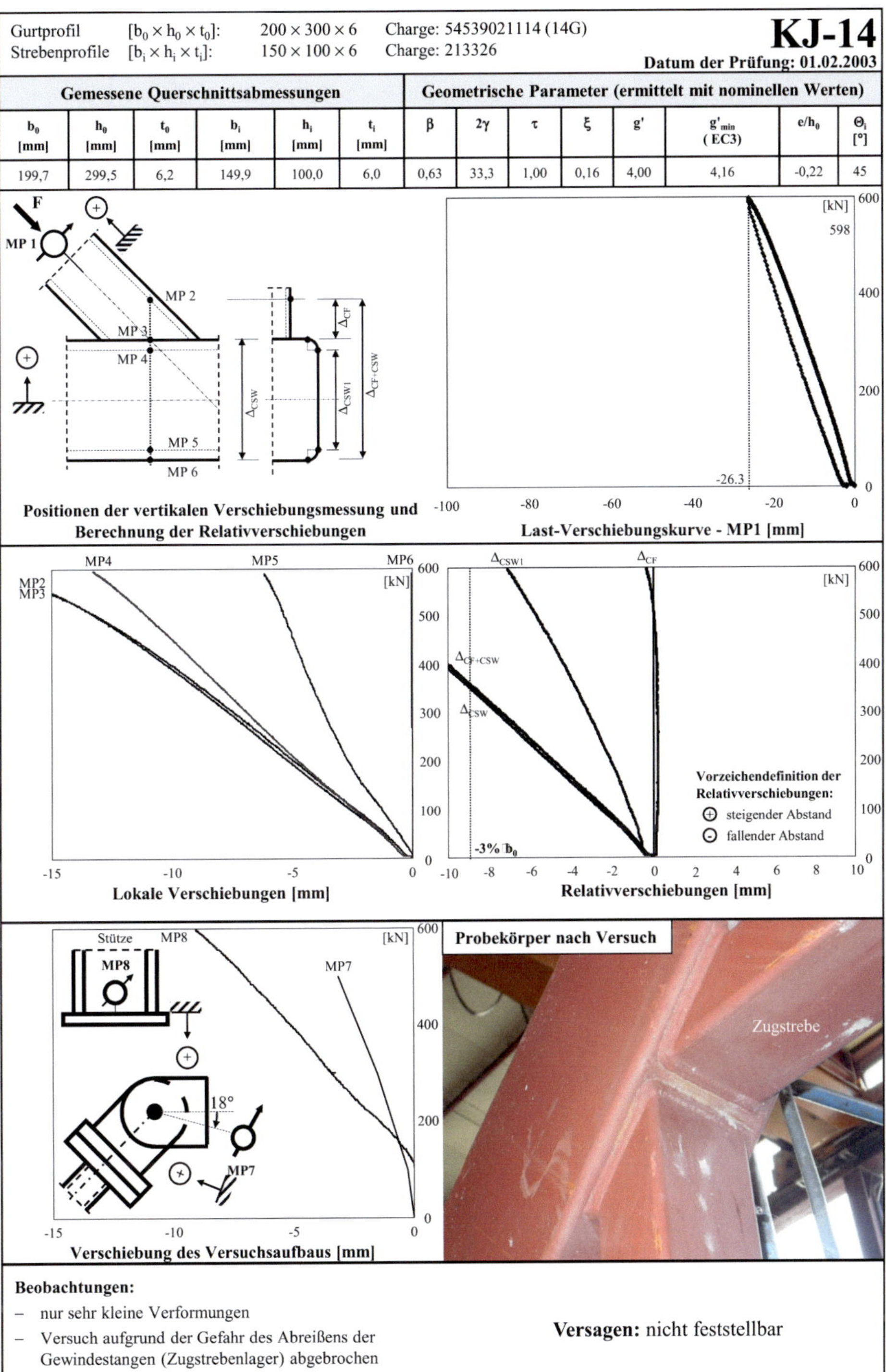

Beobachtungen:

- nur sehr kleine Verformungen
- Versuch aufgrund der Gefahr des Abreißens der Gewindestangen (Zugstrebenlager) abgebrochen

Versagen: nicht feststellbar

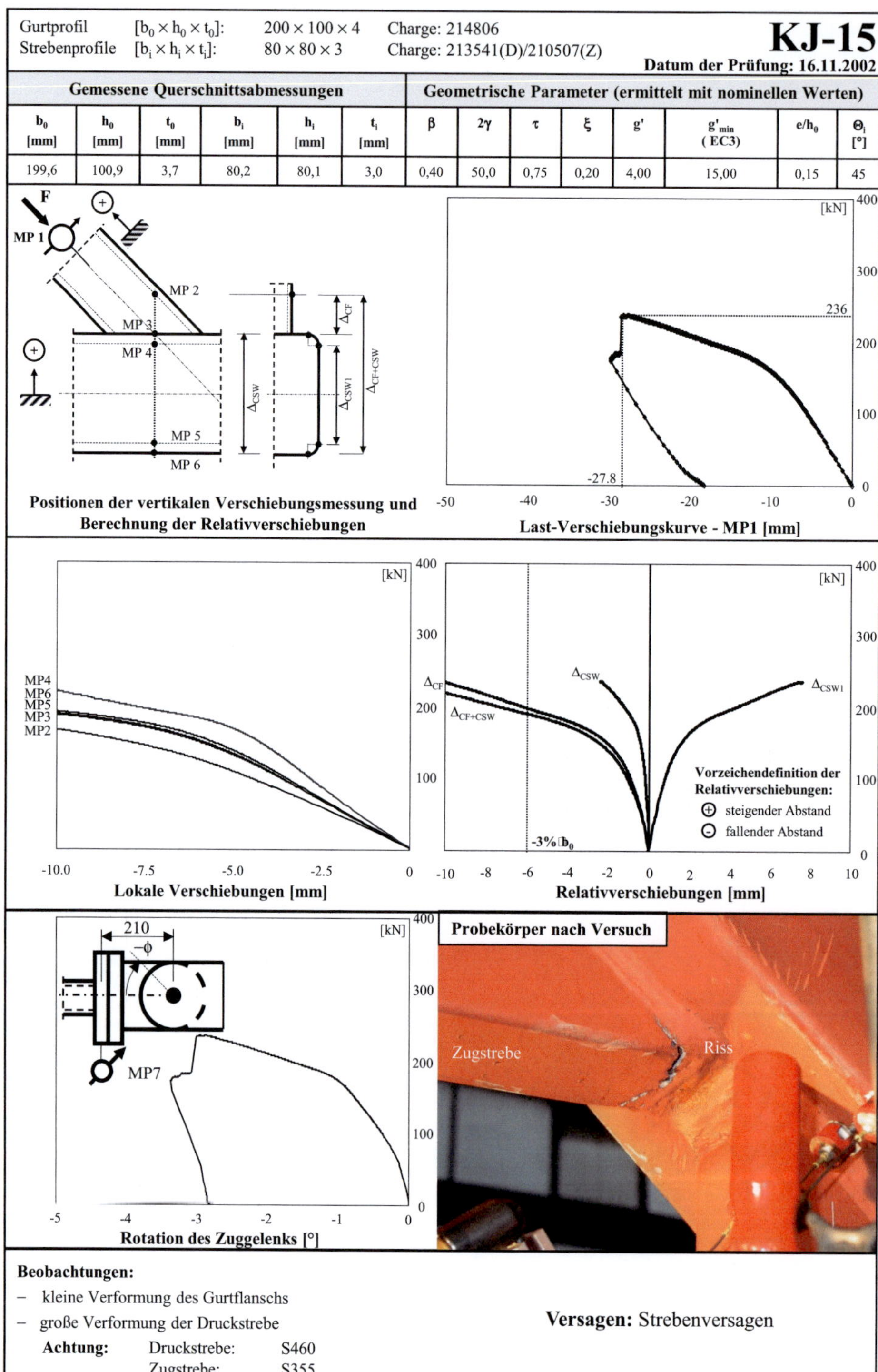

	Gemessene Querschnittsabmessungen						Geometrische Parameter (ermittelt mit nominellen Werten)							
b_0 [mm]	h_0 [mm]	t_0 [mm]	b_i [mm]	h_i [mm]	t_i [mm]	β	2γ	τ	ξ	g'	g'_{min} (EC3)	e/h_0	Θ_i [°]
199,6	100,9	3,7	80,2	80,1	3,0	0,40	50,0	0,75	0,20	4,00	15,00	0,15	45

Beobachtungen:
- kleine Verformung des Gurtflanschs
- große Verformung der Druckstrebe

Achtung:	Druckstrebe:	S460
	Zugstrebe:	S355

178

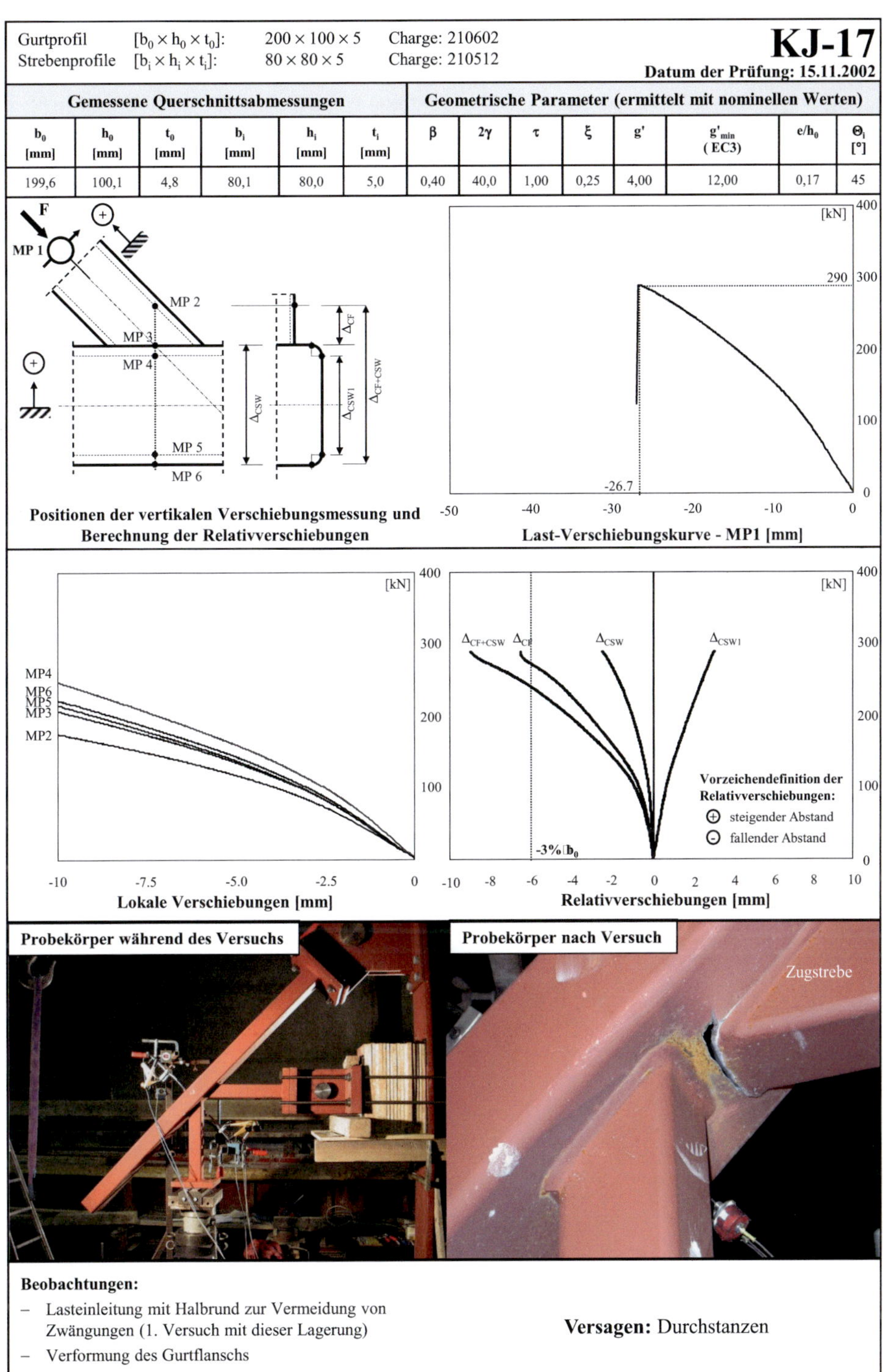

| Gurtprofil | $[b_0 \times h_0 \times t_0]$: | $200 \times 100 \times 5$ | Charge: 210602 |
| Strebenprofile | $[b_i \times h_i \times t_i]$: | $80 \times 80 \times 5$ | Charge: 210512 |

KJ-17

Datum der Prüfung: 15.11.2002

Gemessene Querschnittsabmessungen						Geometrische Parameter (ermittelt mit nominellen Werten)							
b_0 [mm]	h_0 [mm]	t_0 [mm]	b_i [mm]	h_i [mm]	t_i [mm]	β	2γ	τ	ξ	g'	g'_{min} (EC3)	e/h_0	Θ_i [°]
199,6	100,1	4,8	80,1	80,0	5,0	0,40	40,0	1,00	0,25	4,00	12,00	0,17	45

Positionen der vertikalen Verschiebungsmessung und Berechnung der Relativverschiebungen

Last-Verschiebungskurve - MP1 [mm]

Lokale Verschiebungen [mm]

Relativverschiebungen [mm]

Probekörper während des Versuchs

Probekörper nach Versuch

Beobachtungen:

- Lasteinleitung mit Halbrund zur Vermeidung von Zwängungen (1. Versuch mit dieser Lagerung)
- Verformung des Gurtflanschs

Versagen: Durchstanzen

| Gurtprofil | $[b_0 \times h_0 \times t_0]$: | $200 \times 100 \times 6$ | Charge: 210600 |
| Strebenprofile | $[b_i \times h_i \times t_i]$: | $80 \times 80 \times 6$ | Charge: 210302 |

KJ-18

Datum der Prüfung: 16.11.2002

Gemessene Querschnittsabmessungen						Geometrische Parameter (ermittelt mit nominellen Werten)							
b_0 [mm]	h_0 [mm]	t_0 [mm]	b_i [mm]	h_i [mm]	t_i [mm]	β	2γ	τ	ξ	g'	g'_{min} (EC3)	e/h_0	Θ_i [°]
199,9	100,1	5,7	80,1	80,2	5,8	0,40	33,3	1,00	0,30	4,00	10,00	0,19	45

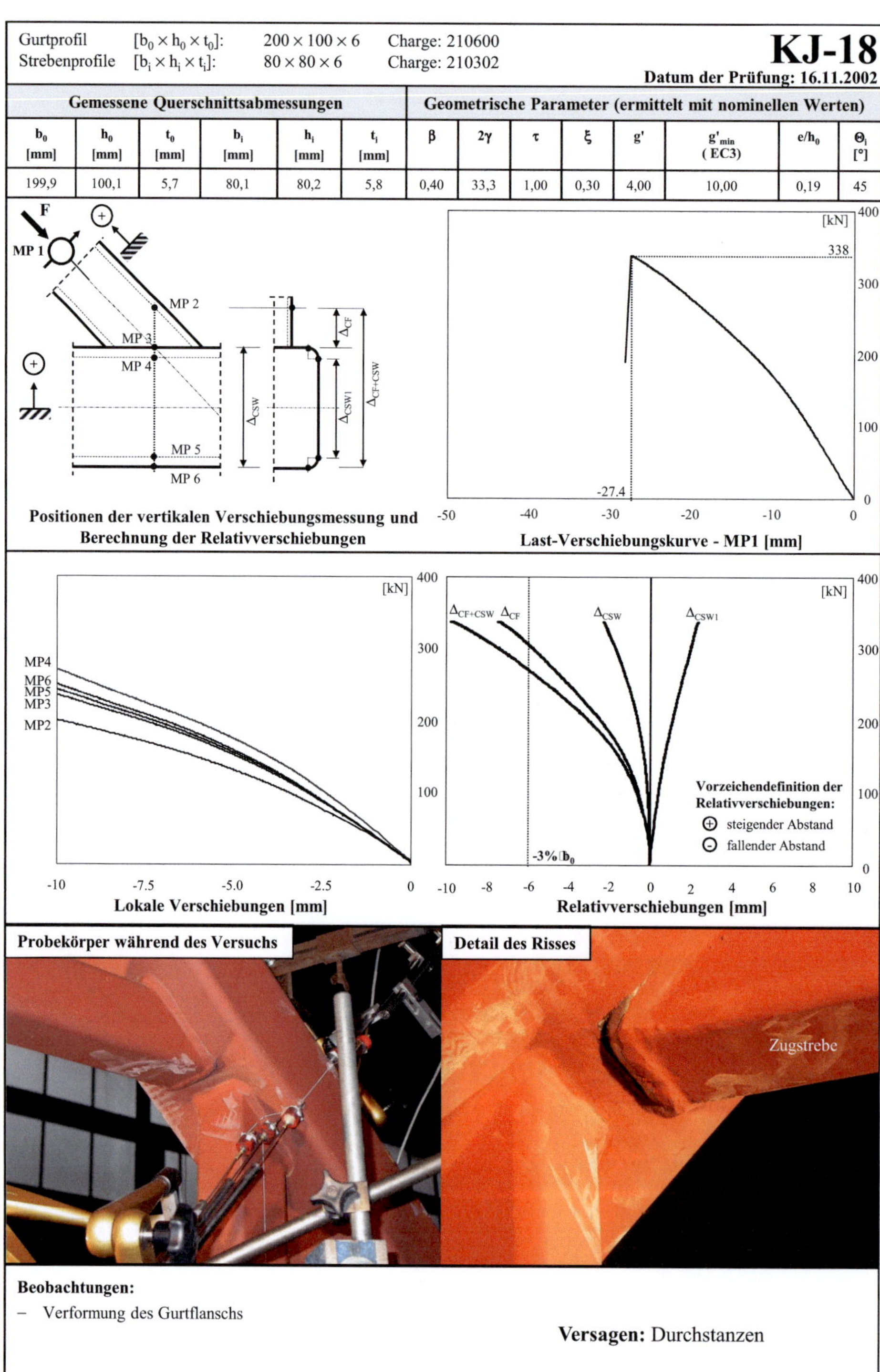

Beobachtungen:

– Verformung des Gurtflanschs

Versagen: Durchstanzen

Datum der Prüfung: 16.11.2002

| Gurtprofil | $[b_0 \times h_0 \times t_0]$: | $200 \times 100 \times 4$ | Charge: 214806 |
| Strebenprofile | $[b_i \times h_i \times t_i]$: | $80 \times 80 \times 3$ | Charge: 210507 |

Gemessene Querschnittsabmessungen						Geometrische Parameter (ermittelt mit nominellen Werten)							
b_0 [mm]	h_0 [mm]	t_0 [mm]	b_i [mm]	h_i [mm]	t_i [mm]	β	2γ	τ	ξ	g'	g'_{min} (EC3)	e/h_0	Θ_i [°]
199,6	100,9	3,7	80,0	80,0	3,0	0,40	50,0	0,75	0,20	4,00	15,0	0,14	45

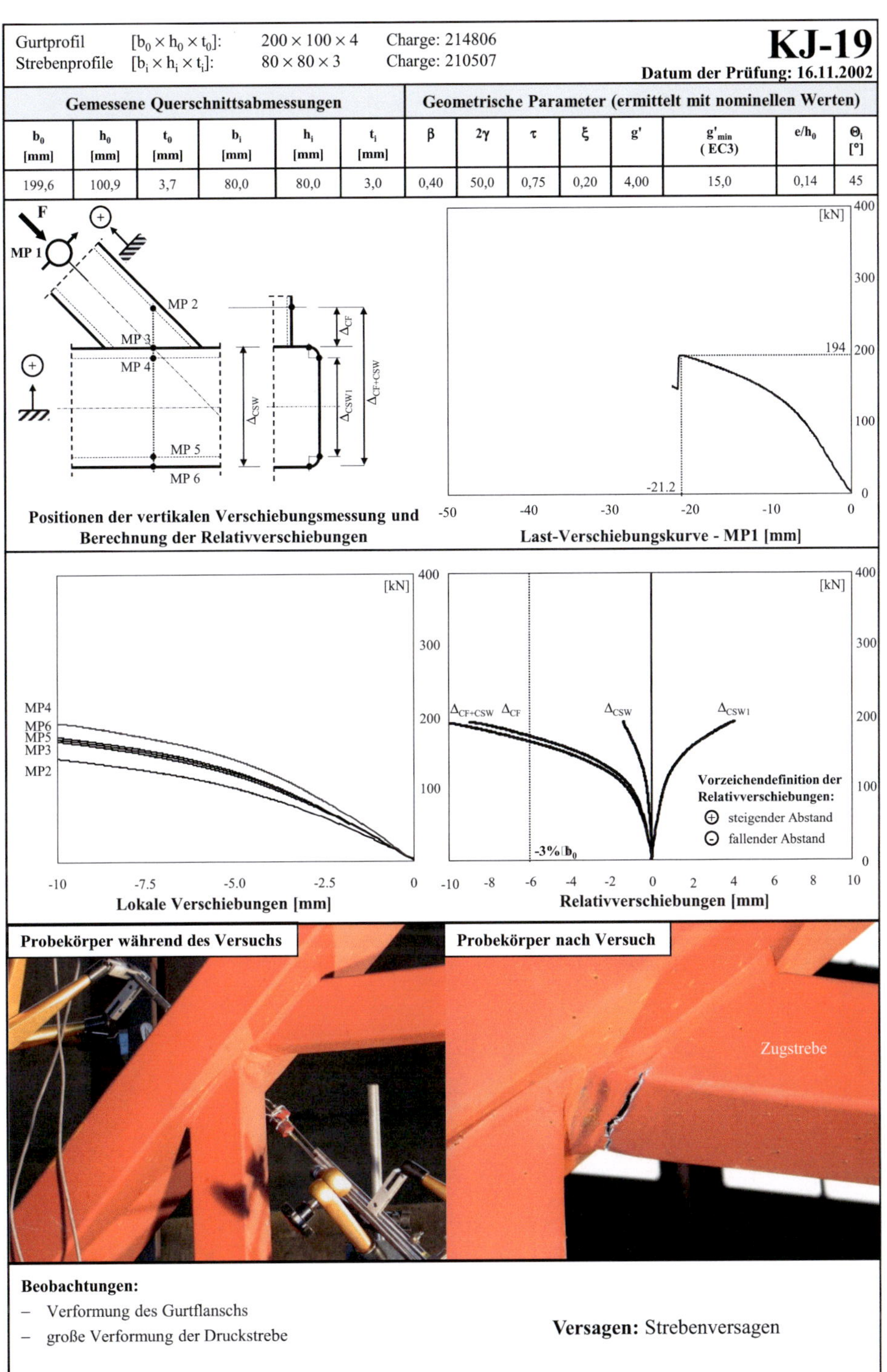

Beobachtungen:
- Verformung des Gurtflanschs
- große Verformung der Druckstrebe

Versagen: Strebenversagen

| Gurtprofil | $[b_0 \times h_0 \times t_0]$: | $200 \times 100 \times 5$ | Charge: 210602 | **KJ-20** |
| Strebenprofile | $[b_i \times h_i \times t_i]$: | $80 \times 80 \times 3$ | Charge: 210507 | **Datum der Prüfung: 13.11.2002** |

Gemessene Querschnittsabmessungen						Geometrische Parameter (ermittelt mit nominellen Werten)							
b_0 [mm]	h_0 [mm]	t_0 [mm]	b_i [mm]	h_i [mm]	t_i [mm]	β	2γ	τ	ξ	g'	g'_{min} (EC3)	e/h_0	Θ_i [°]
199,6	100,1	4,8	80,0	80,0	3,2	0,40	40,0	0,60	0,25	4,00	12,0	0,17	45

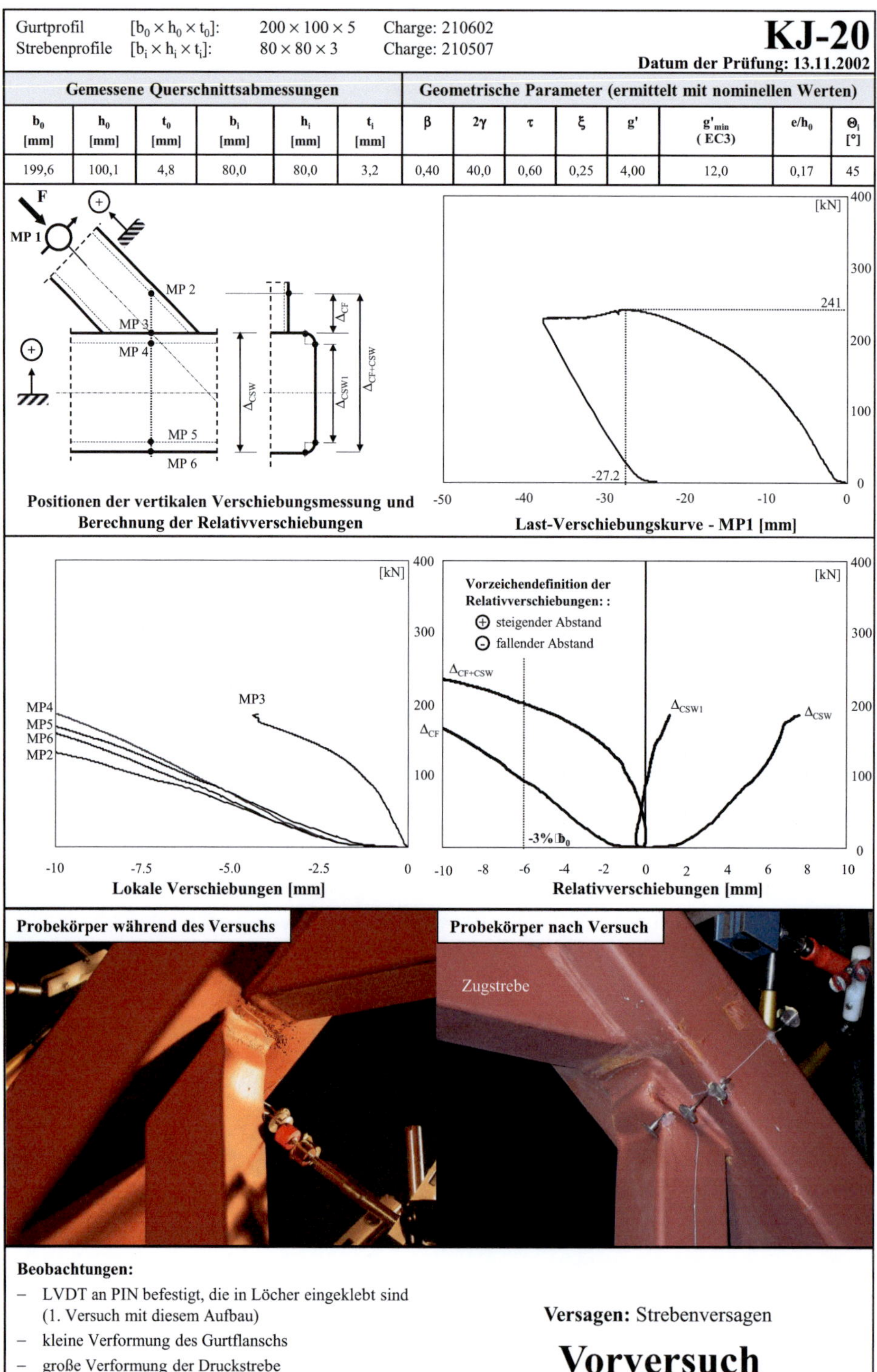

Beobachtungen:
- LVDT an PIN befestigt, die in Löcher eingeklebt sind
  (1. Versuch mit diesem Aufbau)
- kleine Verformung des Gurtflanschs
- große Verformung der Druckstrebe

Versagen: Strebenversagen

Vorversuch

| Gurtprofil | $[b_0 \times h_0 \times t_0]$: | $200 \times 100 \times 6$ | Charge: 210600 |
| Strebenprofile | $[b_i \times h_i \times t_i]$: | $80 \times 80 \times 3$ | Charge: 210507 |

KJ-21

Datum der Prüfung: 16.11.2002

Gemessene Querschnittsabmessungen						Geometrische Parameter (ermittelt mit nominellen Werten)							
b_0 [mm]	h_0 [mm]	t_0 [mm]	b_i [mm]	h_i [mm]	t_i [mm]	β	2γ	τ	ξ	g'	g'_{min} (EC3)	e/h_0	Θ_i [°]
199,9	100,1	5,7	80,0	80,0	3,0	0,40	33,3	0,50	0,30	4,00	10,00	0,19	45

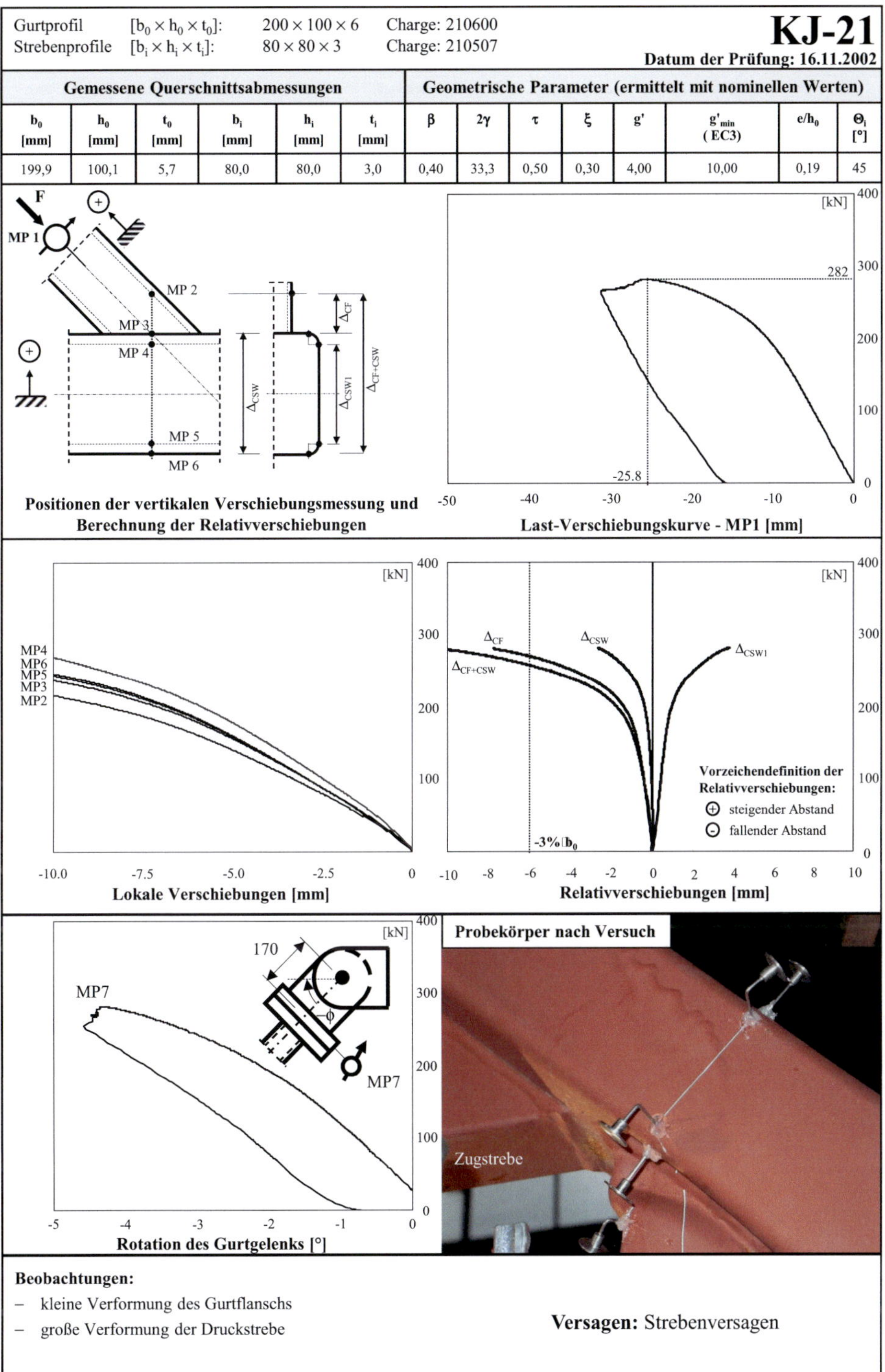

Beobachtungen:
- kleine Verformung des Gurtflanschs
- große Verformung der Druckstrebe

Versagen: Strebenversagen

| Gurtprofil | $[b_0 \times h_0 \times t_0]$: | $150 \times 150 \times 4$ | Charge: 210589 |
| Strebenprofile | $[b_i \times h_i \times t_i]$: | $80 \times 80 \times 3$ | Charge: 210507 |

KJ-22

Datum der Prüfung: 21.11.2002

Gemessene Querschnittsabmessungen						Geometrische Parameter (ermittelt mit nominellen Werten)							
b_0 [mm]	h_0 [mm]	t_0 [mm]	b_i [mm]	h_i [mm]	t_i [mm]	β	2γ	τ	ξ	g'	g'_{min} (EC3)	e/h_0	Θ_i [°]
150,2	150,2	3,7	80,0	80,0	3,0	0,53	37,5	0,75	0,46	9,22	8,75	0,00	45

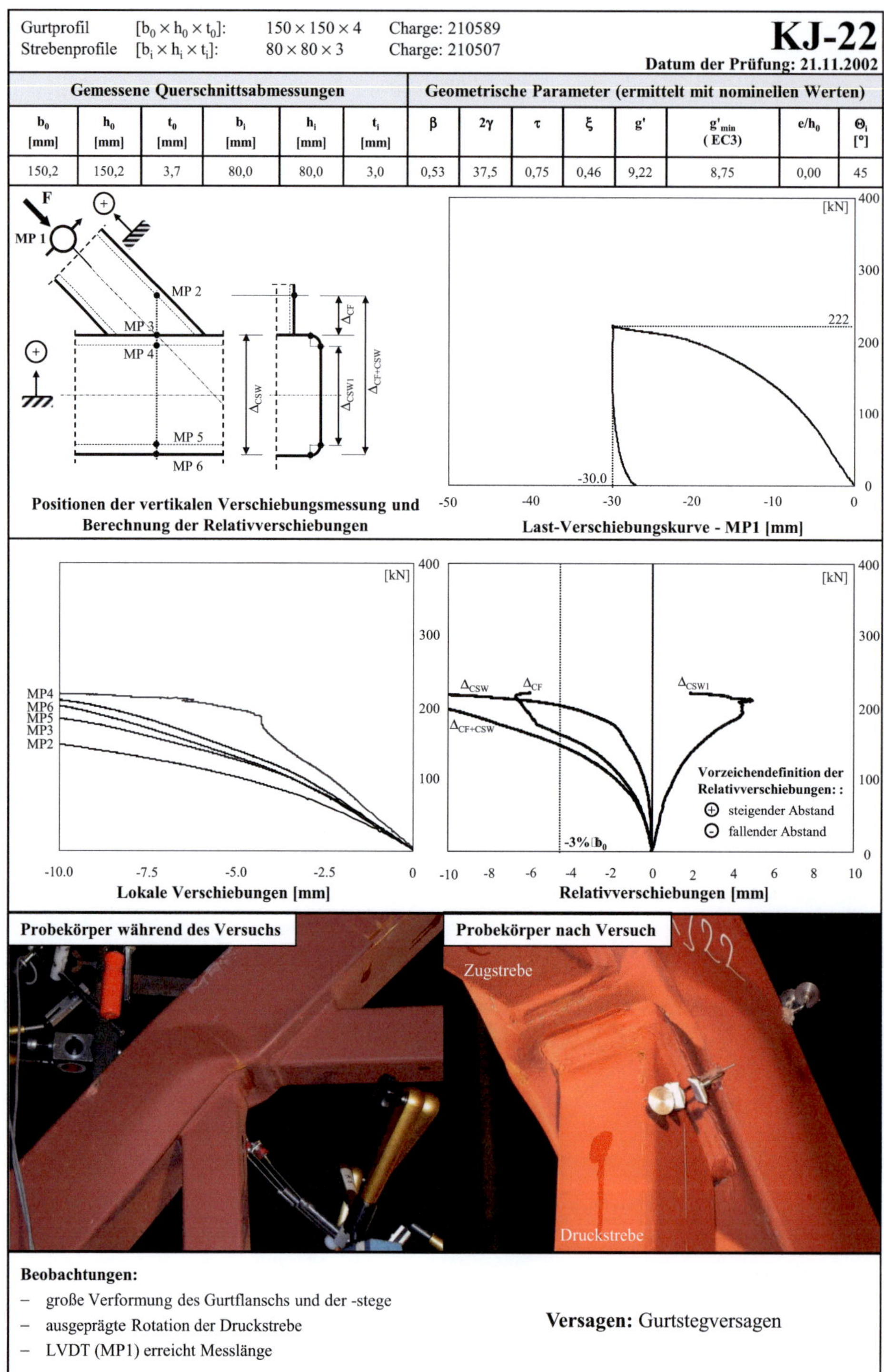

Beobachtungen:

- große Verformung des Gurtflanschs und der -stege
- ausgeprägte Rotation der Druckstrebe
- LVDT (MP1) erreicht Messlänge

Versagen: Gurtstegversagen

<table>
<tr><td colspan="6">Gurtprofil $[b_0 \times h_0 \times t_0]$: $150 \times 150 \times 4$ Charge: 210589
Strebenprofile $[b_i \times h_i \times t_i]$: $80 \times 80 \times 3$ Charge: 210507</td><td colspan="8" align="right">KJ-23
Datum der Prüfung: 22.11.2002</td></tr>
</table>

Gemessene Querschnittsabmessungen						Geometrische Parameter (ermittelt mit nominellen Werten)							
b_0 [mm]	h_0 [mm]	t_0 [mm]	b_i [mm]	h_i [mm]	t_i [mm]	β	2γ	τ	ξ	g'	g'_{min} (EC3)	e/h_0	Θ_i [°]
150,2	150,2	3,7	80,0	80,0	3,0	0,53	37,5	0,75	0,46	9,22	8,75	0,00	45

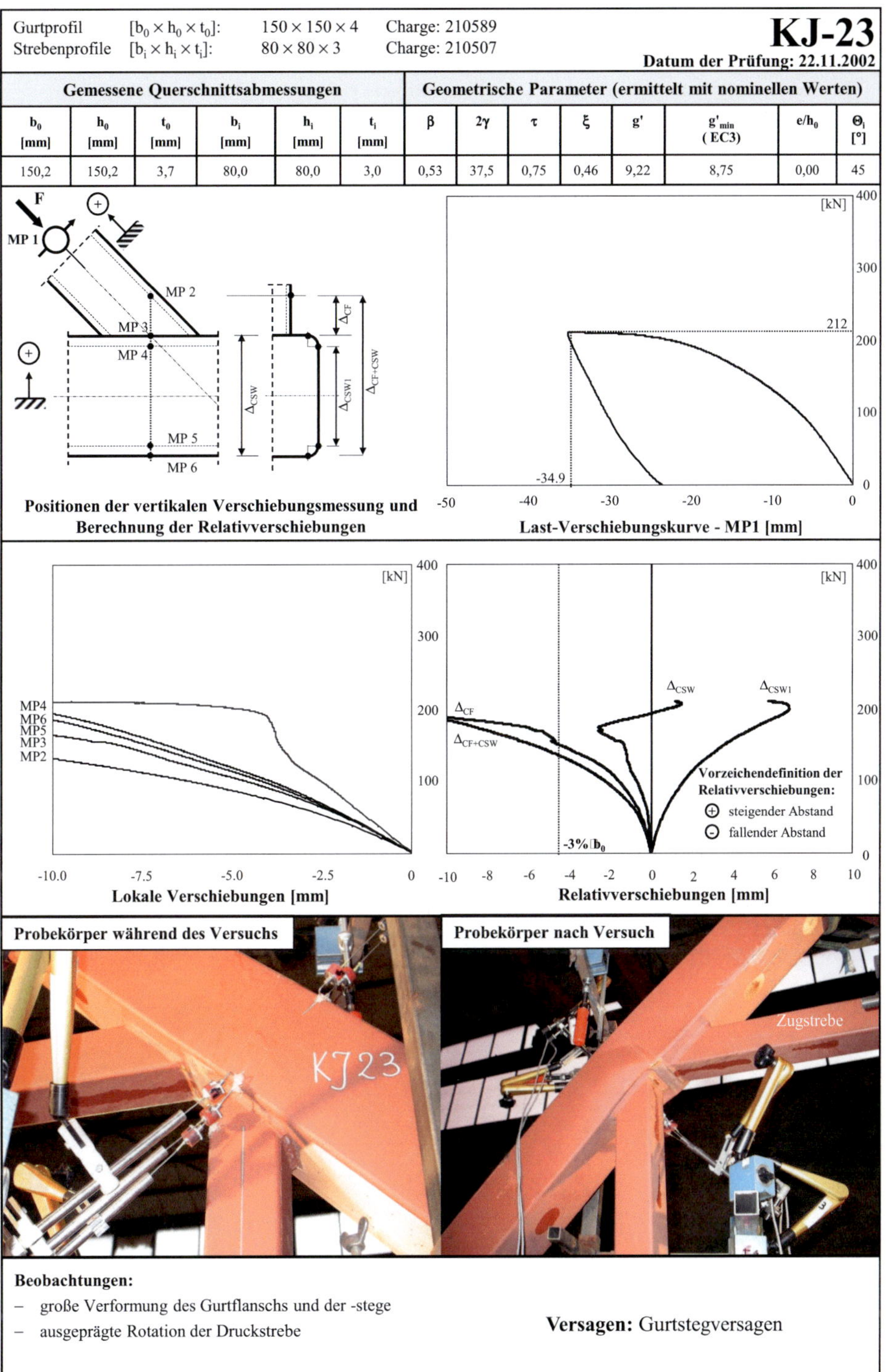

Beobachtungen:

- große Verformung des Gurtflanschs und der -stege
- ausgeprägte Rotation der Druckstrebe

Versagen: Gurtstegversagen

| Gurtprofil | $[b_0 \times h_0 \times t_0]$: | $120 \times 120 \times 3$ | Charge: 216557 |
| Strebenprofile | $[b_i \times h_i \times t_i]$: | $80 \times 80 \times 3$ | Charge: 210507 |

KJ-25

Datum der Prüfung: 23.11.2002

Gemessene Querschnittsabmessungen						Geometrische Parameter (ermittelt mit nominellen Werten)							
b_0 [mm]	h_0 [mm]	t_0 [mm]	b_i [mm]	h_i [mm]	t_i [mm]	β	2γ	τ	ξ	g'	g'_{min} (EC3)	e/h_0	Θ_1 [°]
120,2	120,2	2,8	80,0	80,0	2,8	0,67	40,0	1,0	0,15	4,00	6,67	0,02	45

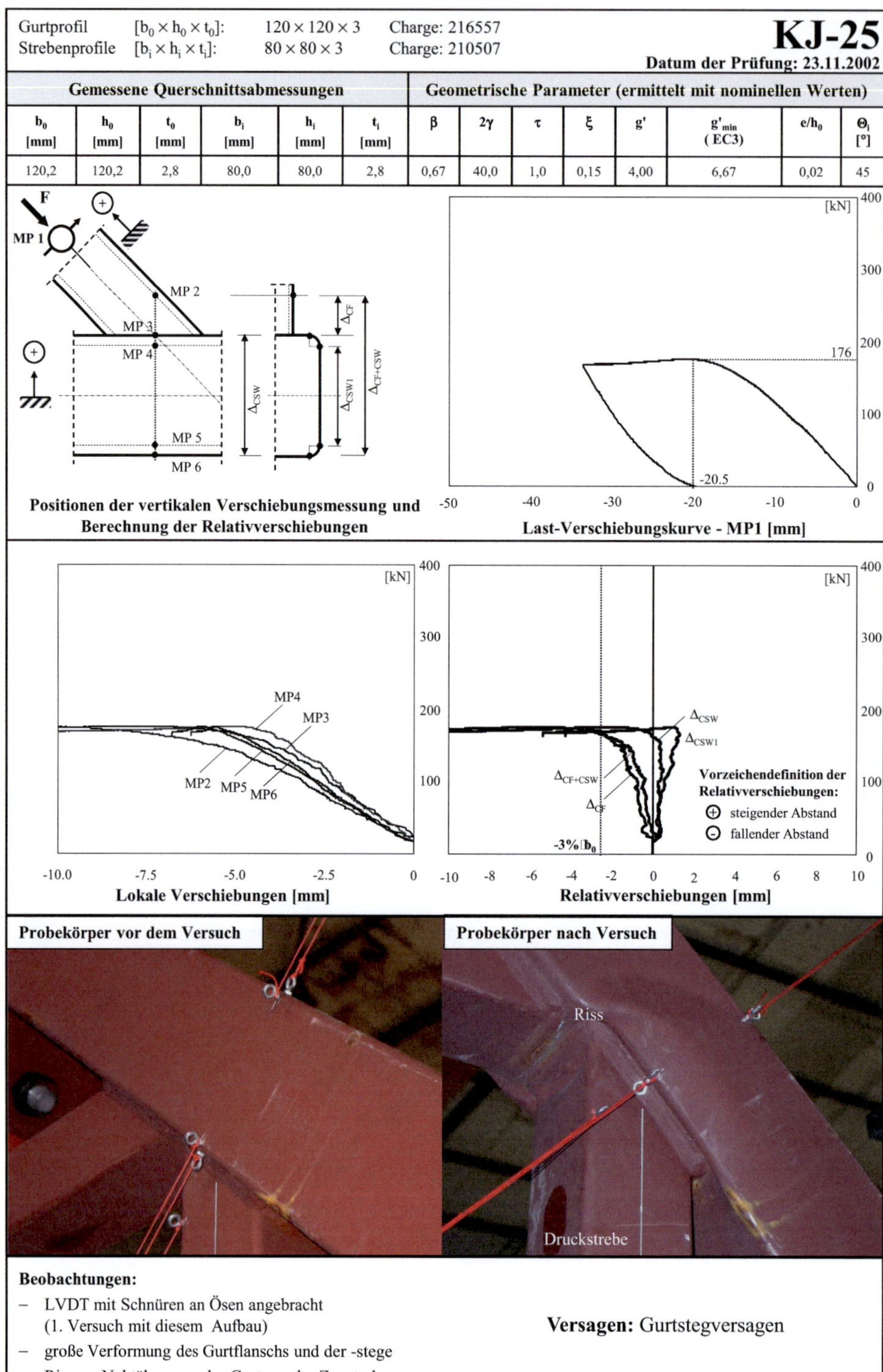

Beobachtungen:

- LVDT mit Schnüren an Ösen angebracht
  (1. Versuch mit diesem Aufbau)
- große Verformung des Gurtflanschs und der -stege
- Riss am Nahtübergang des Gurts an der Zugstrebe

Versagen: Gurtstegversagen

<table>
<tr><td>Gurtprofil $[b_0 \times h_0 \times t_0]$: $120 \times 120 \times 3$ Charge: 216557</td><td rowspan="2">KJ-26
Datum der Prüfung: 23.11.2002</td></tr>
<tr><td>Strebenprofile $[b_i \times h_i \times t_i]$: $80 \times 80 \times 3$ Charge: 510507</td></tr>
</table>

Gemessene Querschnittsabmessungen						Geometrische Parameter (ermittelt mit nominellen Werten)							
b_0 [mm]	h_0 [mm]	t_0 [mm]	b_i [mm]	h_i [mm]	t_i [mm]	β	2γ	τ	ξ	g'	g'_{min} (EC3)	e/h_0	Θ_i [°]
120,2	120,2	2,8	80,0	80,0	2,8	0,67	40,0	1,0	0,15	4,00	6,67	0,02	45

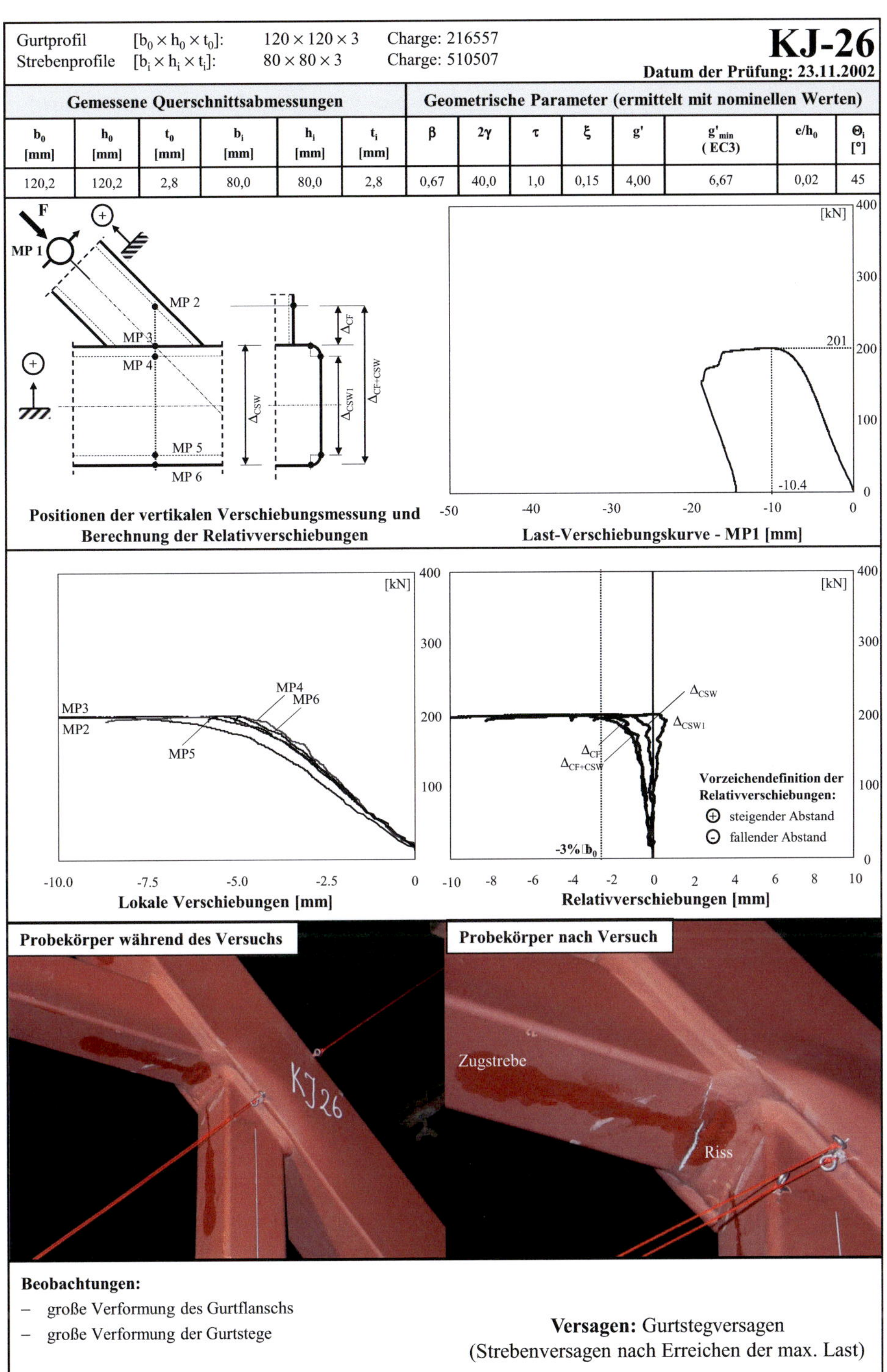

Positionen der vertikalen Verschiebungsmessung und Berechnung der Relativverschiebungen

Beobachtungen:
- große Verformung des Gurtflanschs
- große Verformung der Gurtstege

Versagen: Gurtstegversagen
(Strebenversagen nach Erreichen der max. Last)

<table>
<tr><td>Gurtprofil $[b_0 \times h_0 \times t_0]$:</td><td>$120 \times 120 \times 3$</td><td>Charge: 216557</td><td rowspan="2">KJ-27
Datum der Prüfung: 25.11.2002</td></tr>
<tr><td>Strebenprofile $[b_i \times h_i \times t_i]$:</td><td>$80 \times 80 \times 3$</td><td>Charge: 210507</td></tr>
</table>

Gemessene Querschnittsabmessungen						Geometrische Parameter (ermittelt mit nominellen Werten)							
b_0 [mm]	h_0 [mm]	t_0 [mm]	b_i [mm]	h_i [mm]	t_i [mm]	β	2γ	τ	ξ	g'	g'_{min} (EC3)	e/h_0	Θ_i [°]
120,2	120,2	2,8	80,0	80,0	2,8	0,67	40,0	1,0	0,15	4,00	6,67	0,02	45

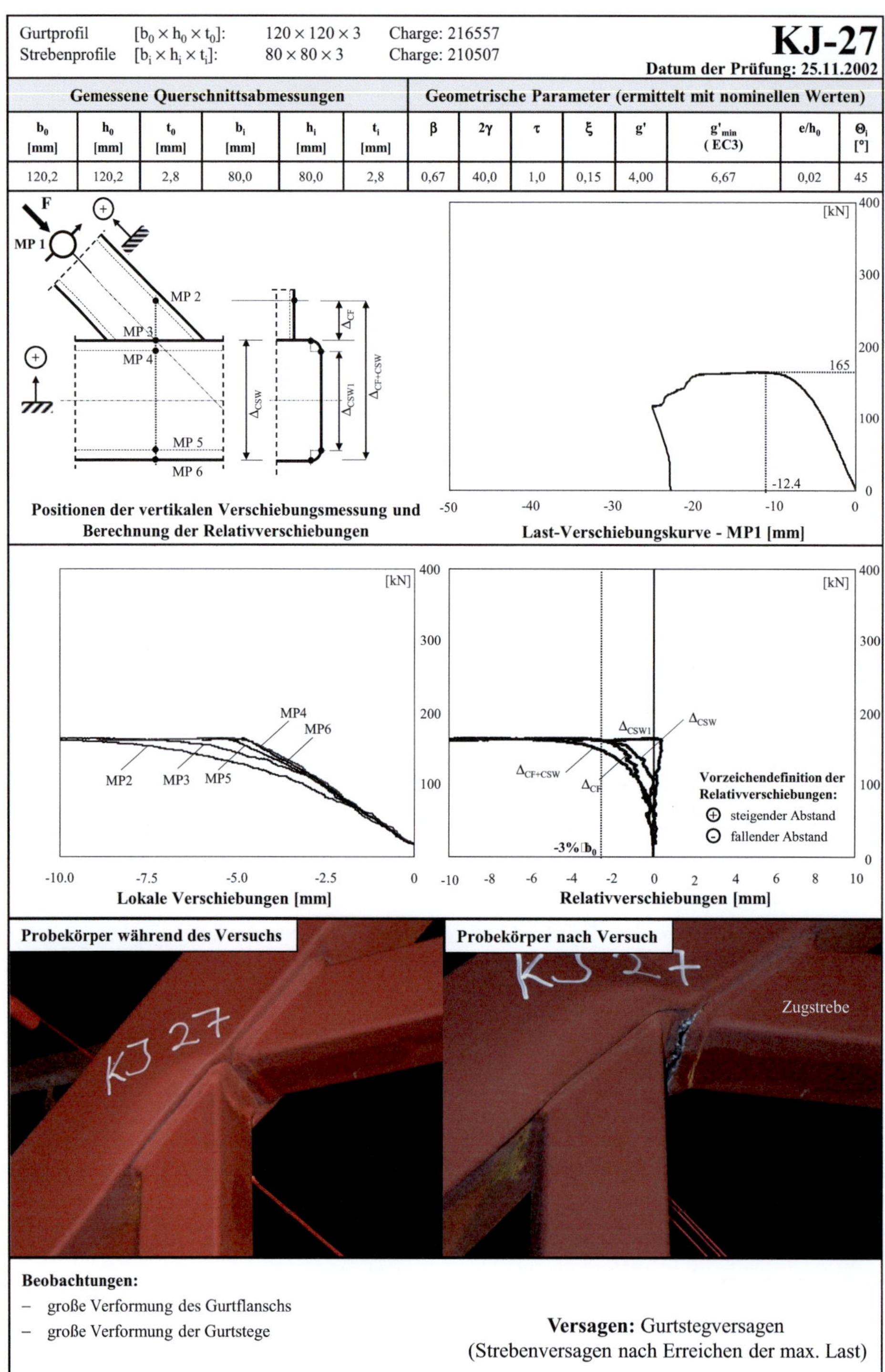

Beobachtungen:
- große Verformung des Gurtflanschs
- große Verformung der Gurtstege

Versagen: Gurtstegversagen
(Strebenversagen nach Erreichen der max. Last)

<table>
<tr><td>Gurtprofil $[b_0 \times h_0 \times t_0]$:</td><td>$120 \times 120 \times 3$</td><td>Charge: 216557</td><td rowspan="2">KJ-28
Datum der Prüfung: 25.11.2002</td></tr>
<tr><td>Strebenprofile $[b_i \times h_i \times t_i]$:</td><td>$80 \times 80 \times 3$</td><td>Charge: 210507(D)/213544(Z)</td></tr>
</table>

Gemessene Querschnittsabmessungen						Geometrische Parameter (ermittelt mit nominellen Werten)							
b_0 [mm]	h_0 [mm]	t_0 [mm]	b_i [mm]	h_i [mm]	t_i [mm]	β	2γ	τ	ξ	g'	g'_{min} (EC3)	e/h_0	Θ_i [°]
120,2	120,2	2,8	80,0	80,0	2,9	0,67	40,0	1,0	0,15	4,00	6,67	0,02	45

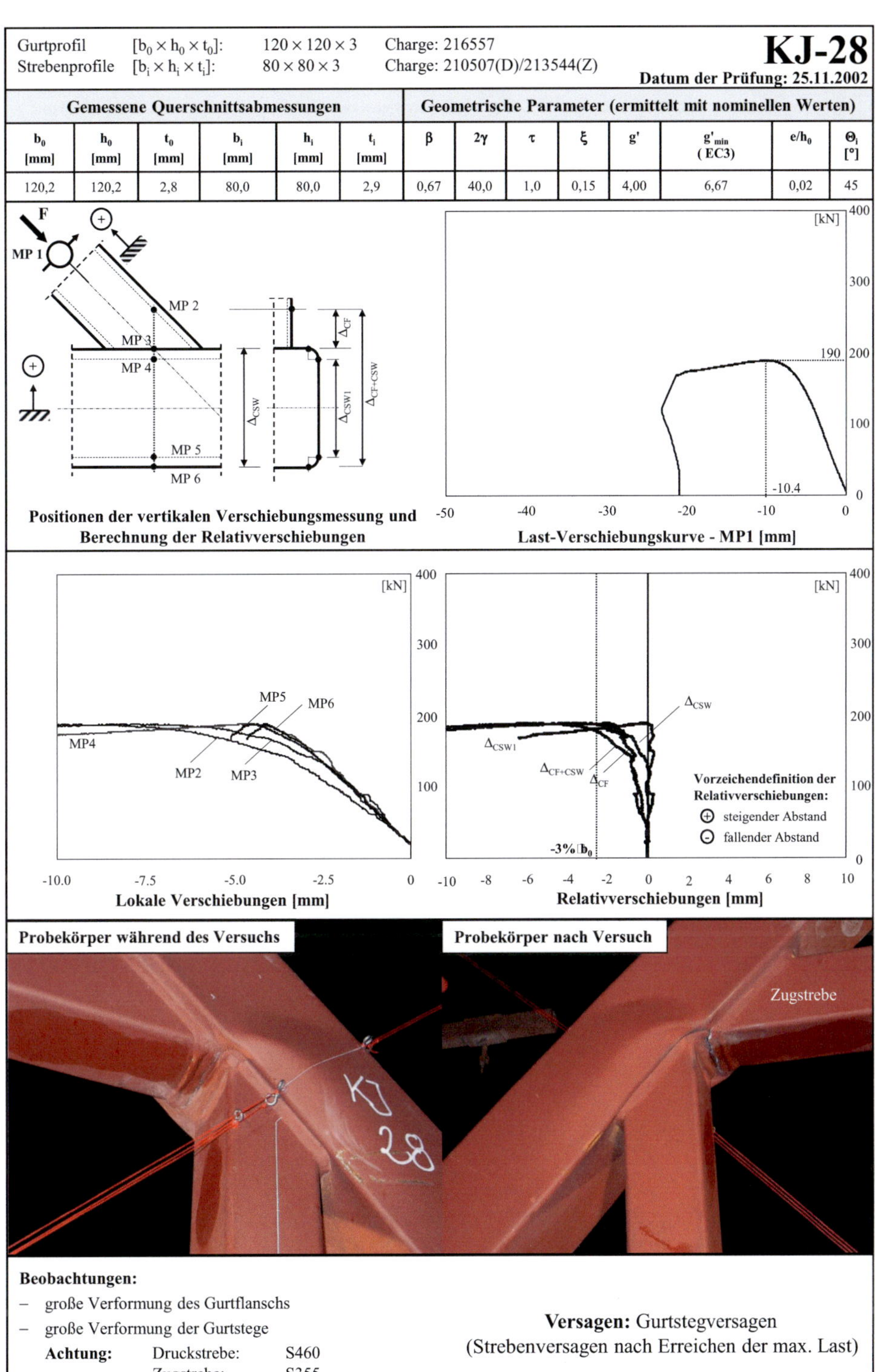

Beobachtungen:
- große Verformung des Gurtflanschs
- große Verformung der Gurtstege

    Achtung: Druckstrebe: S460

                Zugstrebe: S355

Versagen: Gurtstegversagen
(Strebenversagen nach Erreichen der max. Last)

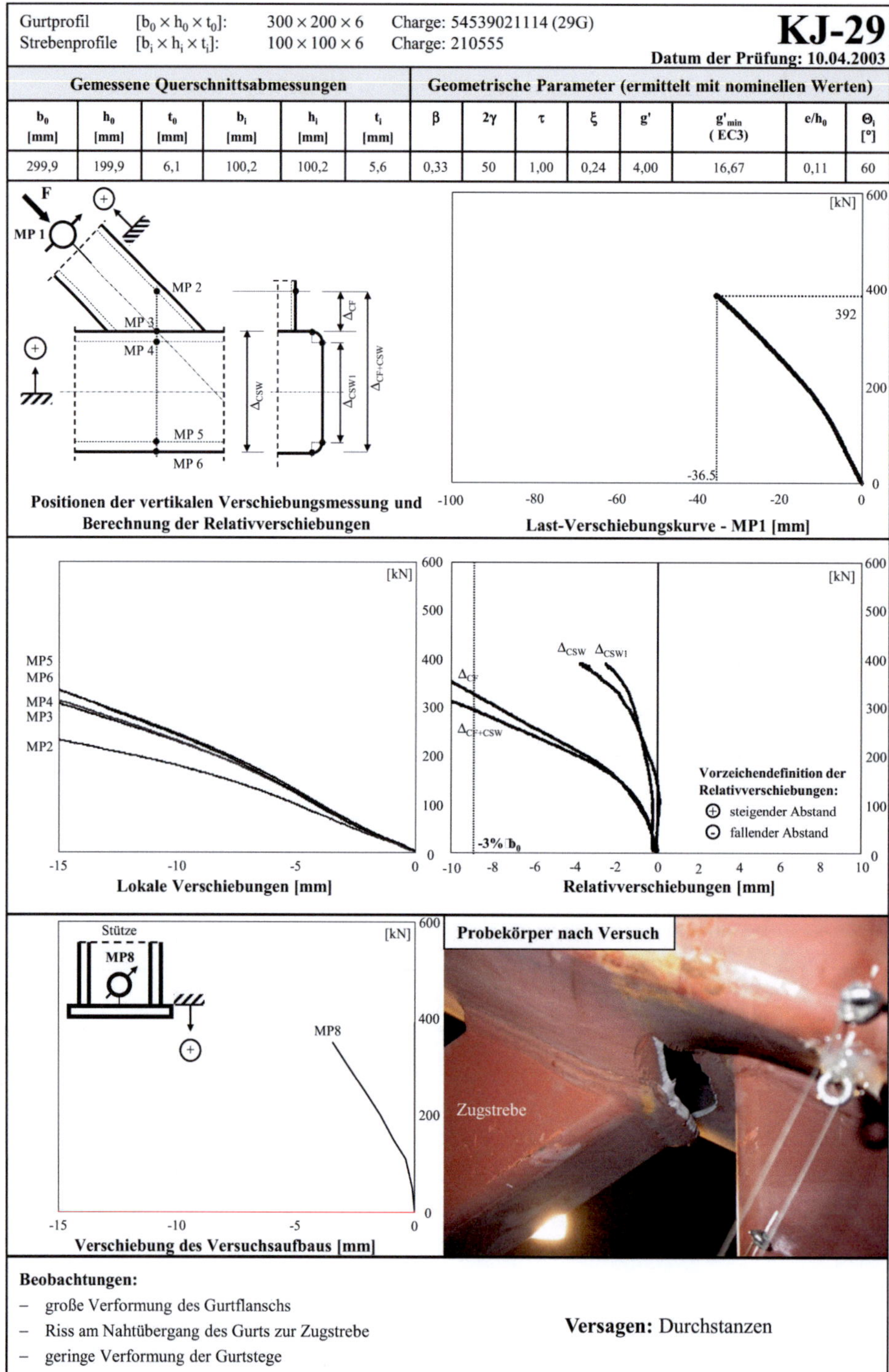

Gemessene Querschnittsabmessungen						Geometrische Parameter (ermittelt mit nominellen Werten)							
b_0 [mm]	h_0 [mm]	t_0 [mm]	b_i [mm]	h_i [mm]	t_i [mm]	β	2γ	τ	ξ	g'	g'_{min} (EC3)	e/h_0	Θ_i [°]
299,9	199,9	6,1	100,2	100,2	5,6	0,33	50	1,00	0,24	4,00	16,67	0,11	60

Beobachtungen:

- große Verformung des Gurtflanschs
- Riss am Nahtübergang des Gurts zur Zugstrebe
- geringe Verformung der Gurtstege

Versagen: Durchstanzen

| Gurtprofil | $[b_0 \times h_0 \times t_0]$: | $300 \times 200 \times 6$ | Charge: 54539021114 (30G) |
| Strebenprofile | $[b_i \times h_i \times t_i]$: | $100 \times 100 \times 6$ | Charge: 210555 |

KJ-30

Datum der Prüfung: 11.04.2003

Gemessene Querschnittsabmessungen						Geometrische Parameter (ermittelt mit nominellen Werten)							
b_0 [mm]	h_0 [mm]	t_0 [mm]	b_i [mm]	h_i [mm]	t_i [mm]	β	2γ	τ	ξ	g'	g'_{min} (EC3)	e/h_0	Θ_i [°]
299,8	199,8	6,1	100,2	100,2	5,6	0,33	50	1,00	0,48	8,00	16,67	0,21	60

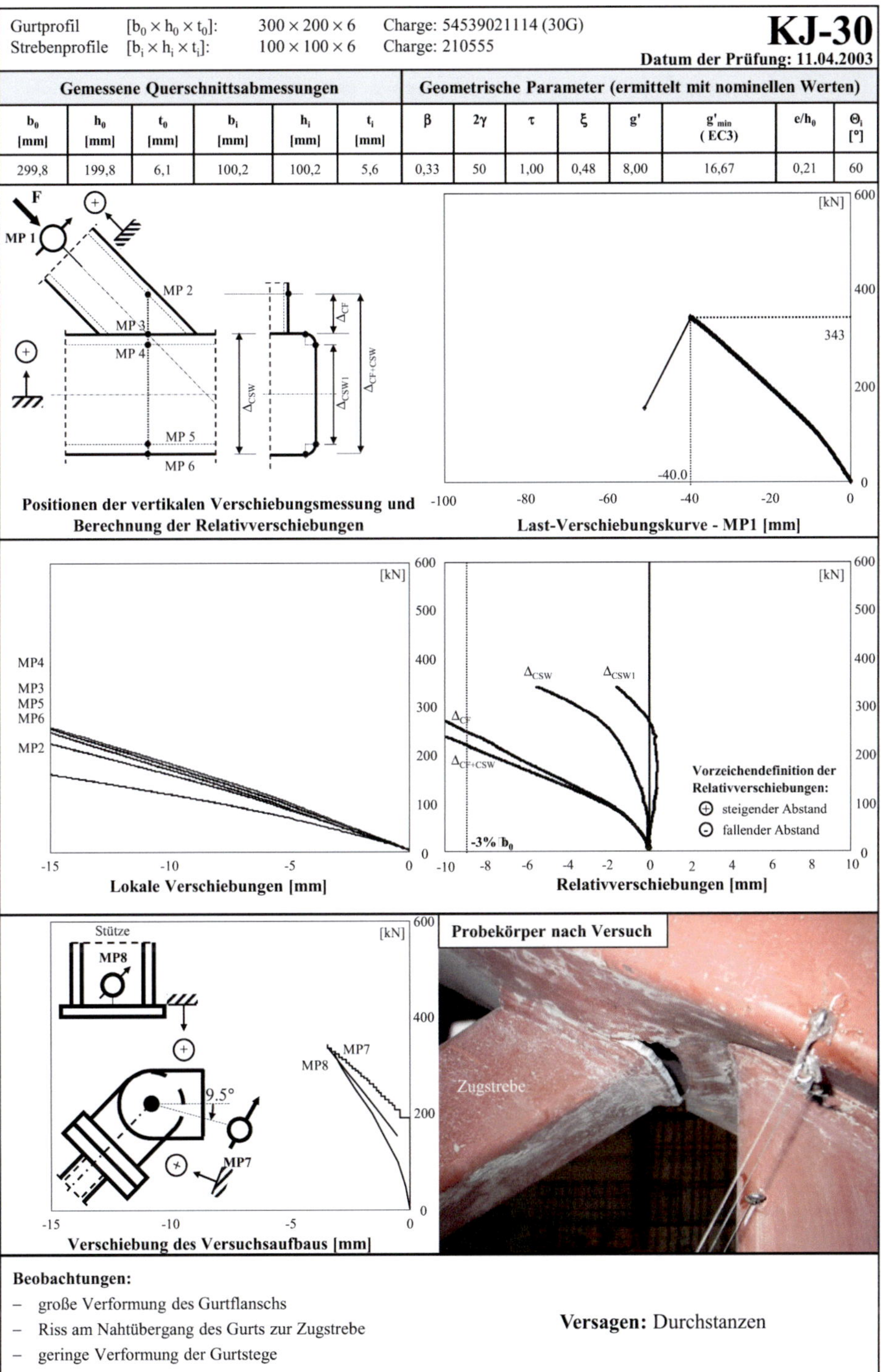

Beobachtungen:
- große Verformung des Gurtflanschs
- Riss am Nahtübergang des Gurts zur Zugstrebe
- geringe Verformung der Gurtstege

Versagen: Durchstanzen

| Gurtprofil | $[b_0 \times h_0 \times t_0]$: | $300 \times 200 \times 6$ | Charge: 54539021114 (31G) | **KJ-31** |
| Strebenprofile | $[b_i \times h_i \times t_i]$: | $100 \times 100 \times 6$ | Charge: 210555 | |

Datum der Prüfung: 12.04.2003

Gemessene Querschnittsabmessungen						Geometrische Parameter (ermittelt mit nominellen Werten)							
b_0 [mm]	h_0 [mm]	t_0 [mm]	b_i [mm]	h_i [mm]	t_i [mm]	β	2γ	τ	ξ	g'	g'_{min} (EC3)	e/h_0	Θ_1 [°]
299,8	200,2	6,2	100,2	100,2	5,7	0,33	50	1,00	0,72	12,0	16,67	0,31	60

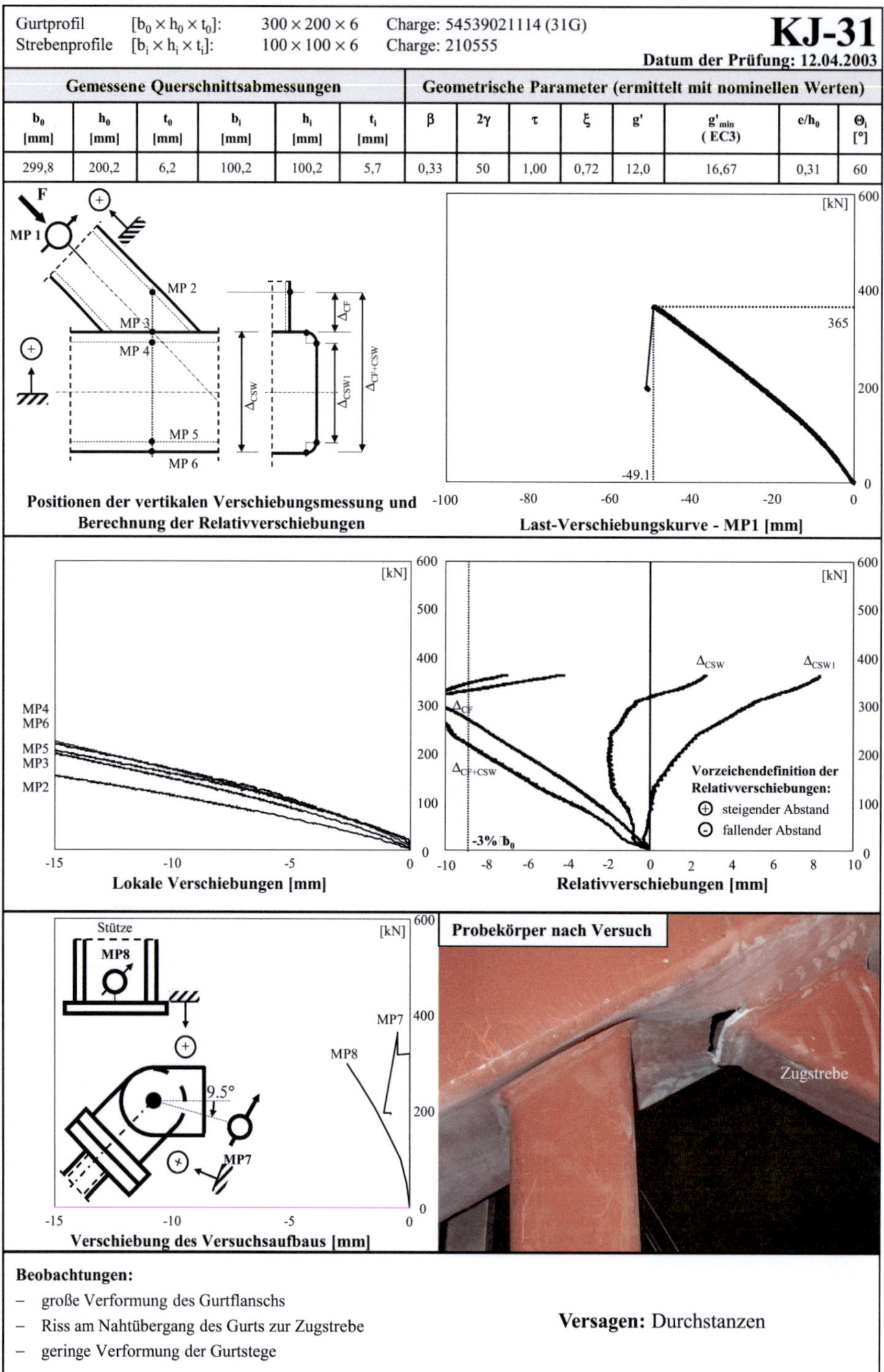

Beobachtungen:

- große Verformung des Gurtflanschs
- Riss am Nahtübergang des Gurts zur Zugstrebe
- geringe Verformung der Gurtstege

Versagen: Durchstanzen

Gurtprofil	$[b_0 \times h_0 \times t_0]$:	$300 \times 200 \times 6$	Charge: 54539021114 (32G)
Strebenprofile	$[b_i \times h_i \times t_i]$:	$100 \times 100 \times 6$	Charge: 210555

KJ-32

Datum der Prüfung: 18.03.2003

Gemessene Querschnittsabmessungen						Geometrische Parameter (ermittelt mit nominellen Werten)							
b_0 [mm]	h_0 [mm]	t_0 [mm]	b_i [mm]	h_i [mm]	t_i [mm]	β	2γ	τ	ξ	g'	g'_{min} (EC3)	e/h_0	Θ_i [°]
299,5	200,5	6,3	100,2	100,2	5,9	0,33	50,0	1,00	0,24	4,00	16,67	-0,18	30

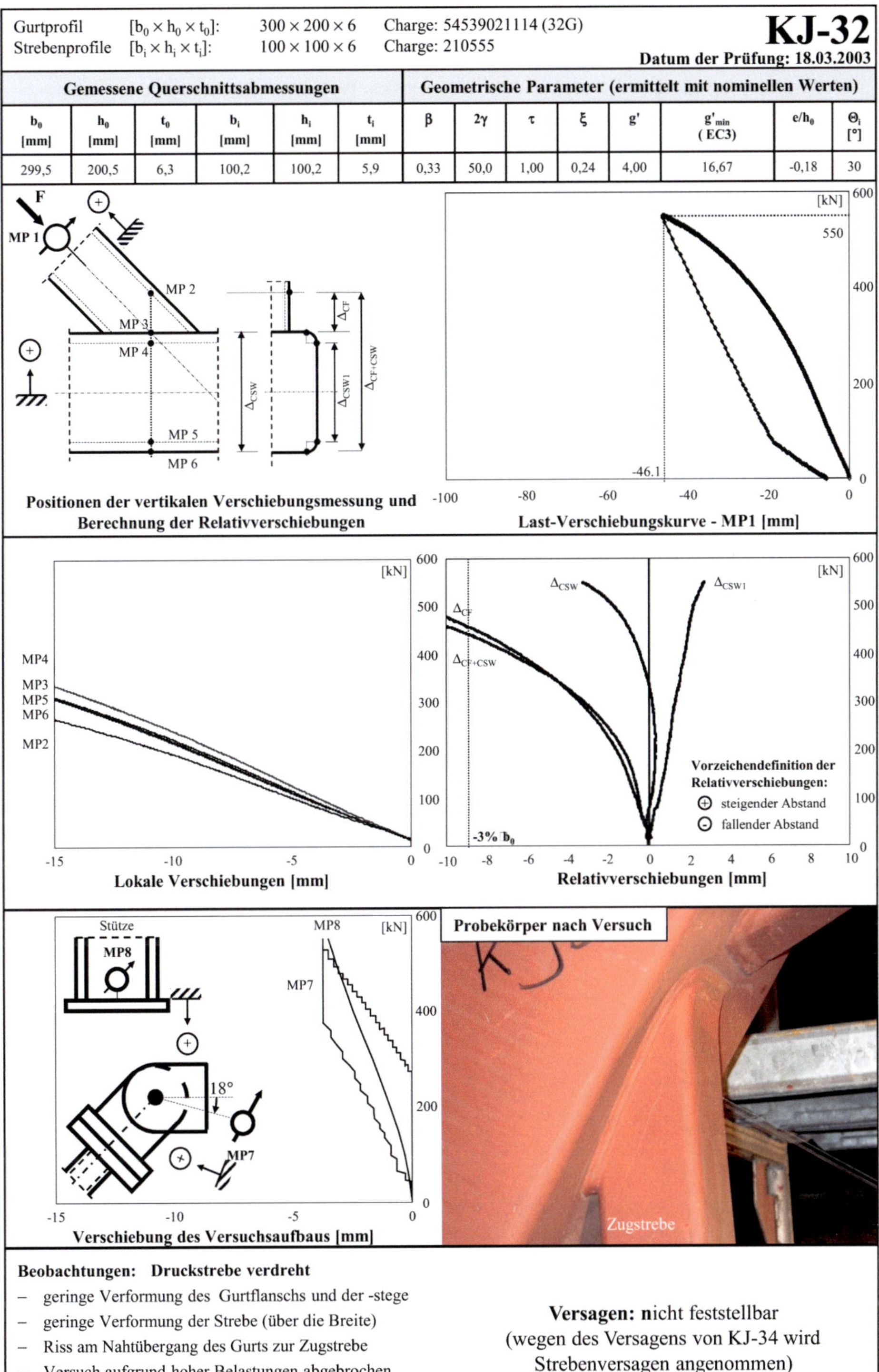

Positionen der vertikalen Verschiebungsmessung und Berechnung der Relativverschiebungen

Last-Verschiebungskurve - MP1 [mm]

Lokale Verschiebungen [mm]

Relativverschiebungen [mm]

Verschiebung des Versuchsaufbaus [mm]

Beobachtungen: Druckstrebe verdreht

- geringe Verformung des Gurtflanschs und der -stege
- geringe Verformung der Strebe (über die Breite)
- Riss am Nahtübergang des Gurts zur Zugstrebe
- Versuch aufgrund hoher Belastungen abgebrochen

Versagen: nicht feststellbar
(wegen des Versagens von KJ-34 wird Strebenversagen angenommen)

Gurtprofil	$[b_0 \times h_0 \times t_0]$:	$300 \times 200 \times 6$	Charge: 54539021114 (33G)
Strebenprofile	$[b_i \times h_i \times t_i]$:	$100 \times 100 \times 6$	Charge: K 210555

KJ-33

Datum der Prüfung: 17.03.2003

Gemessene Querschnittsabmessungen						Geometrische Parameter (ermittelt mit nominellen Werten)							
b_0 [mm]	h_0 [mm]	t_0 [mm]	b_i [mm]	h_i [mm]	t_i [mm]	β	2γ	τ	ξ	g'	g'_{min} (EC3)	e/h_0	Θ_i [°]
299,6	200,0	6,1	100,2	100,2	5,8	0,33	50,0	1,00	0,48	8,00	16,67	-0,14	30

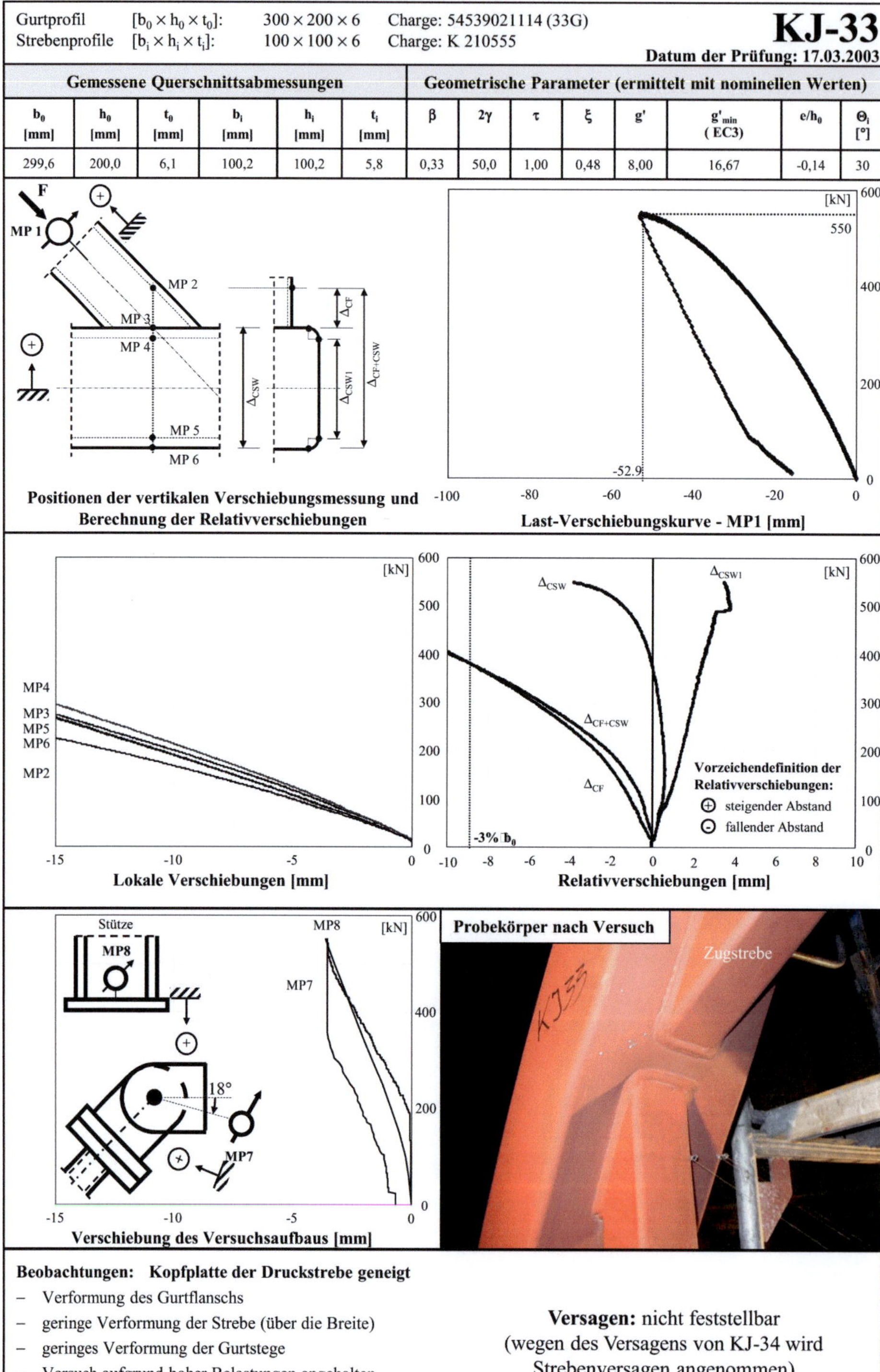

Beobachtungen: Kopfplatte der Druckstrebe geneigt

- Verformung des Gurtflanschs
- geringe Verformung der Strebe (über die Breite)
- geringes Verformung der Gurtstege
- Versuch aufgrund hoher Belastungen angehalten

Versagen: nicht feststellbar
(wegen des Versagens von KJ-34 wird
Strebenversagen angenommen)

194

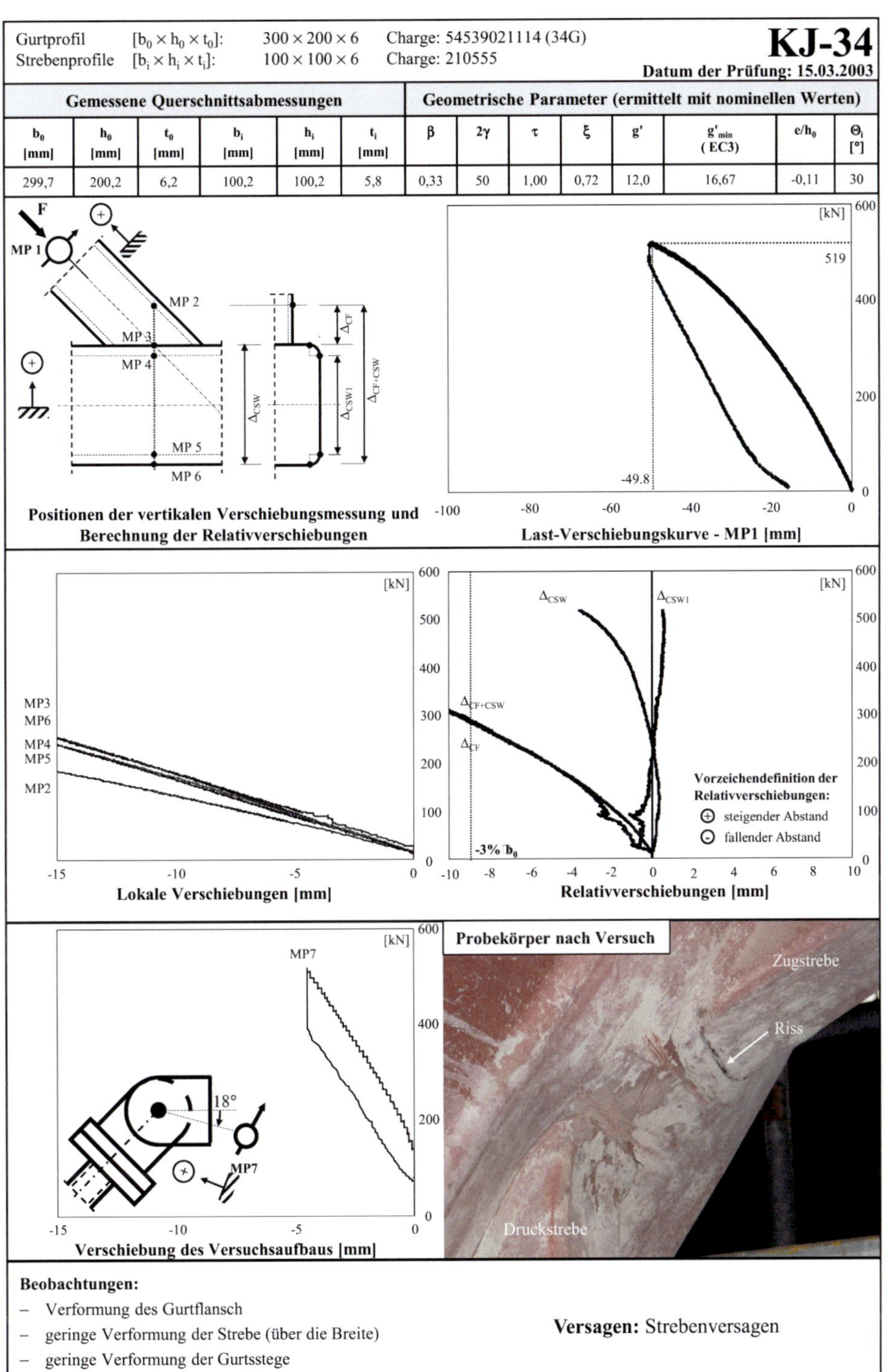

Gemessene Querschnittsabmessungen						Geometrische Parameter (ermittelt mit nominellen Werten)							
b_0 [mm]	h_0 [mm]	t_0 [mm]	b_i [mm]	h_i [mm]	t_i [mm]	β	2γ	τ	ξ	g'	g'_{min} (EC3)	e/h_0	Θ_i [°]
299,7	200,2	6,2	100,2	100,2	5,8	0,33	50	1,00	0,72	12,0	16,67	-0,11	30

Beobachtungen:

- Verformung des Gurtflansch
- geringe Verformung der Strebe (über die Breite)
- geringe Verformung der Gurtsstege
- Riss am Nahtübergang des Gurts zur Zugstrebe

Versagen: Strebenversagen

KJ-35

Datum der Prüfung: 07.04.2003

Gemessene Querschnittsabmessungen						Geometrische Parameter (ermittelt mit nominellen Werten)							
b_0 [mm]	h_0 [mm]	t_0 [mm]	b_i [mm]	h_i [mm]	t_i [mm]	β	2γ	τ	ξ	g'	g'_{min} (EC3)	e/h_0	Θ_i [°]
300,5	199,8	6,1	149,9	100,0	5,9	0,42	50,0	1,00	0,16	4,00	12,50	0,10	60

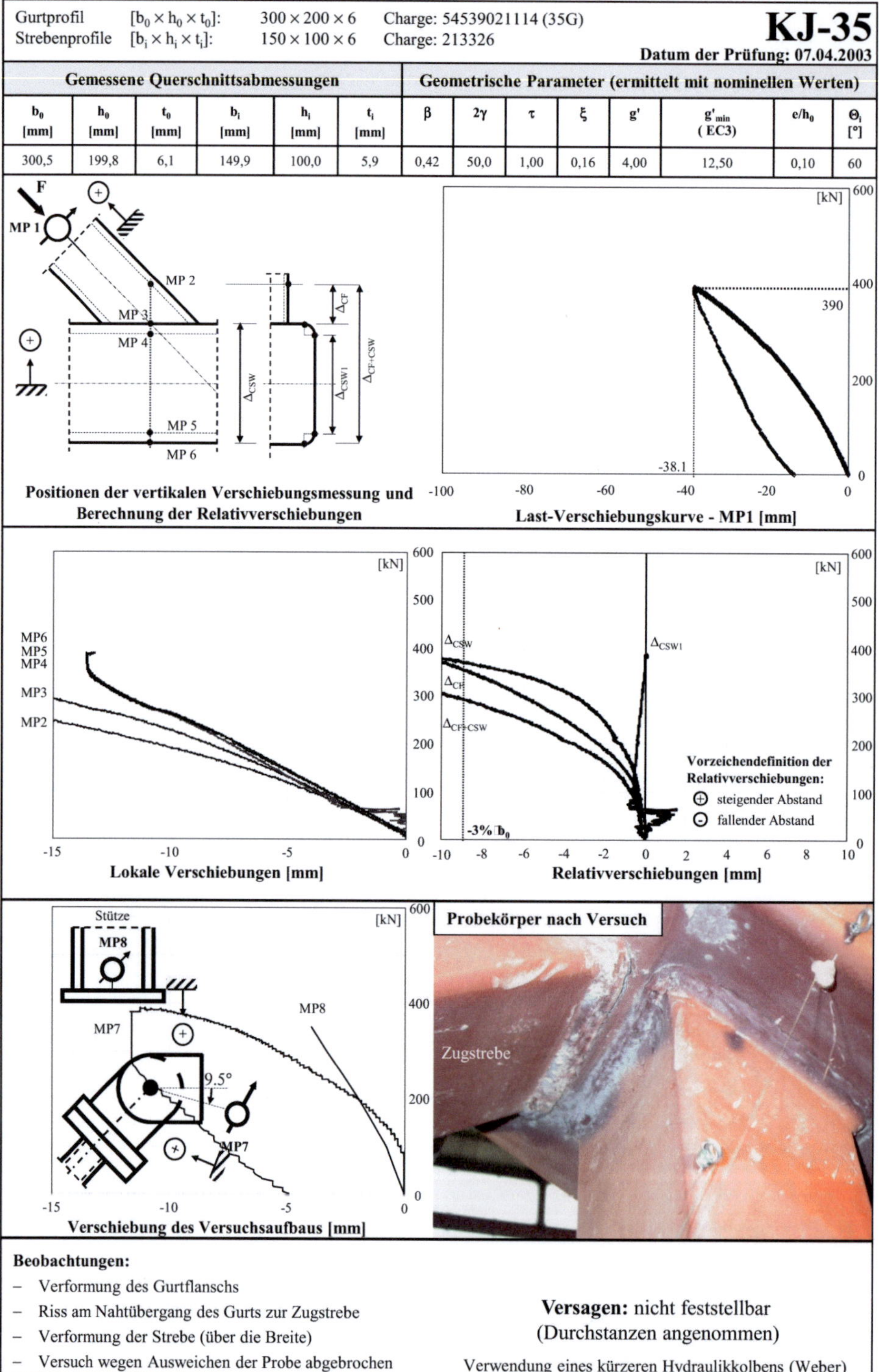

Beobachtungen:

- Verformung des Gurtflanschs
- Riss am Nahtübergang des Gurts zur Zugstrebe
- Verformung der Strebe (über die Breite)
- Versuch wegen Ausweichen der Probe abgebrochen

Versagen: nicht feststellbar
(Durchstanzen angenommen)

Verwendung eines kürzeren Hydraulikkolbens (Weber)

| Gurtprofil | $[b_0 \times h_0 \times t_0]$: | $300 \times 200 \times 6$ | Charge: 54539021114 (36G) |
| Strebenprofile | $[b_i \times h_i \times t_i]$: | $150 \times 100 \times 6$ | Charge: 213326 |

Datum der Prüfung: 08.04.2003

Gemessene Querschnittsabmessungen						Geometrische Parameter (ermittelt mit nominellen Werten)							
b_0 [mm]	h_0 [mm]	t_0 [mm]	b_i [mm]	h_i [mm]	t_i [mm]	β	2γ	τ	ξ	g'	g'_{min} (EC3)	e/h_0	Θ_i [°]
300,5	199,8	6,2	149,0	100,0	6,0	0,42	50,0	1,00	0,32	8,00	12,50	0,21	60

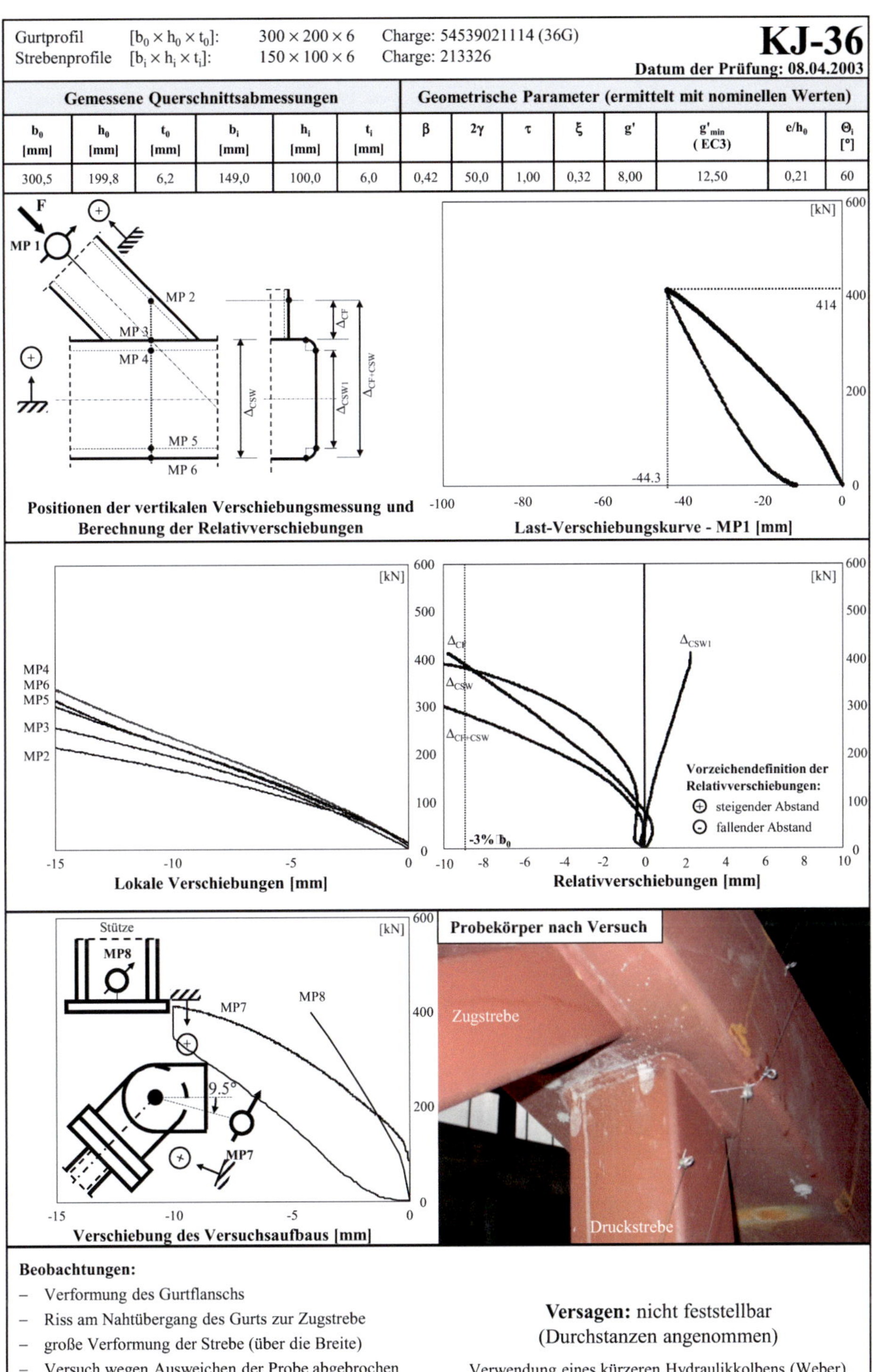

Beobachtungen:

- Verformung des Gurtflanschs
- Riss am Nahtübergang des Gurts zur Zugstrebe
- große Verformung der Strebe (über die Breite)
- Versuch wegen Ausweichen der Probe abgebrochen

Versagen: nicht feststellbar
(Durchstanzen angenommen)

Verwendung eines kürzeren Hydraulikkolbens (Weber)

Gurtprofil	$[b_0 \times h_0 \times t_0]$:	$300 \times 200 \times 6$	Charge: 54539021114 (37G)
Strebenprofile	$[b_i \times h_i \times t_i]$:	$150 \times 100 \times 6$	Charge: 213326

KJ-37

Datum der Prüfung: 09.04.2003

Gemessene Querschnittsabmessungen						Geometrische Parameter (ermittelt mit nominellen Werten)							
b_0 [mm]	h_0 [mm]	t_0 [mm]	b_i [mm]	h_i [mm]	t_i [mm]	β	2γ	τ	ξ	g'	g'_{min} (EC3)	e/h_0	Θ_i [°]
299,7	199,8	6,2	149,9	100,0	5,9	0,42	50,0	1,00	0,48	12,0	12,50	0,31	60

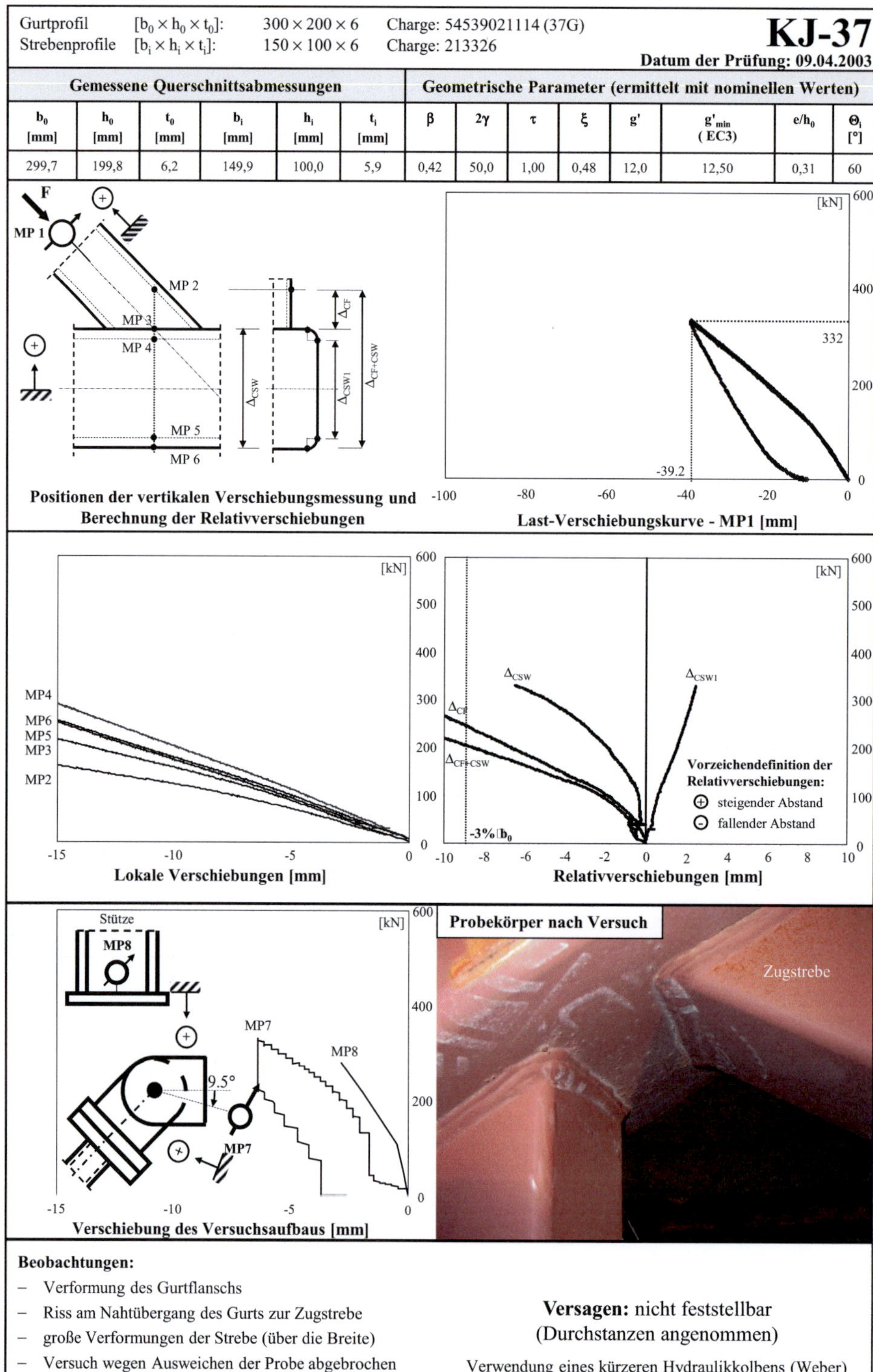

Beobachtungen:

- Verformung des Gurtflanschs
- Riss am Nahtübergang des Gurts zur Zugstrebe
- große Verformungen der Strebe (über die Breite)
- Versuch wegen Ausweichen der Probe abgebrochen

Versagen: nicht feststellbar
(Durchstanzen angenommen)

Verwendung eines kürzeren Hydraulikkolbens (Weber)

198

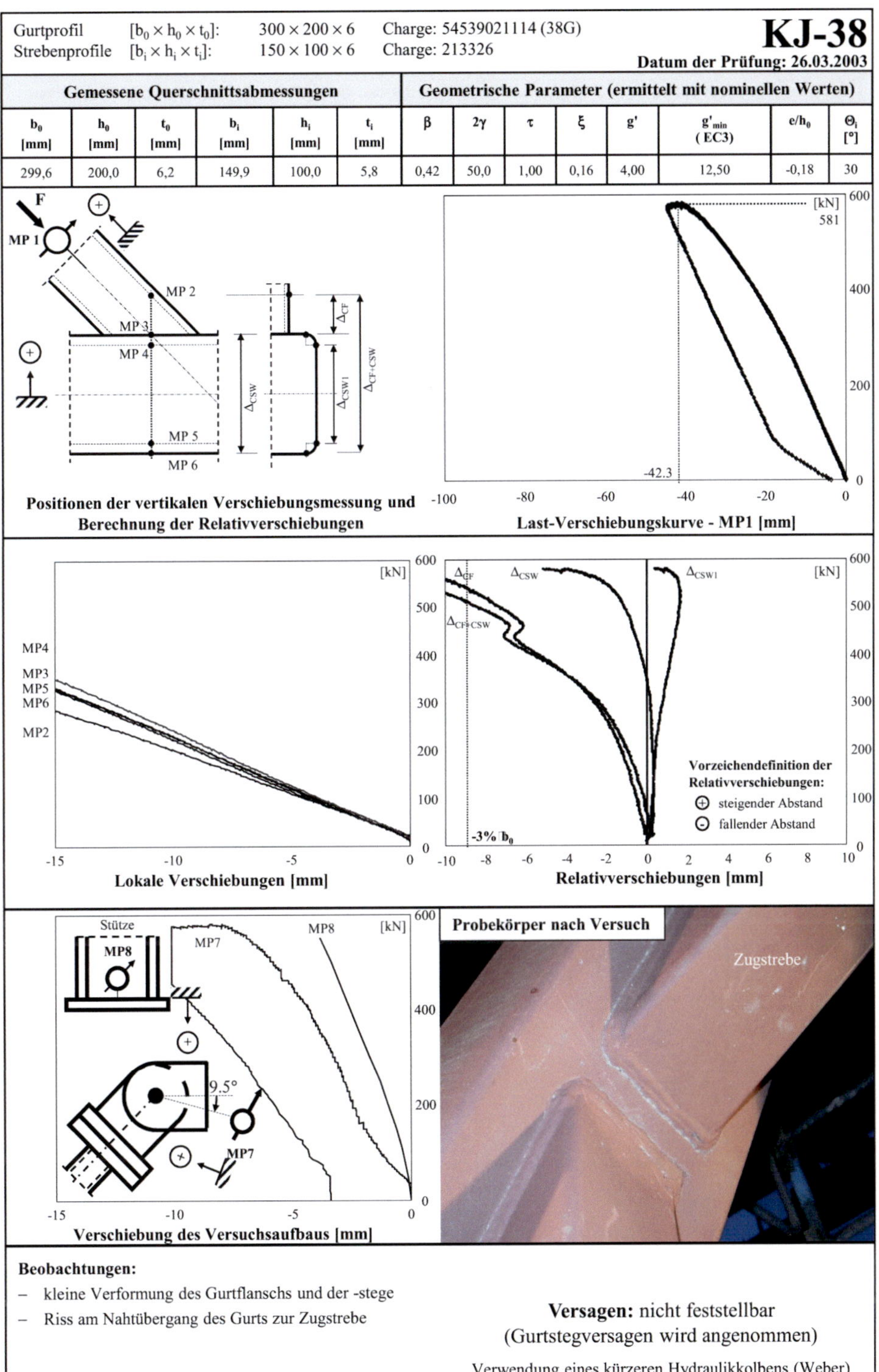

Gurtprofil	$[b_0 \times h_0 \times t_0]$:	$300 \times 200 \times 6$	Charge: 54539021114 (38G)
Strebenprofile	$[b_i \times h_i \times t_i]$:	$150 \times 100 \times 6$	Charge: 213326

KJ-38

Datum der Prüfung: 26.03.2003

Gemessene Querschnittsabmessungen						Geometrische Parameter (ermittelt mit nominellen Werten)							
b_0 [mm]	h_0 [mm]	t_0 [mm]	b_i [mm]	h_i [mm]	t_i [mm]	β	2γ	τ	ξ	g'	g'_{min} (EC3)	e/h_0	Θ_i [°]
299,6	200,0	6,2	149,9	100,0	5,8	0,42	50,0	1,00	0,16	4,00	12,50	-0,18	30

Positionen der vertikalen Verschiebungsmessung und Berechnung der Relativverschiebungen

Last-Verschiebungskurve - MP1 [mm]

Lokale Verschiebungen [mm]

Relativverschiebungen [mm]

Verschiebung des Versuchsaufbaus [mm]

Beobachtungen:

- kleine Verformung des Gurtflanschs und der -stege
- Riss am Nahtübergang des Gurts zur Zugstrebe

Versagen: nicht feststellbar
(Gurtstegversagen wird angenommen)

Verwendung eines kürzeren Hydraulikkolbens (Weber)

| Gurtprofil | $[b_0 \times h_0 \times t_0]$: | | $300 \times 200 \times 6$ | Charge: 54539021114 (39G) | | | | | **KJ-39** |
| Strebenprofile | $[b_i \times h_i \times t_i]$: | | $150 \times 100 \times 6$ | Charge: 213326 | | | | | |

Datum der Prüfung: 27.03.2003

Gemessene Querschnittsabmessungen						Geometrische Parameter (ermittelt mit nominellen Werten)							
b_0 [mm]	h_0 [mm]	t_0 [mm]	b_i [mm]	h_i [mm]	t_i [mm]	β	2γ	τ	ξ	g'	g'_{min} (EC3)	e/h_0	Θ_i [°]
299,7	200,2	6,0	149,9	100,0	5,8	0,42	50,0	1,00	0,32	8,00	12,50	-0,14	30

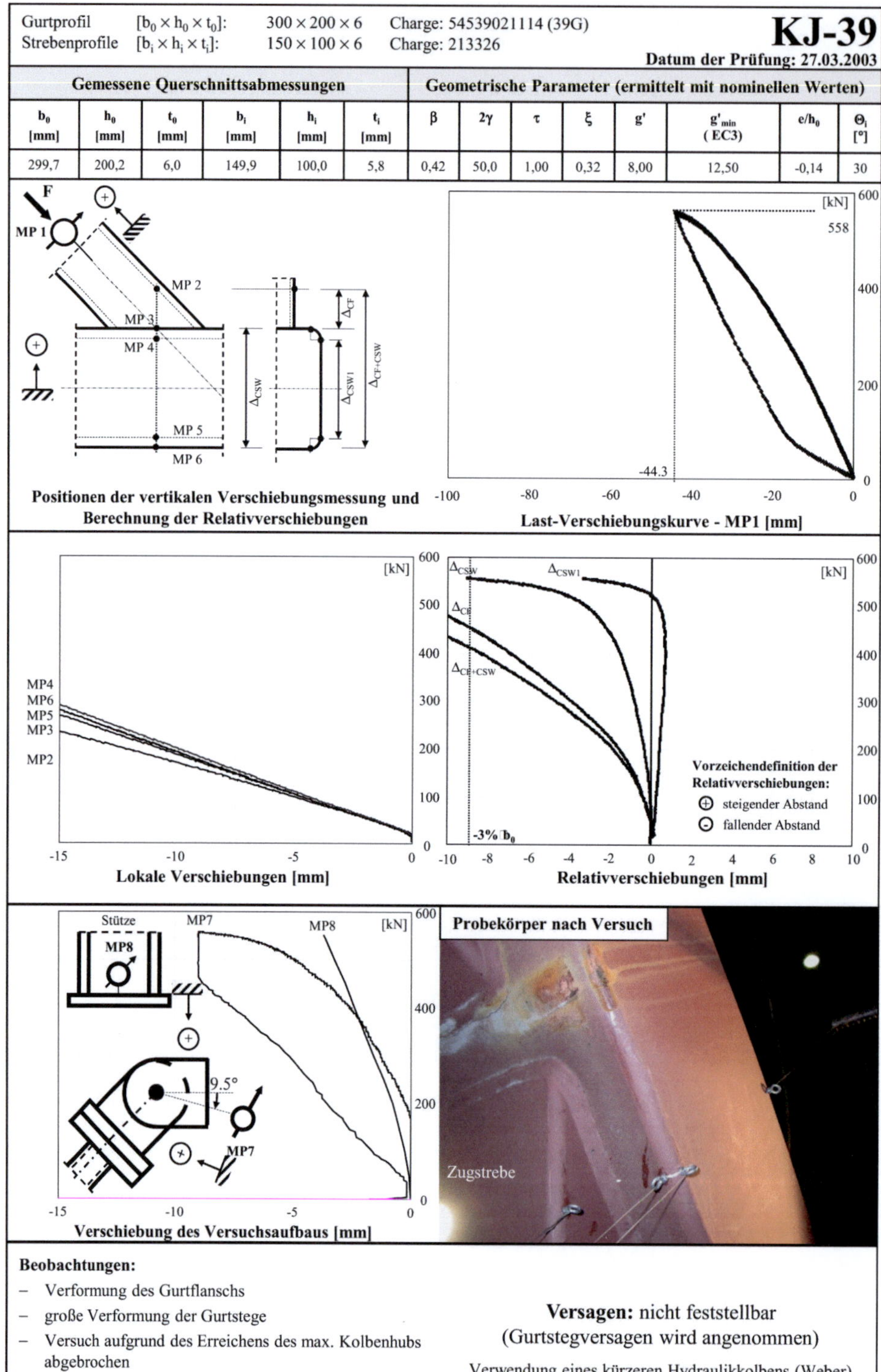

Beobachtungen:

- Verformung des Gurtflanschs
- große Verformung der Gurtstege
- Versuch aufgrund des Erreichens des max. Kolbenhubs abgebrochen

Versagen: nicht feststellbar
(Gurtstegversagen wird angenommen)

Verwendung eines kürzeren Hydraulikkolbens (Weber)

Gurtprofil	$[b_0 \times h_0 \times t_0]$:	$300 \times 200 \times 6$	Charge: 54539021114 (40G)
Strebenprofile	$[b_i \times h_i \times t_i]$:	$150 \times 100 \times 6$	Charge: 213326

KJ-40

Datum der Prüfung: 03.04.2003

Gemessene Querschnittsabmessungen						Geometrische Parameter (ermittelt mit nominellen Werten)							
b_0 [mm]	h_0 [mm]	t_0 [mm]	b_i [mm]	h_i [mm]	t_i [mm]	β	2γ	τ	ξ	g'	g'_{min} (EC3)	e/h_0	Θ_i [°]
300,5	199,8	6,1	149,9	100,0	5,8	0,42	50,0	1,00	0,48	12,0	12,50	-0,11	30

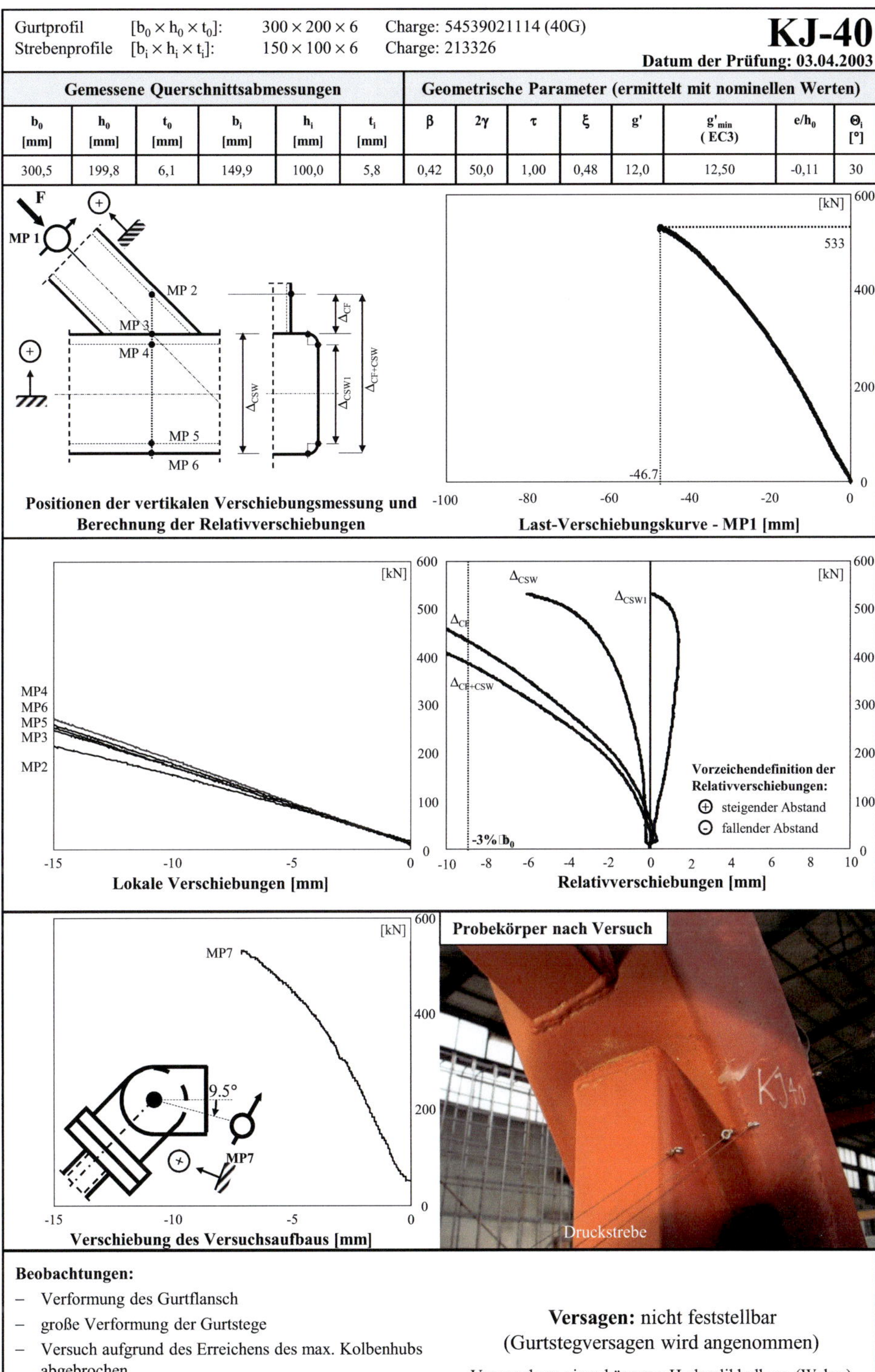

Positionen der vertikalen Verschiebungsmessung und
Berechnung der Relativverschiebungen

Last-Verschiebungskurve - MP1 [mm]

Lokale Verschiebungen [mm]

Relativverschiebungen [mm]

Verschiebung des Versuchsaufbaus [mm]

Beobachtungen:

- Verformung des Gurtflansch
- große Verformung der Gurtstege
- Versuch aufgrund des Erreichens des max. Kolbenhubs abgebrochen

Versagen: nicht feststellbar
(Gurtstegversagen wird angenommen)

Verwendung eines kürzeren Hydraulikkolbens (Weber)

| Gurtprofil | $[b_0 \times h_0 \times t_0]$: | $200 \times 100 \times 4$ | Charge: 215543 |
| Strebenprofile | $[b_i \times h_i \times t_i]$: | $80 \times 80 \times 3$ | Charge: 213541 |

Datum der Prüfung: 27.11.2002

Gemessene Querschnittsabmessungen						Geometrische Parameter (ermittelt mit nominellen Werten)							
b_0 [mm]	h_0 [mm]	t_0 [mm]	b_i [mm]	h_i [mm]	t_i [mm]	β	2γ	τ	ξ	g'	g'_{min} (EC3)	e/h_0	Θ_1 [°]
199,6	99,9	4,0	80,3	80,3	2,9	0,4	50	0,75	0,2	4,00	15,00	0,15	45

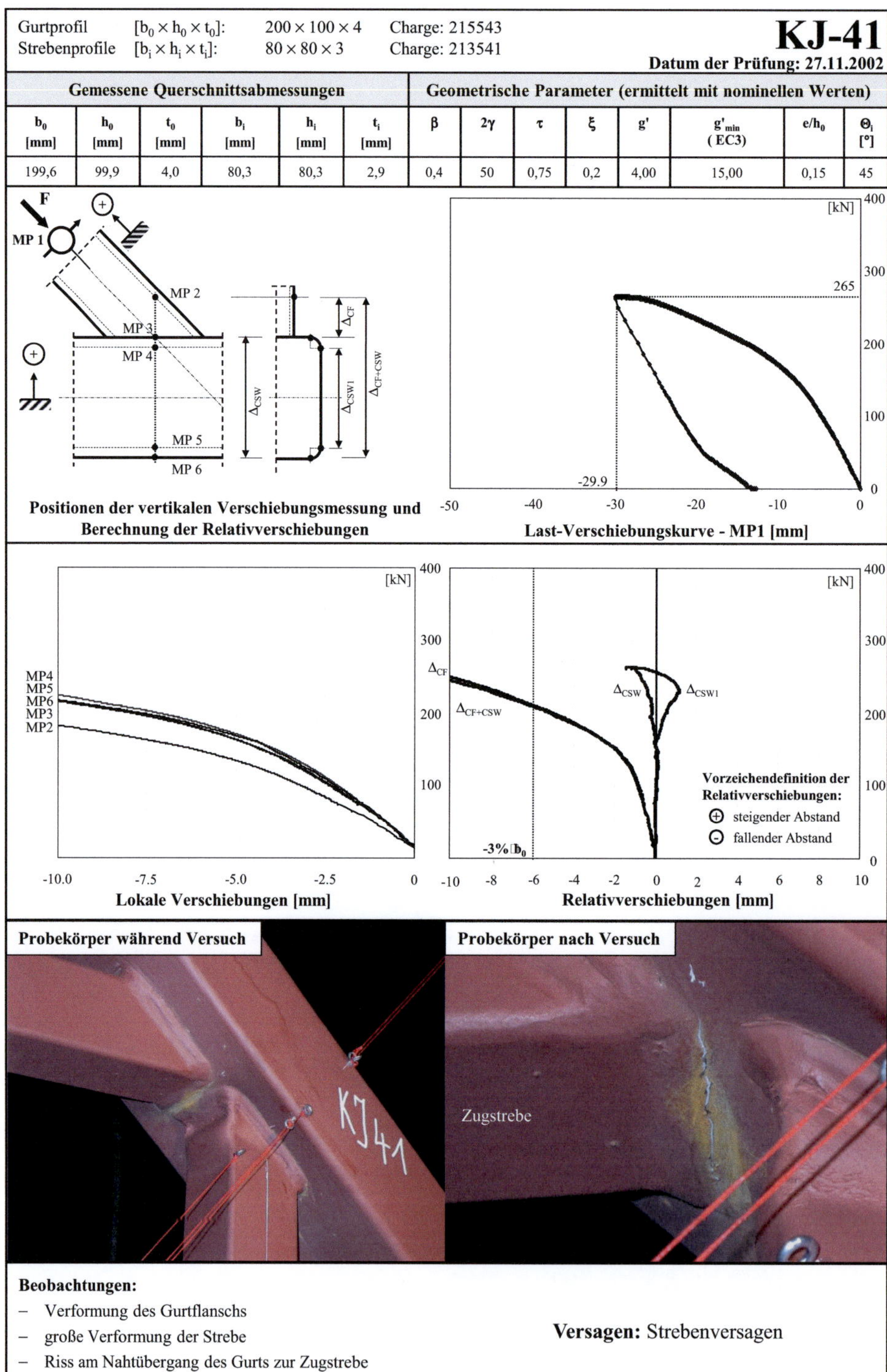

Beobachtungen:
- Verformung des Gurtflanschs
- große Verformung der Strebe
- Riss am Nahtübergang des Gurts zur Zugstrebe

Versagen: Strebenversagen

| Gurtprofil | $[b_0 \times h_0 \times t_0]$: | $200 \times 100 \times 4$ | Charge: 215543 |
| Strebenprofile | $[b_i \times h_i \times t_i]$: | $80 \times 80 \times 3$ | Charge: 213544 |

KJ-42

Datum der Prüfung: 27.11.2002

Gemessene Querschnittsabmessungen						Geometrische Parameter (ermittelt mit nominellen Werten)							
b_0 [mm]	h_0 [mm]	t_0 [mm]	b_i [mm]	h_i [mm]	t_i [mm]	β	2γ	τ	ξ	g'	g'_{min} (EC3)	e/h_0	Θ_i [°]
199,6	99,9	4,0	80,3	80,3	3,9	0,4	50	1,00	0,2	4,00	15,00	0,15	45

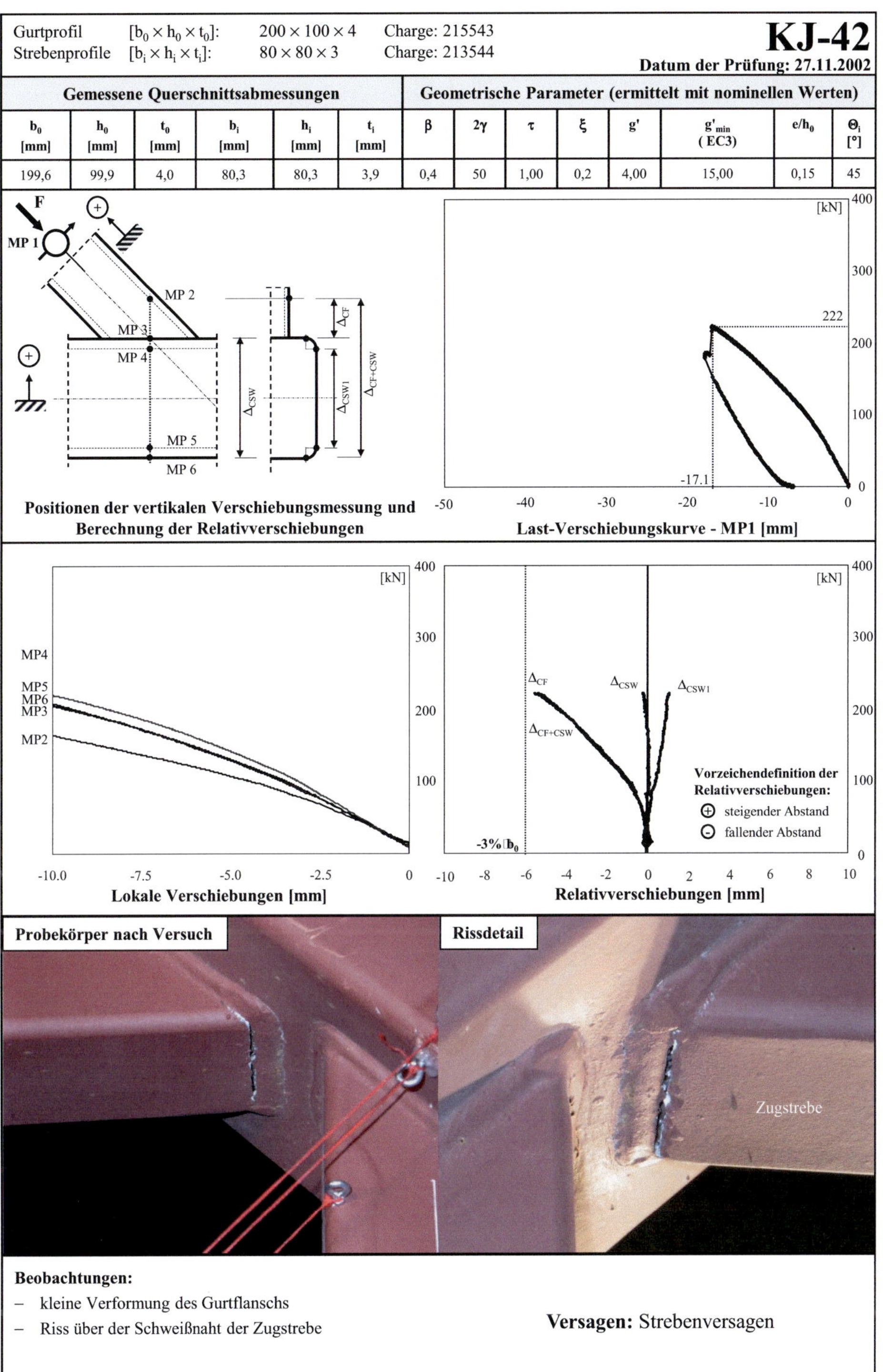

Positionen der vertikalen Verschiebungsmessung und Berechnung der Relativverschiebungen

Beobachtungen:
- kleine Verformung des Gurtflanschs
- Riss über der Schweißnaht der Zugstrebe

Versagen: Strebenversagen

<table>
<tr><td>Gurtprofil [$b_0 \times h_0 \times t_0$]:</td><td>$200 \times 100 \times 5$</td><td>Charge: 215162</td><td rowspan="2">KJ-43
Datum der Prüfung: 29.11.2002</td></tr>
<tr><td>Strebenprofile [$b_i \times h_i \times t_i$]:</td><td>$80 \times 80 \times 5$</td><td>Charge: 213544</td></tr>
</table>

Gemessene Querschnittsabmessungen						Geometrische Parameter (ermittelt mit nominellen Werten)							
b_0 [mm]	h_0 [mm]	t_0 [mm]	b_i [mm]	h_i [mm]	t_i [mm]	β	2γ	τ	ξ	g'	g'_{min} (EC3)	e/h_0	Θ_i [°]
199,7	100,2	4,7	80,2	80,2	3,9	0,4	40	1,00	0,25	4,00	12,00	0,17	45

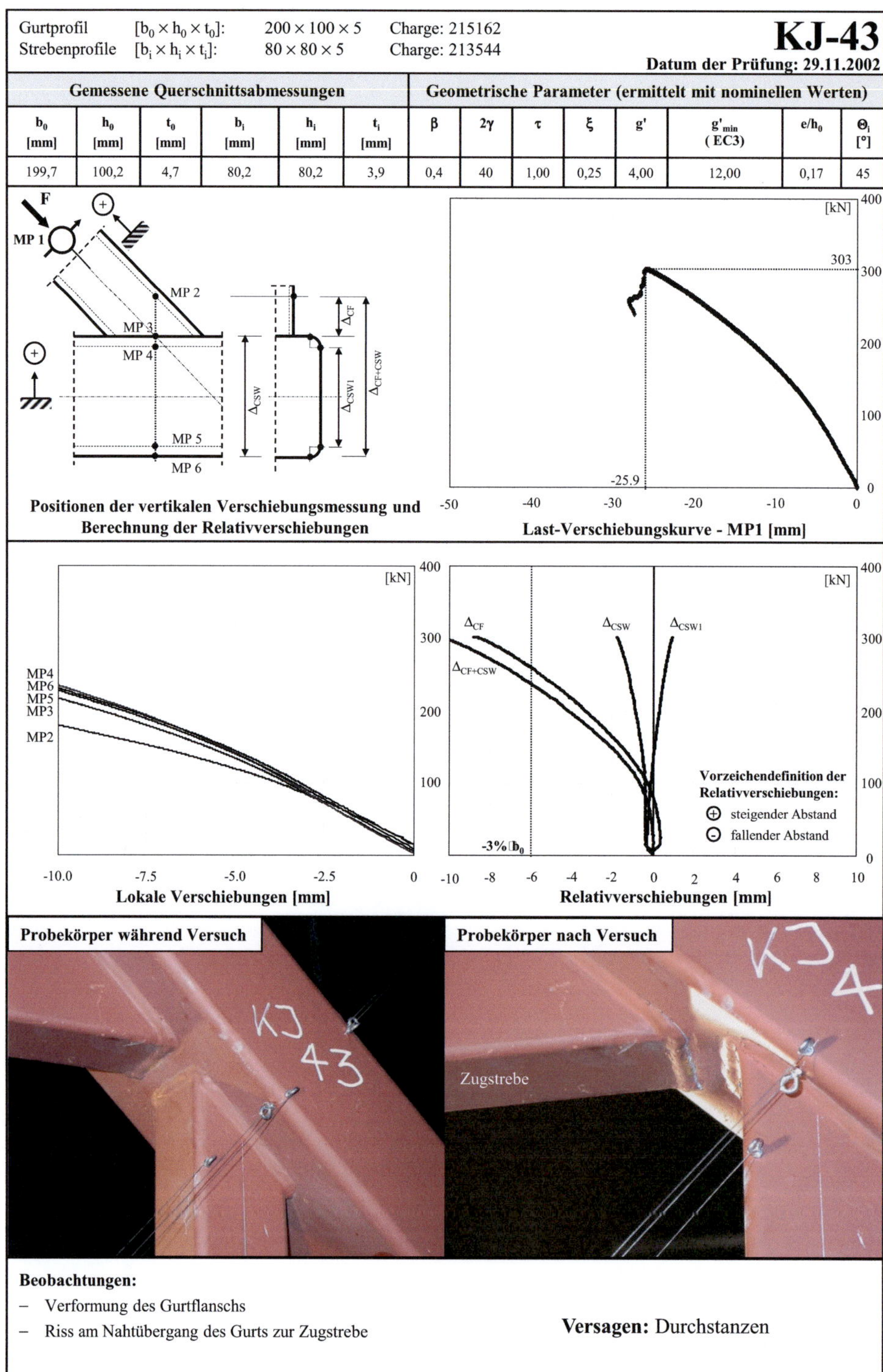

Beobachtungen:

- Verformung des Gurtflanschs
- Riss am Nahtübergang des Gurts zur Zugstrebe

Versagen: Durchstanzen

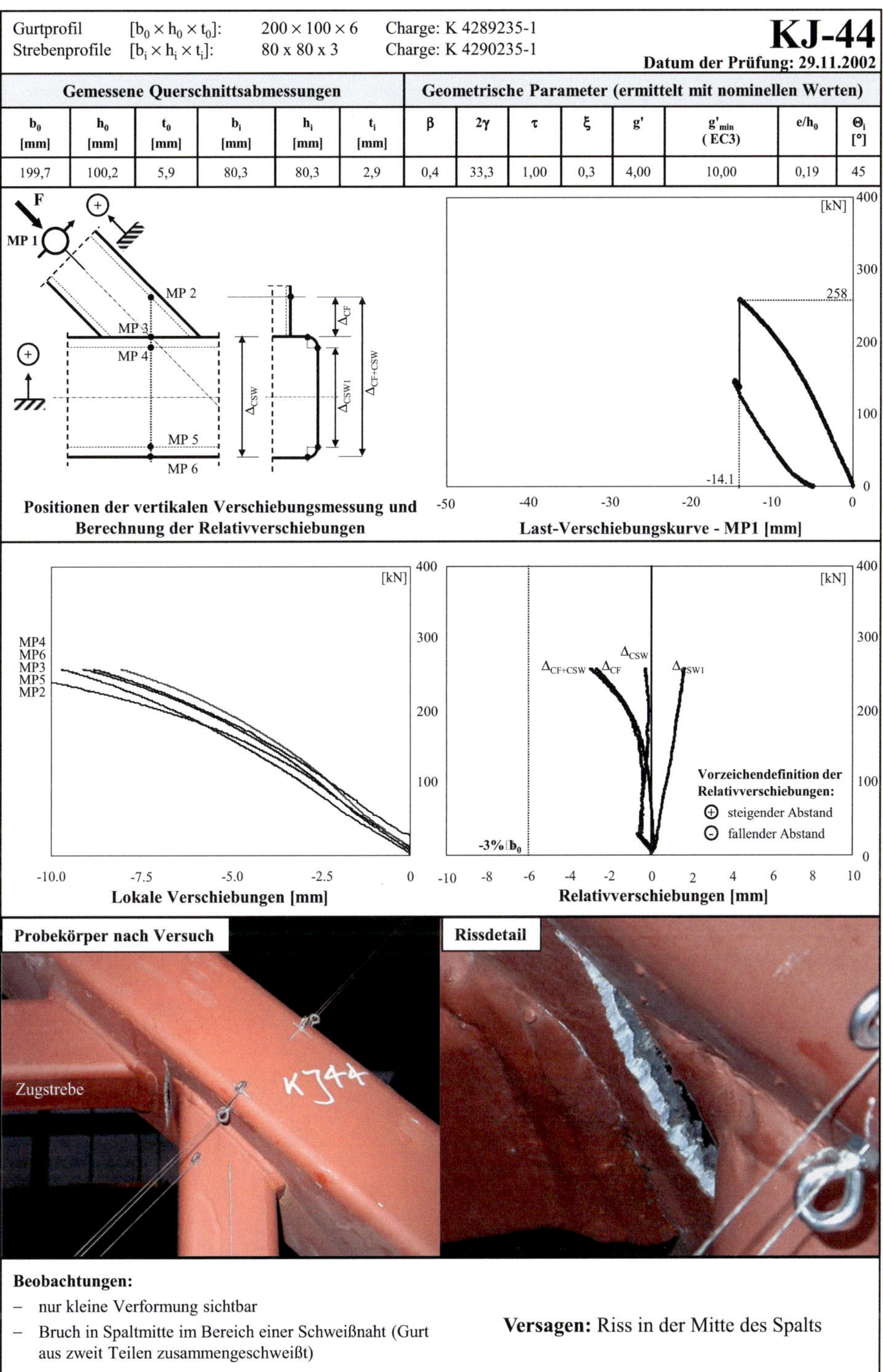

Gemessene Querschnittsabmessungen						Geometrische Parameter (ermittelt mit nominellen Werten)							
b_0 [mm]	h_0 [mm]	t_0 [mm]	b_i [mm]	h_i [mm]	t_i [mm]	β	2γ	τ	ξ	g'	g'_{min} (EC3)	e/h_0	Θ_i [°]
199,7	100,2	5,9	80,3	80,3	2,9	0,4	33,3	1,00	0,3	4,00	10,00	0,19	45

Beobachtungen:

– nur kleine Verformung sichtbar

– Bruch in Spaltmitte im Bereich einer Schweißnaht (Gurt aus zweit Teilen zusammengeschweißt)

Versagen: Riss in der Mitte des Spalts

<table>
<tr><td>Gurtprofil [b₀ × h₀ × t₀]:</td><td>200 × 100 × 4</td><td>Charge: 215543</td><td rowspan="2">KJ-45
Datum der Prüfung: 28.11.2002</td></tr>
<tr><td>Strebenprofile [bᵢ × hᵢ × tᵢ]:</td><td>80 x 80 x 3</td><td>Charge: 213544(D)/213541(Z)</td></tr>
</table>

Gemessene Querschnittsabmessungen						Geometrische Parameter (ermittelt mit nominellen Werten)							
b_0 [mm]	h_0 [mm]	t_0 [mm]	b_i [mm]	h_i [mm]	t_i [mm]	β	2γ	τ	ξ	g'	g'_{min} (EC3)	e/h_0	Θ_i [°]
199,6	99,9	4,0	80,3	80,3	4,0	0,4	50	0,75	0,2	4,00	15,00	0,15	45

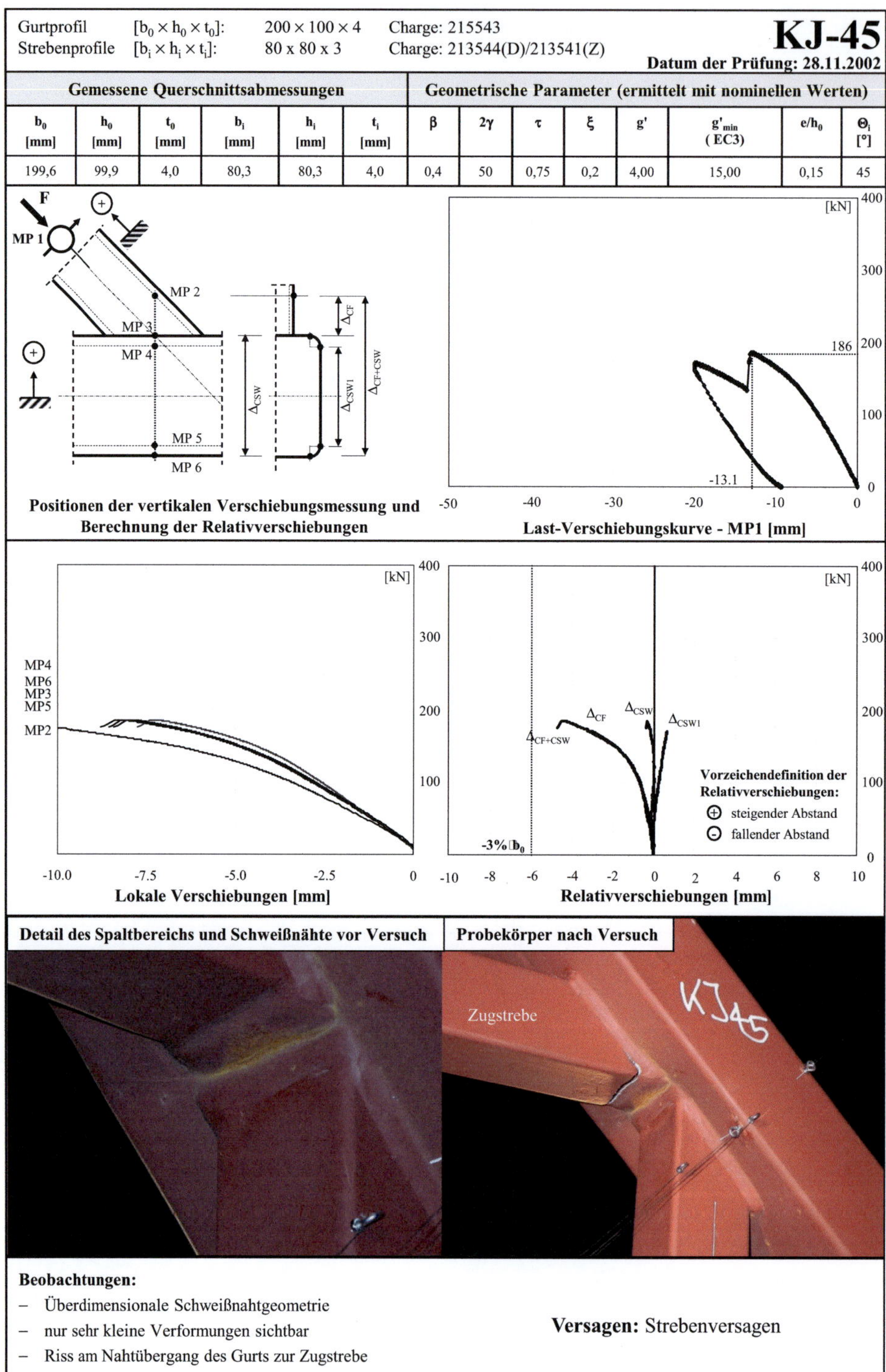

Beobachtungen:

- Überdimensionale Schweißnahtgeometrie
- nur sehr kleine Verformungen sichtbar
- Riss am Nahtübergang des Gurts zur Zugstrebe

Versagen: Strebenversagen

| Gurtprofil | $[b_0 \times h_0 \times t_0]$: | $200 \times 100 \times 5$ | Charge: 215162 |
| Strebenprofile | $[b_i \times h_i \times t_i]$: | $80 \times 80 \times 3$ | Charge: 213541 |

KJ-46

Datum der Prüfung: 26.11.2002

Gemessene Querschnittsabmessungen						Geometrische Parameter (ermittelt mit nominellen Werten)							
b_0 [mm]	h_0 [mm]	t_0 [mm]	b_i [mm]	h_i [mm]	t_i [mm]	β	2γ	τ	ξ	g'	g'_{min} (EC3)	e/h_0	Θ_i [°]
199,7	100,2	4,7	80,3	80,3	3,0	0,4	40	0,6	0,25	4,00	12,00	0,17	45

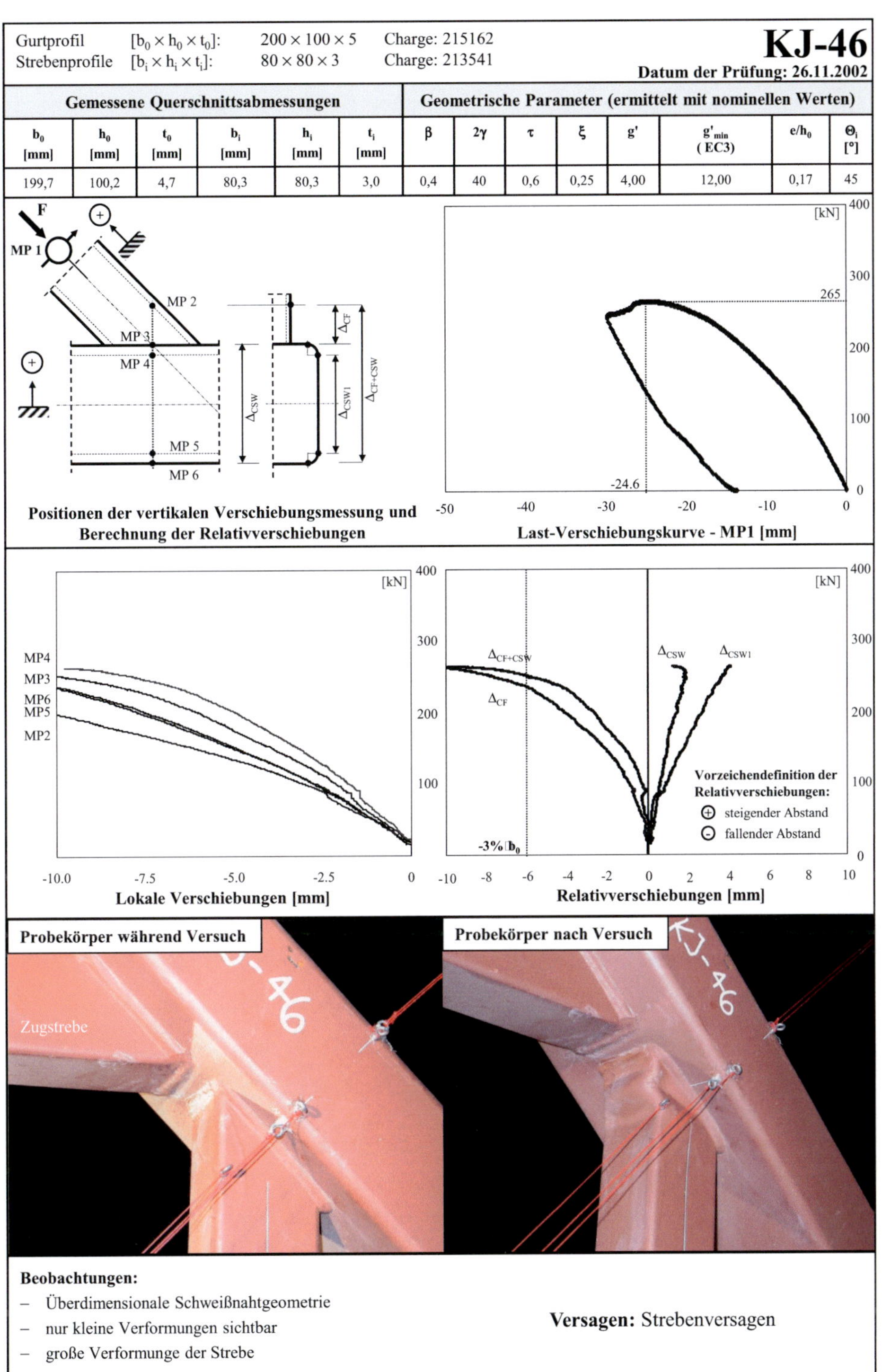

Beobachtungen:

- Überdimensionale Schweißnahtgeometrie
- nur kleine Verformungen sichtbar
- große Verformunge der Strebe

Versagen: Strebenversagen

| Gurtprofil | $[b_0 \times h_0 \times t_0]$: | $200 \times 100 \times 6$ | Charge: 215160 | **KJ-47** |
| Strebenprofile | $[b_i \times h_i \times t_i]$: | $80 \times 80 \times 3$ | Charge: 213541(D)/313544(Z) | **Datum der Prüfung: 28.11.2002** |

Gemessene Querschnittsabmessungen						Geometrische Parameter (ermittelt mit nominellen Werten)							
b_0 [mm]	h_0 [mm]	t_0 [mm]	b_i [mm]	h_i [mm]	t_i [mm]	β	2γ	τ	ξ	g'	g'_{min} (EC3)	e/h_0	Θ_i [°]
199,7	100,2	5,9	80,3	80,3	2,9	0,4	33,3	0,5	0,3	4,00	10,00	0,19	45

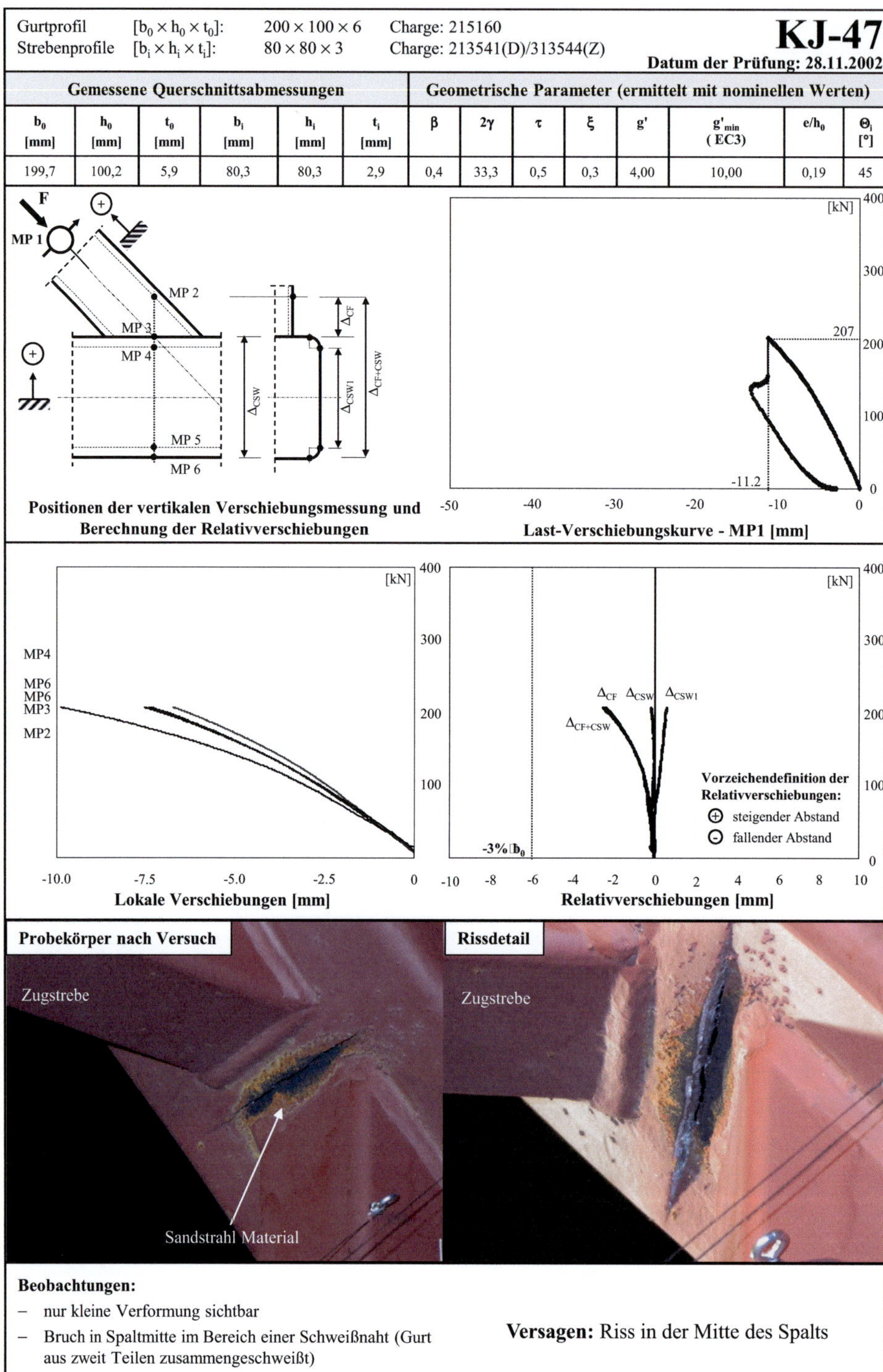

Beobachtungen:
- nur kleine Verformung sichtbar
- Bruch in Spaltmitte im Bereich einer Schweißnaht (Gurt aus zweit Teilen zusammengeschweißt)

Versagen: Riss in der Mitte des Spalts

208

Lebenslauf

Persönliche Daten

Vor- und Zuname:	Oliver Fleischer
Geburtsdatum:	09. November 1967
Geburtsort:	Karlsruhe
Eltern:	Werner Fleischer[†]
	Annette Fleischer geb. Klostermann
Familienstand:	verheiratet mit Yadavanid Dhanapak-Fleischer
	eine Tochter Lena, geb. 2012

Ausbildung

1974 – 1978	Grundschule in Bretten
1978 – 1988	Melanchthon-Gymnasium in Bretten, Abschluss: Abitur
1988 – 1989	Wehrdienst GebABCAbwLehrKp 8 in Sonthofen
1989 – 1997	Studium des Bauingenieurwesens, Universität Karlsruhe (TH), Abschluss: Diplom-Bauingenieur

Berufstätigkeit

1992 – 1996	Wissenschaftliche Hilfskraft an der Versuchsanstalt für Stahl, Holz und Steine, Universität Karlsruhe (TH)
1998 – 2008	Mitarbeiter an der Versuchsanstalt für Stahl, Holz und Steine, Universität Karlsruhe (TH)
seit 2008	Angestellter der KoRoH GmbH Kompetenzzentrum Rohre und Hohlprofile, Karlsruhe